电子应该这样学

电 子 应 用

君兰工作室　编
黄海平　审校

科学出版社
北京

内 容 简 介

本书是"电子应该这样学"丛书之一,全书共分7章,内容包括:万用表的使用,常用电子元器件识别、使用和检测,电子测量技术,焊接方法与技巧,电子制作方法与技巧,实用电子制作,趣味电子制作。

本书内容丰富,形式新颖,图文并茂,实用性强,易学易用,具有较高的参考阅读价值。

本书适合无线电技术人员,电子电气技术人员,电工技术人员,电子爱好者,工科院校电工、电子相关专业师生,以及岗前培训人员参考阅读。

图书在版编目(CIP)数据

电子应用/君兰工作室编;黄海平审校. —北京:科学出版社,2010
(电子应该这样学/汪兰君主编)
ISBN 978-7-03-028151-7

Ⅰ.电… Ⅱ.①君…②黄… Ⅲ.电子技术 Ⅳ.TN

中国版本图书馆CIP数据核字(2010)第121945号

责任编辑:孙力维 杨 凯/责任制作:董立颖 魏 谨
责任印制:赵德静/封面设计:郝恩誉
北京东方科龙图文有限公司 制作
http://www.okbook.com.cn

科 学 出 版 社 出版
北京东黄城根北街16号
邮政编码:100717
http://www.sciencep.com
北京天时彩色印刷有限公司 印刷
科学出版社发行 各地新华书店经销
*
2010年8月第 一 版 开本:A5(890×1240)
2010年8月第一次印刷 印张:12 3/4
印数:1—5 000 字数:384 000
定 价:28.00元
(如有印装质量问题,我社负责调换)

前 言

为了帮助广大电子技术人员较快、较好地掌握电子技术,我们编写了这本《电子应用》。希望读者通过阅读本书能活学活用其中的知识,增强自己的实际工作技能。

本书的主要内容包括万用表的使用、常用电子元器件的识别、使用和检测,电子测量技术,焊接方法与技巧,电子制作方法与技巧,实用电子制作,趣味电子制作。书中配有大量现场实景照片,实现手把手教学电子技术的效果,让读者理论联系实际,学到更多可以快速实际应用的技术与技能。

本书高度图解,丰富的插图使得本书图文并茂,直观易懂,有较强的实用性和可操作性。

本书适合无线电技术人员、电子电气技术人员、电工技术人员、电子爱好者、工科院校电工、电子相关专业师生,以及岗前培训人员参考阅读。

山东威海广播电视台的黄海平老师为本书做了大量的审校工作,在此表示衷心的感谢。

参加本书编写的人员还有张玉娟、张钧皓、鲁娜、张学洞、刘东菊、张永其、王文婷、凌玉泉、刘守真、高惠瑾、朱雷雷、凌珍泉、谭亚林、王兰君、刘彦爱、贾贵超等,在此一并表示感谢。

由于编者水平有限,书中难免存在错误和不当之处,敬请广大读者批评指正。

编 者

目 录

第1章 万用表的使用

1.1 模拟式万用表与数字式万用表 …………………… 1
   1.1.1 使用万用表的注意事项 …………………… 1
   1.1.2 万用表的允许误差及平衡情况 …………… 3
   1.1.3 模拟式万用表与数字式万用表的比较 …… 4
   1.1.4 模拟式万用表至今仍被使用的理由 ……… 7
1.2 模拟式万用表的结构与使用方法 ………………… 7
   1.2.1 测量前的注意事项 ………………………… 7
   1.2.2 测量失误时保护电路动作 ………………… 8
   1.2.3 直流电流的测量 …………………………… 9
   1.2.4 交流电压的测量 …………………………… 10
   1.2.5 电阻的测量 ………………………………… 10
   1.2.6 二极管的检测 ……………………………… 12
1.3 模拟式万用表故障检修 …………………………… 12
1.4 数字式万用表的结构与使用方法 ………………… 14
   1.4.1 电流的测量 ………………………………… 16
   1.4.2 直流电压的测量 …………………………… 16
   1.4.3 电阻的测量 ………………………………… 18
   1.4.4 二极管的检测 ……………………………… 18
1.5 数字式万用表故障检修 …………………………… 19
1.6 自制万用表 ………………………………………… 20

目录

第2章 常用电子元器件的识别、使用和检测

2.1 电阻器 ······ 23
2.2 电容器 ······ 36
2.3 电感线圈 ······ 45
2.4 电源变压器 ······ 51
2.5 二极管 ······ 56
2.6 三极管 ······ 64
2.7 场效应晶体管 ······ 73
2.8 晶闸管 ······ 78
2.9 集成电路（IC） ······ 83
2.10 运算放大器 ······ 88
2.11 光电耦合器 ······ 91
2.12 扬声器 ······ 94
2.13 麦克风 ······ 101
2.14 数字集成电路 ······ 107

第3章 电子测量技术

3.1 电路元器件的测量 ······ 117
  3.1.1 低值电阻、中值电阻及高值电阻的测量 ······ 117
  3.1.2 用交流电源测量电阻 ······ 121
  3.1.3 测量器具用阻抗元件 ······ 125
  3.1.4 低频用阻抗元件的测量 ······ 128
  3.1.5 半导体特性的测试 ······ 131
3.2 电信号的波形观测 ······ 135

3.2.1 示波器的结构 ………………………………… 135
3.2.2 用示波器观测波形 ……………………………… 140
3.2.3 用双线示波器观测波形 ………………………… 143
3.2.4 高性能示波器 …………………………………… 146
3.2.5 记录波形的仪器 ………………………………… 149

3.3 电量的测量 ……………………………………………… 153
3.3.1 直流电流、电压的测量 ………………………… 153
3.3.2 交流电流、电压的测量 ………………………… 158
3.3.3 电功率与电能的测量 …………………………… 161
3.3.4 微小电流和电动势的测量 ……………………… 165
3.3.5 高电压、大电流的测量 ………………………… 169

第4章 焊接方法与技巧

4.1 焊接工具的使用方法 ……………………………… 175
4.1.1 电烙铁的选用 …………………………………… 175
4.1.2 电烙铁的使用方法 ……………………………… 175
4.1.3 电烙铁的使用注意事项 ………………………… 176
4.1.4 判断电烙铁温度的技巧 ………………………… 177
4.1.5 防止电烙铁烙铁头"烧死"的方法 …………… 177
4.1.6 电烙铁烙铁头"烧死"后的处理方法 ………… 178

4.2 焊接前的准备 ……………………………………… 179
4.2.1 焊料、焊剂的选用 ……………………………… 179
4.2.2 焊接点的质量要求 ……………………………… 180
4.2.3 焊接前的准备 …………………………………… 181

4.3 元器件的焊接方法 ………………………………… 181
4.3.1 电子分立元器件的焊接方法 …………………… 181
4.3.2 集成电路块的焊接方法 ………………………… 182

目录

   4.3.3 绕组线端的焊接方法 …………………… 183
   4.3.4 线端与接线耳连接的焊接方法 ………… 183
  4.4 焊接实践 ………………………………………… 184
   4.4.1 焊接物表面处理 …………………… 184
   4.4.2 元器件的安装方式 ………………… 184
   4.4.3 带锡焊接法 ………………………… 185
   4.4.4 点锡焊接法 ………………………… 185
   4.4.5 焊接的注意事项 …………………… 186
  4.5 元器件的拆焊方法 ……………………………… 187
   4.5.1 拆焊方法 …………………………… 187
   4.5.2 拆焊操作过程中的注意事项 ……… 188
  4.6 集成电路的拆除和安插 ………………………… 188
   4.6.1 集成电路(IC)的拆除 ……………… 188
   4.6.2 集成电路的安插 …………………… 192

第5章 电子制作方法与技巧

  5.1 安全规程 ………………………………………… 195
   5.1.1 电 …………………………………… 195
   5.1.2 生物学 ……………………………… 195
   5.1.3 化 学 ……………………………… 196
  5.2 组装方法 ………………………………………… 196
   5.2.1 接线条搭建方法 …………………… 197
   5.2.2 印制电路板(PCB)的搭建方法 …… 198
   5.2.3 焊 接 ……………………………… 200
   5.2.4 其他工具 …………………………… 202
  5.3 原理图和符号的含义 …………………………… 203

第6章 实用电子制作

- 6.1 晶体管闪烁灯 ……………………………… 205
  - 6.1.1 电路工作原理 ……………………………… 206
  - 6.1.2 让电珠闪烁 ……………………………… 208
  - 6.1.3 元器件与电路图形符号 ……………………………… 209
  - 6.1.4 制 作 ……………………………… 210
  - 6.1.5 动作确认 ……………………………… 211
  - 6.1.6 闪烁电路 ……………………………… 211
  - 6.1.7 元器件的互换 ……………………………… 214
- 6.2 电子乐器 ……………………………… 214
  - 6.2.1 电路原理 ……………………………… 215
  - 6.2.2 扬声器的驱动 ……………………………… 219
  - 6.2.3 制 作 ……………………………… 220
  - 6.2.4 调音与演奏 ……………………………… 225
- 6.3 干电池检测器 ……………………………… 226
  - 6.3.1 电 路 ……………………………… 226
  - 6.3.2 元器件 ……………………………… 227
  - 6.3.3 制作方法 ……………………………… 228
  - 6.3.4 故障检测 ……………………………… 230
  - 6.3.5 用 法 ……………………………… 230
- 6.4 镍镉电池容量计 ……………………………… 231
  - 6.4.1 电 路 ……………………………… 232
  - 6.4.2 元器件 ……………………………… 234
  - 6.4.3 制作方法 ……………………………… 234
  - 6.4.4 故障检测 ……………………………… 236
  - 6.4.5 用 法 ……………………………… 236

目 录

- 6.5 浴缸水位自动停止装置 …………………………… 236
  - 6.5.1 电　路 ……………………………………… 237
  - 6.5.2 元器件 ……………………………………… 239
  - 6.5.3 制作方法 …………………………………… 240
  - 6.5.4 故障检测 …………………………………… 241
  - 6.5.5 用　法 ……………………………………… 241
- 6.6 迷你型电视台 ……………………………………… 241
  - 6.6.1 电　路 ……………………………………… 242
  - 6.6.2 元器件 ……………………………………… 245
  - 6.6.3 制作方法 …………………………………… 245
  - 6.6.4 故障检测 …………………………………… 246
  - 6.6.5 用　法 ……………………………………… 247
- 6.7 硬币计数装置 ……………………………………… 247
  - 6.7.1 电　路 ……………………………………… 248
  - 6.7.2 元器件 ……………………………………… 251
  - 6.7.3 制作方法 …………………………………… 251
  - 6.7.4 使用方法 …………………………………… 255
- 6.8 测谎器 ……………………………………………… 256
  - 6.8.1 测谎器电路 ………………………………… 257
  - 6.8.2 测谎器的原理 ……………………………… 258
  - 6.8.3 元器件与电路符号 ………………………… 258
  - 6.8.4 制作方法 …………………………………… 260
  - 6.8.5 动作的确认与调整 ………………………… 264
  - 6.8.6 使用方法 …………………………………… 264
  - 6.8.7 元器件 ……………………………………… 264
- 6.9 猫头鹰电灯 ………………………………………… 265
  - 6.9.1 元器件 ……………………………………… 266

6.9.2 制作注意事项 …………………………………… 267
6.9.3 "猫头鹰电灯"试验 ……………………………… 269
6.9.4 故障检测 ………………………………………… 271
6.9.5 "猫头鹰电灯"的改进 …………………………… 271

第7章 趣味电子制作

7.1 魔术运动机 …………………………………………… 275
   7.1.1 工作原理 ………………………………………… 276
   7.1.2 制作方法 ………………………………………… 277
   7.1.3 动作的确认与调整 ……………………………… 279
   7.1.4 元器件 …………………………………………… 279
7.2 空气推进船 …………………………………………… 280
   7.2.1 项目构成 ………………………………………… 280
   7.2.2 建造方法 ………………………………………… 281
   7.2.3 元器件 …………………………………………… 282
   7.2.4 动作的确认与调整 ……………………………… 282
   7.2.5 项目改进 ………………………………………… 282
   7.2.6 附加电路 ………………………………………… 283
7.3 磁场发生器 …………………………………………… 286
   7.3.1 工作原理 ………………………………………… 287
   7.3.2 搭建方法 ………………………………………… 288
   7.3.3 动作的确认与调整 ……………………………… 289
   7.3.4 其他创意 ………………………………………… 289
   7.3.5 磁场与健康 ……………………………………… 294
7.4 动物训练器 …………………………………………… 294
   7.4.1 项目介绍 ………………………………………… 294

  7.4.2 电路的工作原理 …………………………… 295
  7.4.3 搭建方法 ……………………………………… 295
  7.4.4 动作的确认与调整 …………………………… 299
  7.4.5 其他创意 ……………………………………… 299
  7.4.6 其他创意性实验 ……………………………… 302
 7.5 昆虫杀手 ……………………………………………… 303
  7.5.1 电路原理 ……………………………………… 303
  7.5.2 搭建方法 ……………………………………… 304
  7.5.3 制作陷阱 ……………………………………… 305
  7.5.4 动作的确认与调整 …………………………… 306
  7.5.5 其他创意 ……………………………………… 306
 7.6 电子赌盘 ……………………………………………… 308
  7.6.1 电路的工作原理 ……………………………… 308
  7.6.2 电路板的制作 ………………………………… 312
  7.6.3 动作的确认与调整 …………………………… 317
  7.6.4 元器件 ………………………………………… 317
 7.7 LED 自动闪光器 ……………………………………… 318
  7.7.1 构 成 …………………………………………… 319
  7.7.2 点灯与电源 …………………………………… 319
  7.7.3 充放电的控制 ………………………………… 323
  7.7.4 制 作 …………………………………………… 324
  7.7.5 防盗功能 ……………………………………… 327
 7.8 催眠发光二极管 ……………………………………… 328
  7.8.1 工作原理 ……………………………………… 329
  7.8.2 搭建方法 ……………………………………… 330
  7.8.3 动作的确认与调整 …………………………… 332
 7.9 驱虫器 ………………………………………………… 333

7.9.1 仿生实验及应用 ………………………………… 333
7.9.2 电路的工作原理 ………………………………… 335
7.9.3 搭建方法 ………………………………………… 335
7.9.4 动作的确认与调整 ……………………………… 336
7.9.5 其他创意 ………………………………………… 337

7.10 仿生诱捕器 …………………………………………… 340
7.10.1 项目介绍 ……………………………………… 340
7.10.2 工作原理 ……………………………………… 341
7.10.3 搭建方法 ……………………………………… 342
7.10.4 动作的确认与调整 …………………………… 344
7.10.5 其他创意 ……………………………………… 345

7.11 仿生耳 ………………………………………………… 347
7.11.1 电路工作原理 ………………………………… 348
7.11.2 搭建方法 ……………………………………… 349
7.11.3 集音设备 ……………………………………… 350
7.11.4 动作的确认与调整 …………………………… 351
7.11.5 其他创意 ……………………………………… 351

7.12 赛 车 ………………………………………………… 354
7.12.1 实验项目 ……………………………………… 354
7.12.2 电路的工作原理 ……………………………… 355
7.12.3 机械部分的工作原理 ………………………… 356
7.12.4 建造赛车 ……………………………………… 356
7.12.5 检测赛车 ……………………………………… 362
7.12.6 其他创新 ……………………………………… 362

7.13 小型机器人 …………………………………………… 364
7.13.1 简 介 ………………………………………… 365
7.13.2 制 作 ………………………………………… 366

目 录

    7.13.3 动作的确认与调整 …………………………… 370
    7.13.4 其他创新 ………………………………………… 371
 7.14 电子炮 …………………………………………………… 376
    7.14.1 电子炮的工作原理 ……………………………… 376
    7.14.2 计算功率 ………………………………………… 378
    7.14.3 很大的电流 ……………………………………… 378
    7.14.4 电子炮的制作方法 ……………………………… 379
    7.14.5 机械部分 ………………………………………… 381
    7.14.6 动作的确认与调整 ……………………………… 383
    7.14.7 实验项目 ………………………………………… 383
    7.14.8 其他创新 ………………………………………… 385

参考文献 ……………………………………………………… 389

第1章 万用表的使用

1.1 模拟式万用表与数字式万用表

万用表也叫万能表或多功能表,是小型、轻便的现场测量仪表,用于电机或电气装置的调整、试验、修理、维护以及电路的检查等。万用表的种类及外形如图 1.1 所示。

1.1.1 使用万用表的注意事项

1) 零位调整

测量前先确认指针指向刻度表的 0 刻度处。偏离 0 位时可旋转零位调节螺钉使指针指 0。

2) 选择测量范围

不能预测测量值的大小时,从最大量程开始逐步切换到小量程。选择指针摆动在满刻度的 1/3 以上的量程使用。

3) 表笔的连接

红色表笔接在测量端子的正极(⊕),黑色表笔接在测量端子的负极(⊖)。测量时手不要接触表笔的金属端,否则会触电或造成误差。

4) 读取指示值

将万用表平放,在指针的正上方读取数据。指针与刻度盘之间存在 1~1.5mm 的间隙。有的万用表刻度盘带有镜子,读数时要使实际指针与镜子中看到的指针重合,以防止出现读数视差。

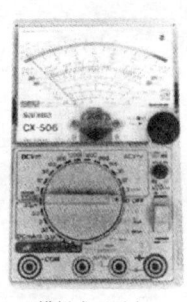  

模拟式万用表　　　数字万用表　　　数字多功能测试仪

(a) 万用表的种类

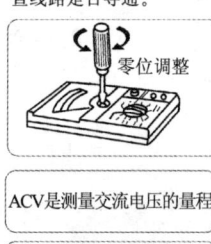

零位调整

● 有的万用表带有低频信号输出，可测量电容、电感、温度、晶体管的参数。还有蜂鸣器，便于检查线路是否导通。

零欧姆调整器，也有写作ΩADJ或OHMADJ字样

ACV是测量交流电压的量程

DCV是测量直流电压的量程

有了DC10V以下的量程，测量半导体元件时很方便

DCmA是测量直流电流的量程

Ω挡测量电阻，也可写作OHMS

(b) 万用表的外形

图 1.1　万用表

5) 量程的切换

应在表笔脱离电路后再切换量程，否则可能会损坏切换开关。此外，如果万用表与被测电路连接时就切断被测电路的电源，有时会因电感的作用使万用表损坏。

6）测量高电压

使用高压探头可以测量 10kV 或 30kV 的直流电压,但这是弱电用万用表,不能误用在被测电压大于交流电压量程的电路。如果错用会造成万用表损坏。

7）防止振动与冲击

万用表使用后将切换开关置于 OFF 位置,没有 OFF 量程时可以转到电流挡,并且把测量端子短接,使表头线圈有制动作用。

8）避免阳光直射、高温及潮湿

高温会使电阻或整流器老化,潮湿会造成万用表漏电。

9）防止强磁场

为防止万用表在测量时出现误差,务必注意不要将万用表放在金属工作台上测量,以免测量时出现误差。

10）其 他

保管及维护万用表要用柔软的干布擦拭。有的万用表指针的外壳有防止带电处理,如果用湿布擦或溅上水就会降低测量效果。

1.1.2 万用表的允许误差及平衡情况

万用表的允许误差示于表 1.1,观察仪表指针的平衡情况可按图 1.2 所示改变表身方向即可。

表 1.1 万用表的允许误差

测量类别	允许误差/%	备注
直流电压	最大刻度值±3	
直流电流	最大刻度值±3	
电阻	刻度长度±3	
交流电压	最大刻度值±4	最大刻度在3V以下的量程为±6%
低频输出	最大刻度值±4	在dB刻度,将最大刻度值换算为电压值

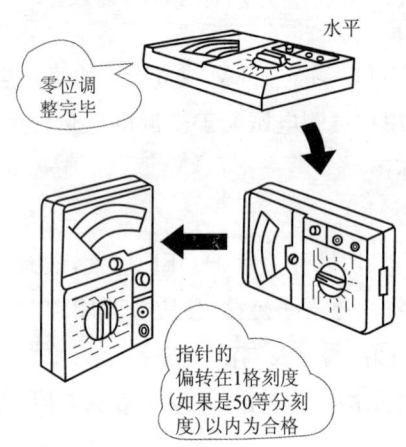

图 1.2　观察仪表的平衡情况

1.1.3　模拟式万用表与数字式万用表的比较

1. 输入电阻的比较

计算器的太阳能电池在 100 lx（勒[克斯]）的照度下大约能发电 $200\mu W$。在该照度的状态下，电池的电动势为多少呢？用模拟式万用表和数字式万用表分别进行了测量，图 1.3(a)中的测量值为 1.1V，图 1.3(b)中的测量值为 2.39V。如果问哪一个是正确值的话，当然是数字式万用表的值正确。这是因为太阳能电池的内阻非常大，而模拟式

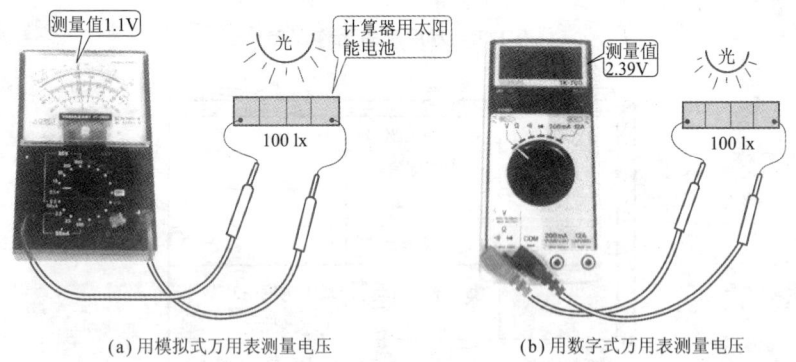

(a) 用模拟式万用表测量电压　　　　(b) 用数字式万用表测量电压

图 1.3　太阳能电池的电压测量

万用表中电压表的内阻只有 20 kΩ/V。当万用表的表笔接触太阳能电池端子时,电池中流过使指针偏转的电流,这个电流将在电池内阻上产生电压降而使电池端子间的电压下降。

在这个问题上,由于数字式万用表的电压表具有高达 11MΩ 的输入电阻(对数字式万用表不称为内阻,但可以认为是同样的概念),使流入仪表的电流近似为零,因此,电池内阻引起的电压降可以忽略。

2. 电压灵敏度的比较

模拟式万用表的电压表的量程多为 0.3～1000V。数字式万用表的电压表的量程也多为 0.3～1000V。取它们的高灵敏度量程 300mV 进行比较。模拟式万用表的电压表标尺为 60 等份,每格 5mV,即分辨率为 5mV。数字式万用表即使选用水平低的(价格也低),例如,显示数字为 3½位,最大读数为 2000 时,其分辨率为 300mV/2000 = 0.15mV,与模拟式相比分辨率仍然高 30 倍以上,可以称为是高灵敏度仪表。数字交流电压表及电阻表等也同样具有高灵敏度特性。

3. 操作方法的比较

模拟式万用表的标尺盘上包括有欧姆标尺、电压/电流标尺、dB(分贝)标尺等。如果看错标尺,则很容易引起测量失误。如果没有及时进行测量项目(例如,DC.V,AC.V 等)切换或测量量程(例如,10V,30V 等)切换,又要担心指针折断,仪表烧毁等事故发生。在这个问题上,数字式万用表只需要进行测量项目的切换,而不需要进行测量量程的切换,因此很难引起测量失误。此外,在测量有极性量时,若表笔(红、黑)与被测量的极性相反,则数字显示"—"号,而不会出现指针反向偏转的情况。这样一来,即使没有电学知识,也可以放心使用数字式万用表,如图 1.4 所示。

图 1.5 所示是模拟式万用表与数字式万用表的比较。表 1.2 列出了它们的特征比较结果。

 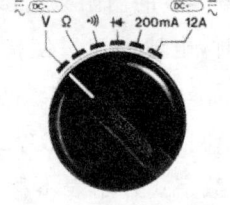

(a) 模拟式万用表　　　　　(b) 数字式万用表

图1.4　万用表的状态切换开关

```
模拟式万用表成绩表
○ 容易观察变化量
× 精度差
× 使用方法必须熟练
数字万用表成绩表
○ 灵敏度、精度高
○ 谁都可以简单使用
× 精度过高使用困难
```

图1.5　模拟式万用表与数字式万用表的比较

表1.2　模拟式万用表与数字式万用表的特征比较

比　较	模拟式万用表	数字式万用表
举　例	·动圈式电流表	·用电子电路构成的电压表
电压表的内电阻	·20kΩ/V(DC.V表) ·量程愈低电阻愈低	·1V 以上量程时 10MΩ ·300mV 量程时数千 MΩ
标尺表示	·指针表示 ·容易了解变化过程 ·容易出现读数误差	·数字显示 ·读取变化量困难 ·无论谁测量都是同一个值
准确度 （允许误差）	·直流电压表电流表±3% ·交流电压表±4%	·直流电压表（高级仪表±0.1%、低价格仪表±0.5%） ·一般比模拟式准确度高
操　作	·注意量程切换方法 ·注意极性（指针反向偏转）	·量程切换由仪表自动完成 ·反极性时用"－"号表示
电源开关	·无	·有（别忘了开关 OFF）

1.1.4 模拟式万用表至今仍被使用的理由

由前面介绍可知,如果把模拟式万用表与数字式万用表进行比较,在所有项目上数字式万用表都占有优势。但是,作为常用测量仪表的模拟式万用表目前仍在广泛使用。这是因为数字式万用表也有许多不足之处,主要包括以下几点。

① 对于变化量,数字显示时读取困难。而指针式仪表可以通过指针的摆动来了解变化量。

② 导通试验时,近似 0Ω 的场合和电阻很大的场合下,用数字显示时大小关系难以读取。在这一点上,指针式万用表可以通过指针的偏转从感觉上来了解导通状态。

③ 用于维修检查和修理的万用表在多数场合下,有百分之几的测量误差不成问题。在这一点上,数字式万用表显示虽然有精度高、位数多,读取时反而要花费不必要的精力。

因此,数字式万用表虽然有高精度,却往往造成使用上的困难,而模拟式万用表有着过去长期使用的经验而令人依依不舍,不会轻易被淘汰。因此,模拟式万用表今后仍将会继续使用下去。

1.2 模拟式万用表的结构与使用方法

1.2.1 测量前的注意事项

模拟式万用表如图 1.6 所示,其测量状态有直流电压(DC.V)、直流电流(DC.mA)、交流电压(AC.V)、电阻(Ω)等。此外,还可附加有电池检验(BATTERY)、温度测量(TEMP)、静电电容测量(C)等功能。功能多的模拟式万用表,称为高级万用表。

使用模拟式万用表前应注意以下事项:

① 仪表的指针是否在零位(用螺丝刀旋转零点调整螺丝)。

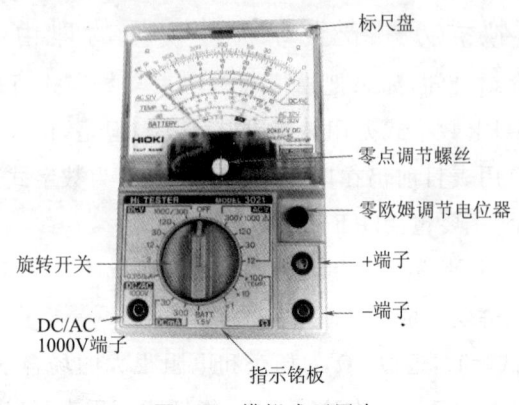

图 1.6 模拟式万用表

② 万用表表笔的红、黑极性是否正确(红色接⊕端子、黑色接⊖端子,⊖端子有时用 COM 表示)。

③ 旋转开关旋至 Ω 状态时进行调零校验(主要检验电路保护用熔断器是否熔断,内部电池是否有电)。

④ 确定旋转开关的测量状态(选择 DC.V,AC.V,DC.mA 或 Ω)。

⑤ 量程选择是否合适(被测值大小不明确时,应首先置于大量程)。

⑥ 测量状态切换时,表笔应脱离被测电路。

1.2.2 测量失误时保护电路动作

由于万用表是多功能仪表,使用时难免发生错误。例如,万用表在 DC.mA 状态或 Ω 状态时却加上了 220V 电压,电压加上的瞬间,仪表指针大幅度偏转,然后就再也不动了。打开表壳进行查看,可能是熔断器烧断了,或者是分流器电阻烧坏了,而仪表本身并无大碍。这是因为万用表保护电路动作的缘故。仪表的保护电路如图 1.7(a)所示,设置了与仪表并联的保护二极管,目的是使仪表的过电流由二极管旁路,起到保护仪表的作用。另外,设置了 0.3A 熔断器与仪表串联,以便发生过电流时切断电路。图 1.6 所示的万用表中,针对 AC 250V 的电压设置了保护二极管和熔断器,以保护仪表及电阻等元件。

1.2 模拟式万用表的结构与使用方法

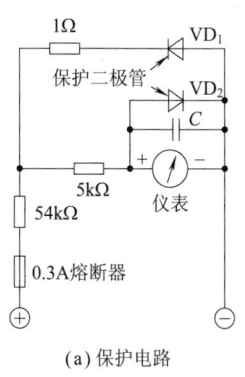
(a) 保护电路

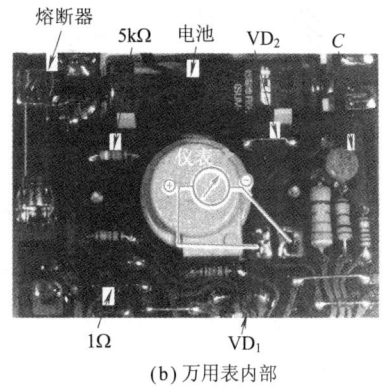
(b) 万用表内部

图 1.7　仪表保护电路

1.2.3　直流电流的测量

万用表可以测量的直流电流的量程为 0.1~600mA,也可以测量数十微安的微小电流,而对于较大电流的测量是不合适的。图 1.8(a) 所示为测量光笔接通电流的情况。使用两节电池的手电筒,接通电流对于万用表的 500mA 挡感到量程不够,因此,选用了光笔。图 1.8(a) 中,将旋转开关旋到万用表的 500mA 挡,将红色表笔接至电池的 ⊕ 极,黑色表笔接至灯泡。光笔的金属外壳由引线相连接,当光笔开关接通时就可以测量电流了。

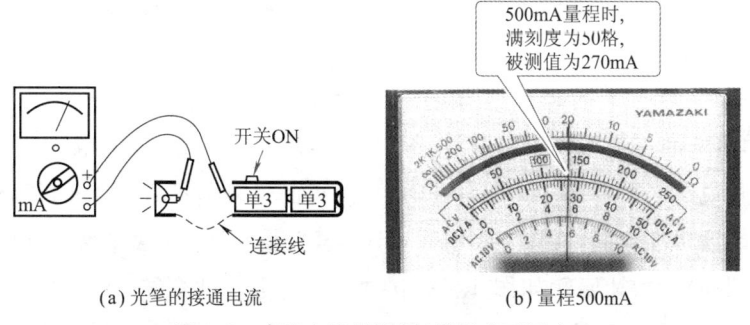

图 1.8　直流电流的测量(模拟式万用表)

1.2.4 交流电压的测量

家庭中常用的是交流工频电源。将万用表的旋转开关旋至 AC 120V 挡,把表笔插入电源插座。表笔的极性在交流的场合可不必考虑。由于图 1.9(b)所示的标尺中没有 120V 的分度,故将 12V 的分度扩大 10 倍即可。由指针的偏转读得被测电压为 104V(我国交流工频低压电源为 380V 和 220V,使用时应注意)。

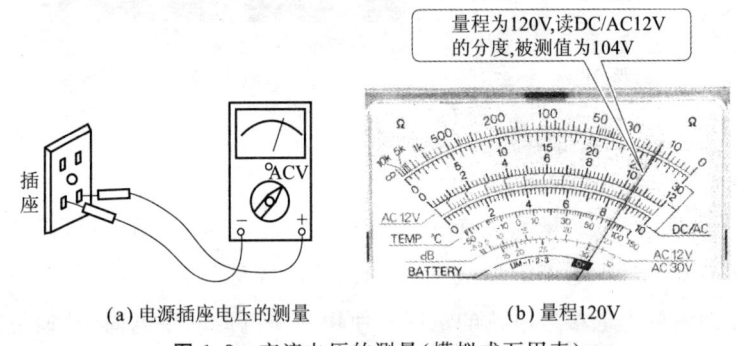

(a) 电源插座电压的测量 (b) 量程120V

图 1.9 交流电压的测量(模拟式万用表)

1.2.5 电阻的测量

在电阻的测量方法中,用万用表测量的测量精度较差,但由于测量方法简单而被广泛应用。电阻测量前应将旋转开关旋至电阻测量状态,然后调零,如图 1.10(a)所示。调零时将两个表笔短路并旋转零欧姆调节器(调零电位器),把指针调整到 0Ω,由此进行电阻标尺校正。测量时将万用表的表笔与电阻引线接触并读取电阻值,如图 1.10(b)所示,表笔的正确用法如图 1.11 所示。现以 5kΩ 碳膜电阻的测量为例进行说明。图 1.12(a)中,用 $R×10$ 量程测量时为接近 5kΩ 的值,但不能读出准确值。因此,改用 $R×100$ 量程重新测量(量程改变,应重新调零)。指针偏转如图 1.12(b)所示,由于分度变宽,可以测定为 4.8kΩ。测量电阻时,很重要的一点是选择适当的量程,使指针偏转至中央偏右的一侧,可以使测量具有较高的精度。

万用表中电阻表的基本电路如图 1.10(a)所示,内部电池、零欧姆调整器与电流表串联连接。当表笔短路时,电流从内部电池的⊕极经黑表笔、红表笔流向电流表的⊕端子。若使两个表笔分离,则黑表笔为电池电压 E 的⊕极,而红表笔为电池电压 E 的⊖极。这种情况可以用图 1.13 所示的实验来验证。由图 1.13 可知,在使用万用表的电阻表时,黑表笔为⊕极,红表笔为⊖极,与一般电压表的极性相反,这一点应引起注意。

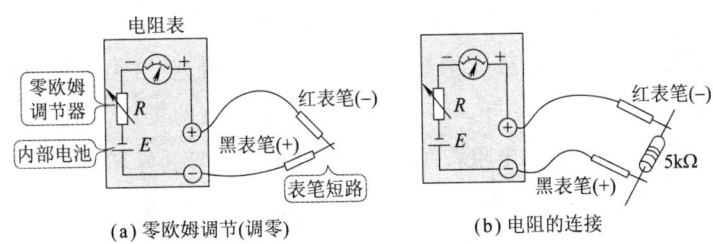

图 1.10 电阻的测量(模拟式万用表)

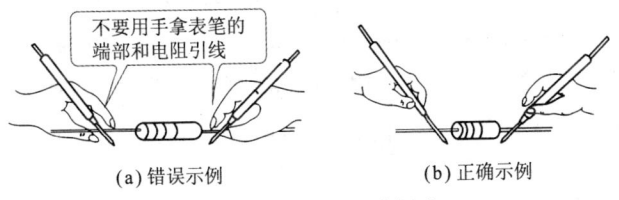

图 1.11 表笔的正确用法

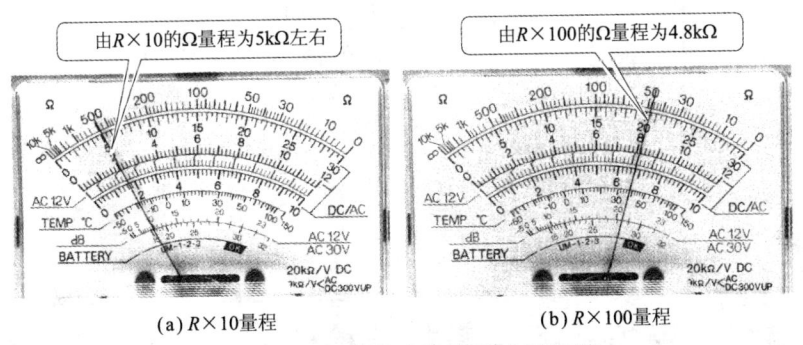

图 1.12 电阻值的读取(模拟式万用表)

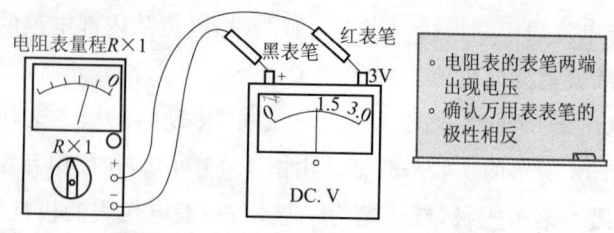

图 1.13　电阻表状态的端子电压测量

1.2.6　二极管的检测

二极管和三极管等是有极性的半导体元件。对这类元件进行电阻检测时(检查元件的好、坏)，要特别注意电阻表的极性。

图 1.14 示出了用电阻表判定单向导通的二极管的好坏。图 1.14(a)中对于二极管来说表笔为正向接法，由于二极管正向电阻很小，选择电阻量程为 $R×1$，测量值为 20Ω。图 1.14(b)中电阻表测量的是二极管的反向电阻，故选择 $R×1k$ 的高电阻量程，由指针的偏转可知，二极管的反向电阻值为 ∞。由测试结果可以确认，这个二极管是一个能正常工作的元件。如果用上述方法测得的正、反向电阻为相同的低电阻，则说明二极管内部已经短路；如果测得的正、反向电阻均指向 ∞，则说明二极管内部已经断路。

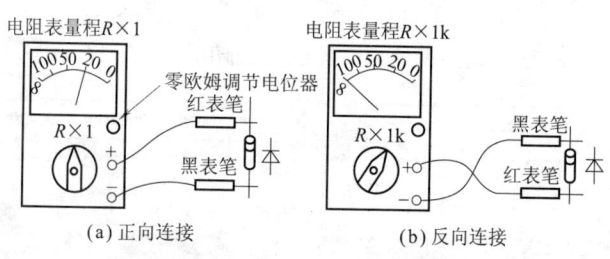

图 1.14　二极管的检测(模拟式万用表)

1.3　模拟式万用表故障检修

模拟式万用表的常见故障及检修方法见表 1.3。

1.3 模拟式万用表故障检修

表 1.3 模拟万用表的常见故障及检修方法

故障现象	产生原因	检修方法
万用表指针摆动不正常,时摆时阻	1. 机械平衡不好,指针与外壳玻璃或表盘相摩擦 2. 表头线断开或分流电阻断开 3. 游丝绞住或游丝不规则 4. 支撑部位卡死	1. 打开表壳,用小镊子和螺丝刀整修机械摆动部位,使指针摆动灵活 2. 重新焊接表头线,分流电阻断开时重新连接,烧断时更换同型号的分流电阻 3. 用镊子重新调整游丝外形,使其外环圈圆滑,布局均匀 4. 整修支撑部位
万用表电阻挡无指示	1. 电池无电或接触不良 2. 调整电位器中心焊接点,引线断开或电位器接触不良 3. 转换开关触点接触不良或引线断开	1. 重新装配万用表电池或更换新电池 2. 重新焊接连线,并调整电位器中心触片使其与电阻丝接触良好 3. 擦净触点油污,并修整触片。如果焊接连线断开,要重新焊接
万用表电阻挡在表笔短路时,指针调整不到零位,或指针来回摆动不稳	1. 电池电能即将耗尽 2. 串联电阻值变大 3. 表笔与万用表插头处接触不良 4. 转换开关接触不良 5. 调零电位器接触不良	1. 更换同型号新电池 2. 更换串联电阻 3. 调整插座弹片,使其接触良好,并去掉表笔插头及插座上的氧化层 4. 用酒精清洗万用表转换开关接触头,并校正动触点与静触片的接触距离 5. 用镊子把调零电位器中间的动触片往下压些,使其与静触点电阻丝接触良好
万用表电阻挡量程不通或误差太大	1. 串联电阻断开或烧断或电阻值变化 2. 转换开关接触不良 3. 该挡分流电阻断路或短路 4. 电池电量不足	1. 更换同样阻值功率的电阻 2. 用酒精擦洗并修理接触不良处 3. 更换该挡分流电阻 4. 更换同型号的新电池
万用表直流电压挡在测量时不指示电压	1. 测电压部分开关公用焊接线脱焊 2. 转换开关接触不良 3. 表笔插头与万用表接触不良 4. 最小量程挡附加电阻断线	1. 重新焊接测电压部分脱焊的连接线 2. 用酒精擦净转换开关油污并调整转换开关接触压力 3. 修整表笔插头与插座的接触处使其接触良好 4. 焊接附加电阻连接线
万用表直流电压挡,某量程不通或某量程测量误差大	1. 转换开关接触不良,或该挡附加电阻脱焊烧断 2. 某量程附加电阻值变化使其测量不准	1. 修整转换开关触片,并重新焊接或更换该量程的附加串联电阻 2. 更换某量程的附加串联电阻

续表 1.3

故障现象	产生原因	检修方法
万用表直流电流挡不指示电流	1. 转换开关接触不良 2. 表笔与万用表有接触不良处 3. 表头串联电阻损坏或脱焊 4. 表头线圈脱焊或线圈断路	1. 打开万用表调整修理转换开关 2. 修理表笔与万用表接触处,使其紧密配合 3. 更换表头串联电阻或焊接脱焊处 4. 焊接表头线圈,使其重新接通,若表头线圈损坏则应更换
万用表直流电流挡的各挡测量值偏高或偏低	1. 表头串联电阻值变大或变小 2. 分流电阻值变大或变小 3. 表头灵敏度降低	1. 更换电阻 2. 更换分流电阻 3. 根据具体情况处理。若游丝绞住要重新修好,表头线圈损坏要更换
万用表交流电压挡指针轻微摆动指示差别太大	1. 万用表插头与插座处接触不良 2. 转换开关触点接触不良 3. 整流全桥或整流二极管短路、断路	1. 修理万用表插头与万用表插座处,使其接触良好 2. 检修转换开关 3. 更换短路或断路的二极管或全桥块

1.4 数字式万用表的结构与使用方法

数字式万用表的电气性能如图 1.15 所示,其测量功能主要有直流电压、直流电流、交流电压、交流电流以及电阻等测量状态。除上述基本测量状态之外,还具备温度、频率、周期、dB 等的测量以及测量数据的记忆等功能。

图 1.16 为数字式万用表的构成示例。用 DC.V 表和 AC.V 表测量时,输入电压加到分压器的电阻网络上,根据电压的大小,采用电子开关自动转换量程。然后将通过手动切换开关的输入电压,经 A/D 转换后,数字显示被测值。

1.4 数字式万用表的结构与使用方法

直流电压测量　　　　　　　测量准确度:±(% rdg+dgt)

量　程	300mV	3V	30V	300V	1000V
分辨率	100μV	1mV	10mV	100mV	1V
输入电阻	1GΩ以上	11MΩ	10MΩ		
测量准确度	0.35%+2	0.5%+1			

交流电压测量

量　程	3V	30V	300V	750V
分辨率	1mV	10mV	100mV	1V
输入电阻	11MΩ	10MΩ		
测量准确度	1.0%+4(40~500Hz)			

直流电流测量

量　程	300μA	3mA	30mA	300mA	10A
分辨率	100nA	1μA	10μA	100μA	10mA
内电阻	约500Ω		约5Ω		0.02Ω
测量准确度	1.0%+2				

交流电流测量

量　程	300μA	3mA	30mA	300mA	10A
分辨率	100nA	1μA	10μA	100μA	10mA
内电阻	约500Ω		约5Ω		0.02Ω
测量准确度	2.0%+5(40~500Hz)				

电阻测量

量　程	300Ω	3kΩ	30kΩ	300kΩ	3MΩ
分辨率	100mΩ	1Ω	10Ω	100Ω	1kΩ
测量准确度	0.7%+2	0.7%+1			1.5%+1

外　观

其他功能
- 数据保存
- 量程同步
- 导通检验
- 二极管检验
- 拾音器(ADP)

图 1.15　数字式万用表的电气性能

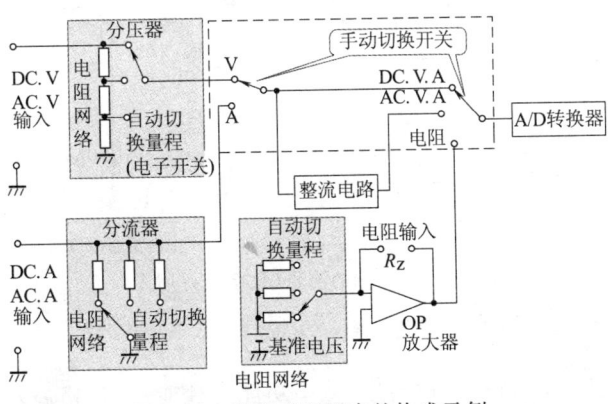

图 1.16　数字式万用表的构成示例

用 DC.A 表和 AC.A 表测量时,选择手动切换开关为电流测量状态,同时选择交、直流测量状态。然后将输入电流送入分流器的电阻网络,由电子开关自动转换量程,经 A/D 转换后数字显示被测值。

测量电阻时,手动切换开关打到电阻测量状态,被测电阻接到测量端子上。由电阻网络自动选择量程,经 A/D 转换后数字显示被测值。

1.4.1 电流的测量

测量电流时,应把状态选择开关旋至电流测量状态。数字式万用表的电流测量状态一般为 2 个,即 300mA 的低量程状态和 10A 的高量程状态。在低量程状态时具有自动量程切换功能。当大于 300mA 的电流流过时,显示 O.L(也可称为超出量程)。500mA 以上电流流过时,保护电路的熔断器熔断,以保护万用表。使用 10A 的高量程状态时,表笔应切换到专用的 10A 端子上。由于高量程状态时仪表没有保护电路,所以被测电流绝对不可以超过 10A。万用表的烧毁,大多是由把表笔插入 10A 端子却进行电压测量而造成的。在 mA 状态或 Ω 状态而误测电压时,因熔断器熔断而使万用表电路得以保护,如图 1.17 所示。

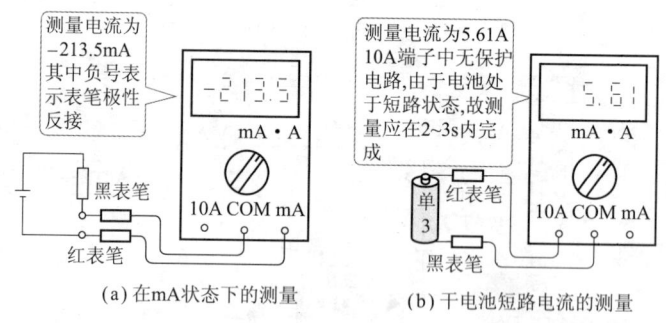

(a) 在 mA 状态下的测量　　(b) 干电池短路电流的测量

图 1.17　电流的测量(数字式万用表)

1.4.2 直流电压的测量

数字式万用表有多种类型,从多功能高性能型(价格高)到与模拟

1.4 数字式万用表的结构与使用方法

式万用表功能相同的低价格普通型。这里以手持型为例说明其使用方法。

首先,把数字式万用表的测量状态选择开关旋至直流电压测量(V)的位置并接通电源,则显示器中将出现可能显示的全部数字及符号,如图 1.18(a)所示。2s 后蜂鸣器鸣叫,同时显示器移行并显示直流电压测量状态,如图 1.18(b)所示。测量量程为从低电压量程到高电压量程的自动量程切换结构。图 1.18(b)中,由于尚未输入被测电压,因此,自动选择了 300mV 的低量程。下面,测量一下 1.5V 干电池的电动势。把红表笔接到电池的⊕极,黑表笔接到电池的⊖极,则显示被测值为图 1.18(c)所示的 4 位数字 1.652。按动"RANGE"键一次,则从自动量程切换变换到手动量程,可以看到小数点位置的移动。如果按住"RANGE"键 2s 以上,则返回自动量程切换状态。

(a) 初始信息显示

(b) 直流电压测量状态

(c) 电池电压的测量

图 1.18 数字式万用表测量直流电压

显示位数的多少是数字式万用表的重要性能之一。4 位数的最大读数为 9999,而实际仪表的最大读数往往是 1999 或 3999。由于这些读数比 4 位最大读数小,故称之为 3½位仪表。

把万用表接到图 1.19(a)所示的直流稳压电源上,在 3V 量程下,当电源上升至 3.199V 时如图 1.19(b)所示。当被测电压稍稍超过 3.199 时,由于超过了最大读数 3200,将自动切换到高一挡量程 30V,成为图 1.19(c)所示的 3 位数 3.20。由此可知,当被测值超过 3199 的瞬间,仪表的显示位数从 4 位变为 3 位,仪表的精度下降了。可见,最大读数越大,仪表的准确度越高。

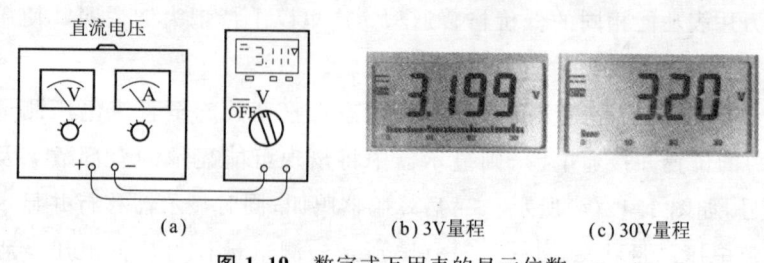

(a)   (b) 3V量程   (c) 30V量程

图 1.19   数字式万用表的显示位数

1.4.3 电阻的测量

测量电阻时,切换开关应旋到 Ω 状态。当表笔开路时,万用表显示 O.L(超出量程),如图 1.20(a)所示。测量电阻之前,模拟式万用表应进行调零确认,而数字式万用表则无此必要,只需确认表笔的接触电阻的大小。调零时应在低量程的 300Ω 挡下进行,如图 1.20(b)所示。接着就可以将表笔接触被测电阻引线进行测量了。

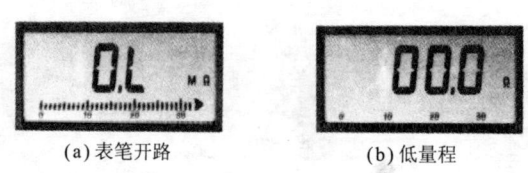

(a) 表笔开路   (b) 低量程

图 1.20   电阻的测量(数字式万用表)

1.4.4 二极管的检测

用简单方法测试二极管和三极管等有极性的半导体元件时,可以用模拟式万用表的 Ω 状态。数字式万用表在 Ω 状态时,由于加到半导体元件上的电压很低,不能测试正向电阻。因此,数字式万用表中设置了二极管检验状态(→)。图 1.21(a)所示为二极管正向电压的测试。红表笔接二极管⊕极,黑表笔接二极管⊖极(这一点与模拟式万用表相反)。图 1.21(a)中正向电压显示为 0.560V。为什么会显示出这样的电压值呢?因为在二极管检验状态下,半导体元件中将流过约 0.6mA 的电流,产生元件的正向电压降,这就是显示出的 0.560V 电压。这一点由图 1.21(b)所示的二极管正向特性曲线得到了证实。

由于二极管反向电流不能流通,故其反向电压显示为 O.L。

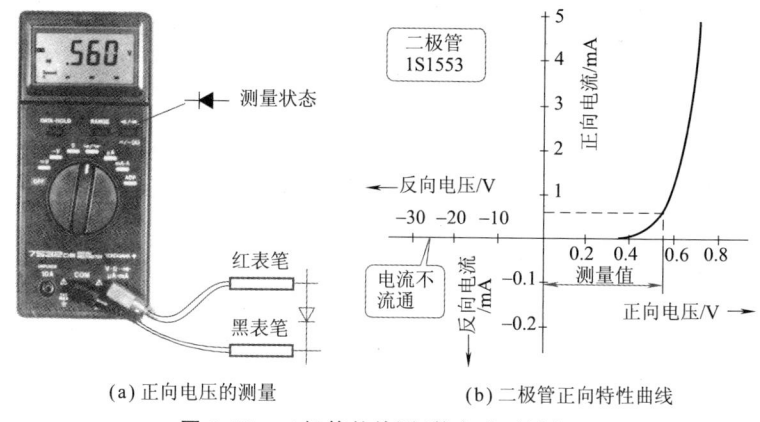

(a) 正向电压的测量　　　　(b) 二极管正向特性曲线

图 1.21　二极管的检测(数字式万用表)

1.5　数字式万用表故障检修

数字式万用表的常见故障及检修方法见表 1.4。

表 1.4　数字式万用表的常见故障及检修方法

故障现象	可能原因	检修方法
无显示	1. 电池无电 2. 若蜂鸣器响则为显示屏及相关电路故障 3. 滤波电容器短路	1. 更换电池 2. 检查显示屏及相关电路 3. 更换滤波电容器
不能调零,每个挡均不正常	1. A/D 转换器电路有故障 2. 仪器受潮	1. 检查相关电路 2. 做驱潮处理
每个挡位均无反应	保护电路动作	检查并排除故障原因
每个挡位均显示"1"	1. A/D 转换器电路有故障 2. 时基电路有故障	1. 检查相关电路 2. 检查双时基集成电路
每个挡所测量的数值误差偏大	A/D 转换器及相关电路有故障	检修 A/D 转换器及相关电路

续表 1.4

故障现象	可能原因	检修方法
合上开关,显示器上数字全为零且闪烁不停	A/D 转换器及相关电路有故障	检修 A/D 转换器及相关电路
二极管挡指示为零	三极管 9014 短路	更换三极管 9014
开机显示"1888"每个挡位均失控	驱动块 CD4030 及其外围电路有故障	检查并排除

1.6 自制万用表

自制万用表是一种非常好的获得机电仪器相关经验的方法。

图 1.22 所示的是一个基本模拟式万用表的原理图和元器件清单。这个仪表是一个 $50\mu A$、内部电阻 1800Ω、带面板的装置。选择装置是一个简单的香蕉型跳线。电压与电阻挡的电阻一般为 2% 碳电

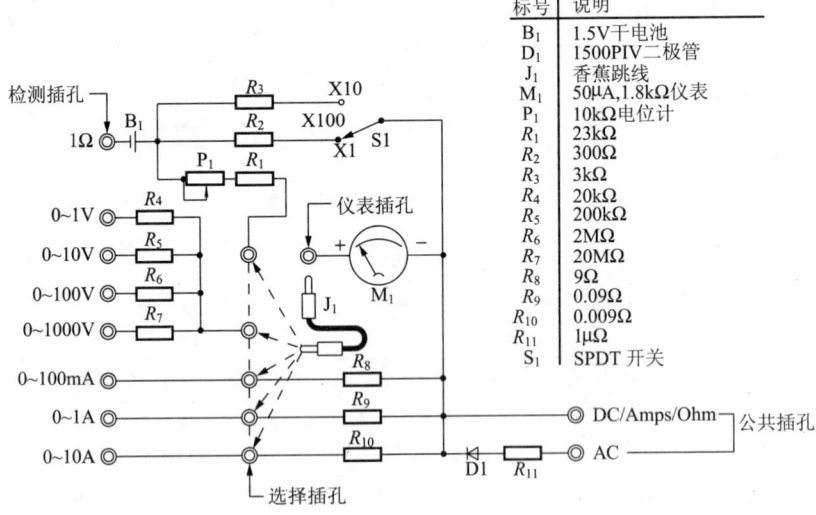

图 1.22 自制万用表原理图

阻。电流挡电阻为大功率、5%碳电阻。电池是普通的 1.5V AA 型。

图 1.23 所示的是推荐使用的面板布置方式。如果紧凑性不重要的话，可以增加尺寸来放置你所需要的元器件。香蕉型选择器可以连接 6 个插孔。外围插孔到中央插孔的距离应该为 3/4in。这个空间允许读者使用双香蕉跳线，并防止错误连接。

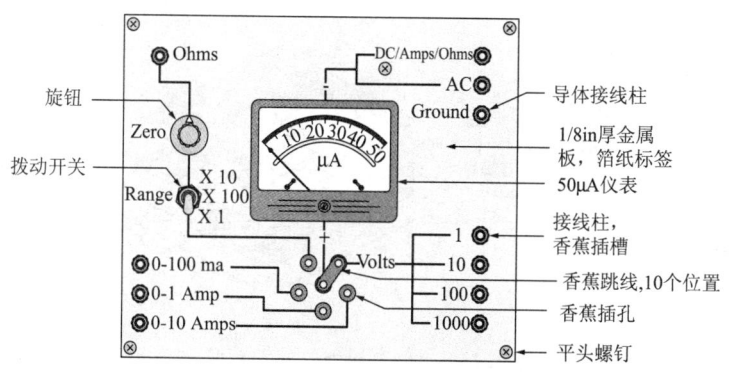

图 1.23　自制万用表面板

图 1.24 所示的是制作完成的面板的背面。除了仪表，所有的连接点都焊接在一起。R_{13} 与 R_{14} 应该焊上，并使它们之间保持充分的间

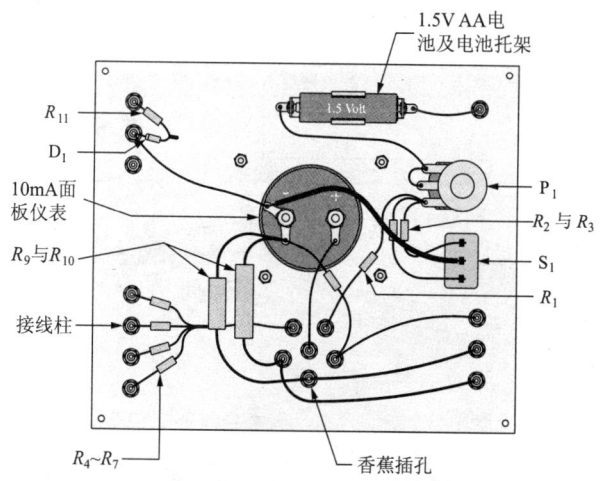

图 1.24　自制万用表面板接线

隙,因为正常工作时它们会发出大量热量。一定要使用坚固的电池插座,以确保仪表移动时电池不会弹出。

图 1.25 是装配外壳的原理图。上下面板可以是塑料的或梅斯奈纤维薄板。盒子本身是由 1in×2in 松木板制成的简单框架,并用自攻螺钉安装起来。

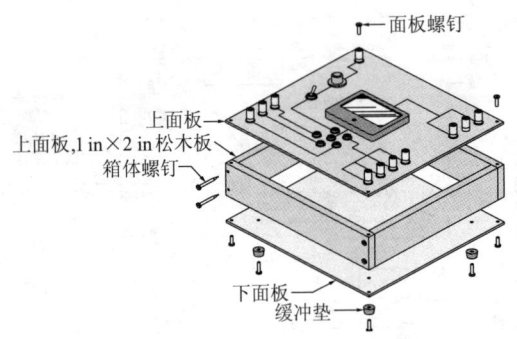

图 1.25　自制万用表的外壳装配

如图 1.26 所示为表笔的制作过程,将一根导线焊在一根黄铜棒的一端,然后深深地压入一个塑料管之中。当铜棒放在合适的位置之后,用锉刀修尖铜棒露出的那一端。在整个表笔的另外一端装上标准香蕉插头。

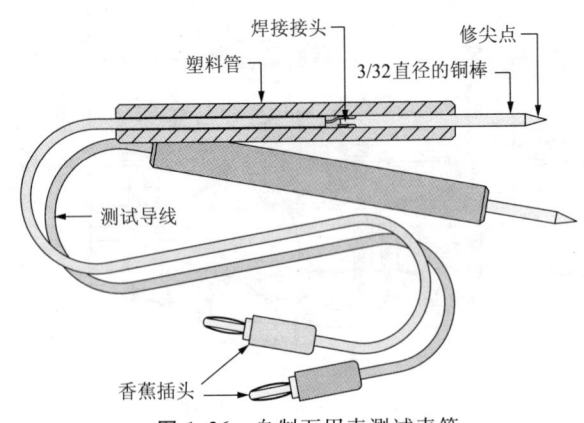

图 1.26　自制万用表测试表笔

第2章 常用电子元器件的识别、使用和检测

2.1 电阻器

电阻器简称为电阻,是最基本、最常用的电子元件之一。按其阻值是否可以调整可分为固定电阻器和可变电阻器,按其制造材料不同,可分为碳膜电阻器、金属膜电阻器和线绕电阻器等多种。

1. 电阻器的型号

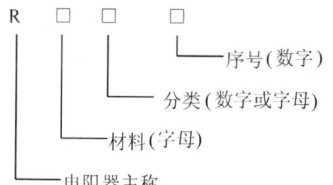

电阻器的型号由四部分组成,第一部分用字母 R 表示电阻器的主称,第二部分用字母表示构成电阻器的材料,第三部分用数字或字母表示电阻器的分类,第四部分用数字表示序号。电阻器的型号的意义如表 2.1 所示。

表 2.1 电阻器的型号意义

第一部分	第二部分(材料)	第三部分(分类)	第四部分
R	H 合成碳膜	1 普通	序　号
	I 玻璃釉膜	2 普通	
	J 金属膜	3 超高频	

续表 2.1

第一部分	第二部分(材料)	第三部分(分类)	第四部分
R	N 无机实心	4 高阻	序 号
	G 沉积膜	5 高温	
	S 有机实心	7 精密	
	T 碳膜	8 高压	
	X 线绕	9 特殊	
	Y 氧化膜	G 高功率	
	F 复合膜	T 可调	

2. 电阻器的种类

电阻的单位为欧[姆](Ω),简称欧;千欧(kΩ)是 10^3 Ω;兆欧(MΩ)是 10^6 Ω。图 2.1 示出了在电路图中电阻器的图形符号。电阻器大体上可分为固定电阻器、可变电阻器以及半固定电阻器 3 种类型。

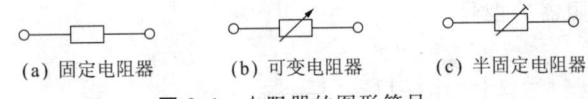

(a) 固定电阻器　　(b) 可变电阻器　　(c) 半固定电阻器

图 2.1　电阻器的图形符号

图 2.2 所示的集合电阻器可称为微型电阻组件或者电阻网络,有梳型和 IC 型之分。集合电阻器在印制电路板上安装简单,常用于微型计算机等数字电路和测量仪器等需要获得多个电阻特性的电路,以及 LED 显示电路、D/A 转换电路等。

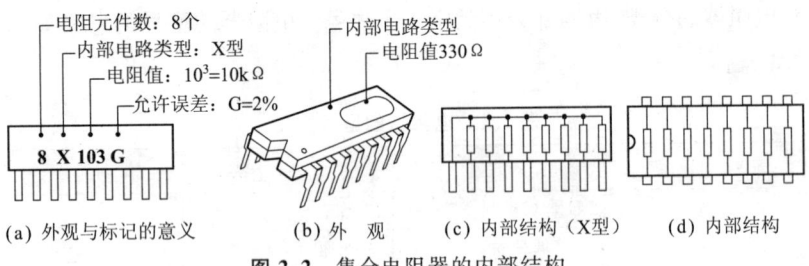

(a) 外观与标记的意义　(b) 外　观　(c) 内部结构(X型)　(d) 内部结构

图 2.2　集合电阻器的内部结构

表 2.2 示出了具有代表性的常用固定电阻器。可以看出,固定电阻器主要分为 4 种类型。

2.1 电阻器

表 2.2 固定电阻器的分类与特点

名称	外观	特点
线绕电阻器 RW 型	接线端子	不适用于高电阻值和高频电路,但耐高温,温度的稳定性好(±30ppm/℃),主要用于低噪声、大功率的场合,常用于电源回路
金属膜电阻器 RN 型	1Ω	用于温度较高场合,噪声电压非常小,不易损坏。硬件装配时,不会因焊接加热而改变电阻值。常用于运算放大器的外围电路,价格比固体电阻器要高
碳膜电阻器 RD 型	有效数字 乘数 33 332 该电阻为 $33\times 10^2 \Omega \to 3.3k\Omega$	可分为绝缘型、简易绝缘型和非绝缘型 3 种。全部属于小型电阻器,电阻值的范围为 5.1Ω～5.1MΩ 耐电性和耐湿性良好,价格稍高
固体电阻器 RC 型	色标	是应用最广泛的电阻器,电阻值范围广(10Ω～10MΩ),体积小,价格便宜。其缺点是电阻值随温度、湿度有变化 常用色标来表示电阻值及其允许误差

① 固定电阻器。固定电阻器可分为很多种类型。表 2.3 中示出了电阻器的结构和特征。为了能够自如地使用固体电阻器,需要熟练地掌握电阻器的色标识别方法。色标的识别方法如表 2.4 所示。表中第一栏给出了色标的记忆方法,供读者参考。

表 2.3 各种电阻器的外形、结构

种类	结构或外形	特征、用途等
碳薄膜电阻器(碳膜电阻器)	电镀引线 色标 加螺旋断开的碳薄膜 成形主体 引线焊接 热传导性瓷器 引出头端子 印制电路板 片型 盖帽 L型 起泡沫型 P型 L型	• 1Ω～10MΩ,(1/16)～1W • 噪声小,温度系数稳定 • 价格便宜 • 片型或起泡沫型在印制电路板布线时,用于提高组装密度的场合

25

续表 2.3

种类	结构或外形	特征、用途等
合成电阻器（固体电阻器）	色标、酚醛树脂、端子、绝缘涂料、电阻体	• 2.2Ω～22MΩ，(1/16)～1W • 适合大批量生产，价值便宜 • 由于噪声大，所以不适于在放大器的前级使用
金属膜电阻器	加螺旋拧开的金属薄膜、热传导性瓷器、成形主体、引出头端子、引线焊接、电镀引线	• 1Ω～3MΩ，(1/8)～1W • 低噪声、频率特性好，由温度引起的电阻值的变化也小，价格高 • 用于测量仪器、通信设备等 圆筒型　角板型　模制封装型
金属氧化膜电阻器	电镀引线、字母表示、加螺旋拧开的金属氧化膜、绝缘涂层、热传导性瓷器、引出头端子、引线焊接	• 0.2Ω～250kΩ，(1/2)～7W • 高温下稳定度好，耐热性优良 • 小型、承受较大功率，适合于电源电路
线绕电阻器	电镀引线、电阻线、绝缘涂层、引线焊接	• 0.1Ω～400kΩ，(1/2)～10W • 温度产生的影响小，噪声也比较小，频率特性差，不适于高频电路 • 用于低电阻、低功率 L型　端子型

续表 2.3

种类	结构或外形	特征、用途等
珐琅电阻器	电阻线银钎焊、焊片端子、电阻线、珐琅、磁卷心、端子安装用捆扎线	• $0.1\Omega \sim 100k\Omega$，$5 \sim 100W$ 以上 • 用于大功率，耐热性好
黏合电阻器	电阻线、2W 0.5Ω、陶瓷外壳、电镀铜线	• $0.1\Omega \sim 100k\Omega$，$1 \sim 10W$ • 耐热性好 • 用于电源电路、控制设备等

图 2.3 示出了两个电阻器色标识别的例子，以便帮助读者理解和掌握表 2.4 中所示的颜色与数字间的对应关系。

表 2.4 色标的识别方法

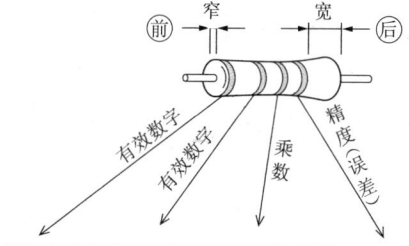

颜　色	色环 1	色环 2	色环 3	色环 4
黑	0	0	10^0	
茶	1	1	10^1	±1%
赤	2	2	10^2	±2%
橙	3	3	10^3	
黄	4	4	10^4	
绿	5	5	10^5	±0.5%

续表 2.4

颜 色	色环 1	色环 2	色环 3	色环 4
蓝	6	6	10^6	
紫	7	7	10^7	
灰	8	8	10^8	
白	9	9	10^9	
金			10^{-1}	±5%
银			10^{-2}	±10%
无				±20%

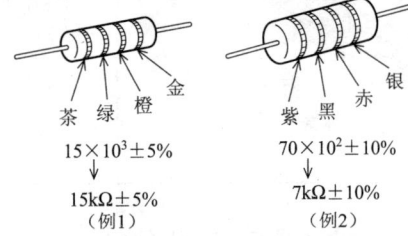

茶 绿 橙 金
$15×10^3±5\%$
↓
$15kΩ±5\%$
（例1）

紫 黑 赤 银
$70×10^2±10\%$
↓
$7kΩ±10\%$
（例2）

图 2.3　电阻值的识别方法举例

② 可变电阻器。图 2.4 示出了具有代表性的三端子可变电阻器的外观及其电特性。图 2.4(b)所示是可变电阻器心轴转角的变化率与电阻值变化率之间的关系。为了使用方便，一般可用直线 B 来代替曲线 A、C，因此可以认为，可变电阻器心轴转角与电阻值之间成比例关系。下面来看一下可变电阻器的接线方法。如果利用图 2.4 中的 1、2 两个端子，当心轴按顺时针方向(CW)旋转时，电阻值将从零逐渐增加到最大值；如果利用图中的 2、3 两个端子，而心轴仍按顺时针方向(CW)旋转时，电阻值将从最大值逐渐减小到零。当实际使用时，可用万用表加以确认，这时可将端子 2 作为接地端。

可变电阻器可分为精密型、微调型、大功率型等，它们的外观与特点等见表 2.5。其中，电位器精度较高，常作为位置传感器而广泛使用。

③ 半固定电阻器。半固定电阻器与表 2.5 所示的微调型可变电阻器的外观基本相同。接线端子的序号也与可变电阻器的相同，即端

子 2 是可调端。半固定电阻器常用于电压、电流的调节以及运算放大器的放大倍数调整等。半固定电阻器的电阻值一旦调整完毕,在设备使用过程中一般就不再调整了。

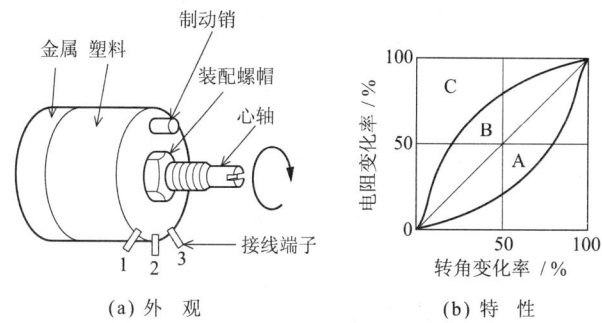

(a) 外 观　　　　　　　　(b) 特 性

图 2.4　可变电阻器

表 2.5　可变电阻器的分类与特点

名　称	外　观	特　点
精密型电位器 (线绕多圈型)		电阻值为 50Ω~100kΩ,电阻值允许误差为 5% 具有良好的直线形、灵敏度和稳定性,用于各种要求精密的场合 广泛应用于精密测量仪器、自动控制器以及位置传感器等
微调型电位器		可用于印制电路板的配线,易于安装。电阻材料等采用了特殊材料,故温度系数小。特别是金属陶瓷型为无感电位器,可适用于高频电路
		结构上为全封闭型,具有良好的防尘性和耐湿性。外壳用特殊的合成树脂制成,具有良好的阻燃性,引脚用贵金属制成,接触电阻小,容易实现微小调节 最适合用于要求高可靠性的工业测量仪器、电子计算机、医疗测试仪器等

续表 2.5

名 称	外 观	特 点
大功率型(阻燃涂料型)可变空心电阻器	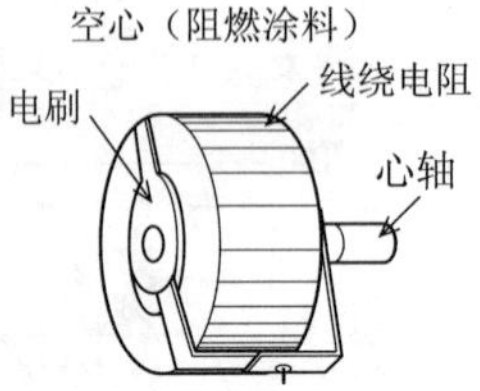 空心(阻燃涂料)　电刷　线绕电阻　心轴	把电阻线均匀卷绕在环状磁心上,然后用阻燃涂料包覆。在电阻线露出部位,利用电刷滑动来实现电阻的变化。允许表面温度在 360℃以下使用。可用于工业、民用等各种场合。电阻器容量范围为 10W～1kW

3. 电阻器的作用

① 电阻分压器。电阻分压器如图 2.5(a)所示。可以利用电阻分压器把一个较高的电压 $E(V)$ 分解成两个较低电压(E_1、E_2)后输出。这时,三个电压之间的关系为

$$E = E_1 + E_2$$

总电阻 R 与两个分压电阻 R_1、R_2 的关系为

$$R = R_1 + R_2$$

可以看出,利用电阻的串联连接可以获得任意的分压电压,这就是电阻分压。

② 电流的增减。可以利用电阻器进行电流的增减,如图 2.5(b)所示。总电流 I 与两个电流分量 I_1、I_2 之间的关系为

$$I = I_1 + I_2$$

总电阻 R 与两个电阻 R_1、R_2 的关系为

$$\frac{1}{R} = \frac{1}{R_1} + \frac{1}{R_2}$$

可以看出,利用电阻的并联连接可以获得任意的电流增减。在电子电路中,常利用电阻的串并联来限制电流。

③ 形成电流通路。可以利用电阻器形成电流的通路,如图 2.5(b)所示,以便在电路中传递电流和电压。

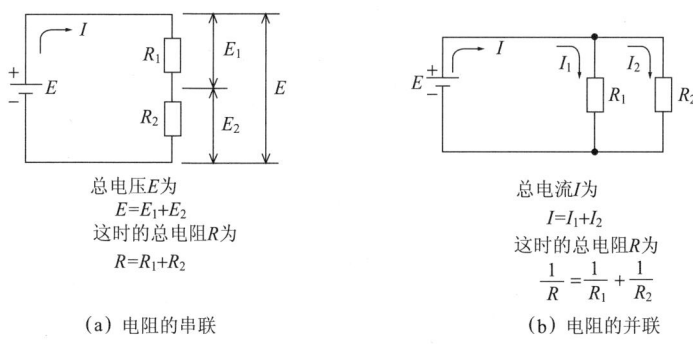

(a) 电阻的串联　　　　　(b) 电阻的并联

图 2.5　电阻的连接方法

④ 形成发热体。电阻所消耗的电功率 P 可用公式 $P=IV=I^2R$ 来表示,电阻所消耗的电能将全部变成热能损失掉。与此同时,也可以把电阻看作一个发热体。汽车玻璃的除霜就是利用了电阻发热的原理。

4. 固定电阻的故障

一般而言,电阻是很可靠的,其故障率很低。然而,电阻也是会发生故障的,随着时间、温度、外加电压、湿度、机械压力和振动情况的改变,电阻会产生化学或其他变化,最后导致电阻逐渐损坏。

任何电阻安装在电路中时都会损耗功率,电阻损耗的最大功率取决于周围的温度。显而易见,低的损耗将会改进电阻稳定性并降低故障率。总体而言,电阻故障率取决于它的类型、制作方法、操作和环境条件及电阻值。以下列出的是定值电阻的一些故障以及引起故障的可能原因。

① 碳质电阻。

• 断路。由于过高温导致电阻内部烧毁;由于机械压力造成电阻破裂;弹簧盒盖的移动;由于过度挠曲造成线路破坏。

• 高阻值。热量、电压或是潮湿引起碳或是黏合剂的移动;由于吸收湿气而引起的膨胀导致碳微粒的分离。

② 金属电阻。

• 断路。制造过程中薄层的刮擦或是碎裂;由于高压或是温度引起薄层的分离；断路故障，特别是在高阻值情况下由于存在薄的螺旋形电阻丝而更易发生故障。

- 高噪声。由于电路组装不好产生机械压力进而导致终接器的接触不良。

③ 线绕电阻。

- 断路。电线破裂，特别是在细金属丝的情况下；由于吸收潮气引发电解作用进而导致电线腐蚀；电线缓慢结晶（由于杂质），导致线路中断和破裂；熔焊末端断裂。

电阻的稳定性是指随着时间变化的阻值百分比改变率，取决于耗散功率和周围环境温度。电阻的关键温度是热点温度，它是周围温度的数值总和，并且由于存在耗散功率，此温度会不断上升。因为电阻构造统一，其最高温度在电阻体内的中间部位，这个温度就是所谓的热点温度。

5．电阻的测试

电阻在实际应用中的正常范围是 $1\Omega \sim 10M\Omega$。在此范围内检查阻值最为简便的方法是使用一个欧姆表或是模拟式万用表（图 2.6），把调节开关拨至测量阻值模式下进行测量。伏特-欧姆表（VOM）中阻值的测量范围分为以下三挡：

$$\begin{cases} R \times 1 & 0 \sim 2k\Omega \\ R \times 10 & 0 \sim 200k\Omega \\ R \times 100 & 0 \sim 20M\Omega \end{cases}$$

电阻测量的电路是设计好了的，即当测试端连接到未知电阻时电流通过线路，并对应到具体阻值，最后能在标定刻度上读出数值。在测量未知电阻之前，两个线端（探头）先短路连接一下，在选定的测量范围下调整零刻度使其在刻度盘上的读数为零。实际上，此时对应的是最大线路电流。测试时把未知电阻连接起来，电流值开始下降，因此比例尺明显是非线性的。

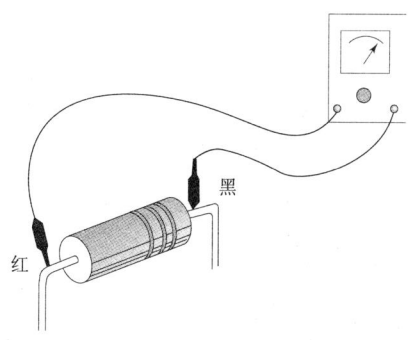

图 2.6 定值电阻的测量方法

数字式万用表更易携带,并且具有测量阻值时其比例是线性的优势。它们采用的是恒流源电路,即能够根据未知电阻来改变电压,并且测量电压与阻值成比例变化。所采用的恒定电流值取决于使用时的测量范围。例如,在 100Ω 范围内电流从 1mA 开始变化,也可以说在 $1M\Omega$ 范围内从 $1\mu A$ 开始变化。数字式万用表能基于四端(Kelvin)原理来测量如插头和接插件的瞬变电阻这样很低的阻值。测量时采用更高的电流值来观察电压的下降会使测量变得更加方便。

6. 可变电阻或电位器

可变电阻基本上是由一些带有与其接触的可调滑线电阻触头的材料组成。可变电阻或是电位器(通称为分压计)根据所使用的电阻材料不同分为以下三种类型(图 2.7)。

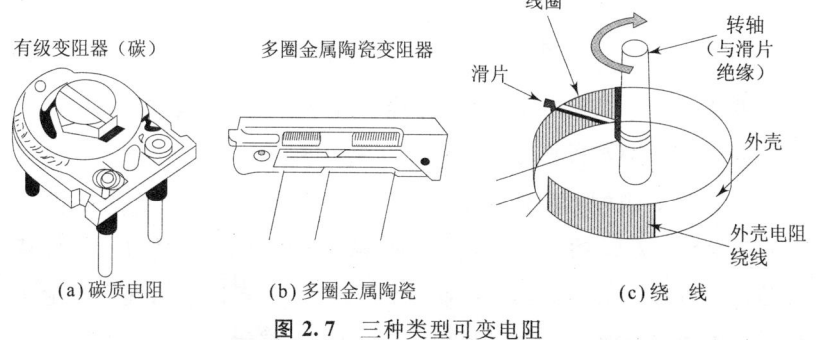

图 2.7 三种类型可变电阻

① 碳。碳质电位器一般由固定模式的呈固体形状碳物质制成,或者在底层覆盖一层加入了绝缘层的碳质构成。

② 金属陶瓷。金属陶瓷电位器由较厚的电阻层覆盖在陶瓷的底部制成。

③ 绕线。绕线电位器的结构则是将镍铬铁合金或其他材料线缠绕在合适的绝缘样板上制成。

电位器常常用于设置电阻的偏差值,设置遥控器的时间常数,得到放大器的增益调整或在控制电路中传递电流或电压。因此,它们都是集成的,以便与印制电路板连接。

可变电阻可作为变阻器或电位器。图2.8表明了两个应用元件之间的不同之处。当将其作为分压器的时候,电阻元件会连接到一个电压基准源和滑臂上,将其作为一个信号拾取点,并通过滑臂的移动得到一个想要的电压值。

使用可变电阻时,把它连接到电路中的每一个终端上并且将滑臂连接到其中一个终端上。也可以将全部电阻串联并且将滑臂连接到一个额外电路上,如此连接时,可以将其作为电位器来使用。

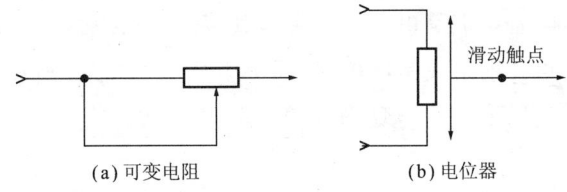

(a) 可变电阻　　　　　　(b) 电位器

图 2.8　电位器与可变电阻之间的区别

可变电阻可以根据以下的规定来制作:

① 线性。电阻的阻值均匀分布在整个长度上。

② 对数。电阻的阻值要根据对数法则变化。在这些电阻中,当滑线电阻触头在移动的时候,阻值增加(从零开始)得非常缓慢,并保持这种趋势直到电阻触头移到电阻的中间部位,然后随着滑线电阻触头移动到更远位置时,阻值将会较前一半增加得更快。

③ 正弦余弦电位器。正如其名字表明的一样,当滑线电阻触头移动的时候,阻值会按照正弦余弦法则从始至终变化。总操作轨迹长度为旋转 360°,将其分为每个都是 90° 的四个象限。

不同类型可变电阻的特性概括在表 2.6 中。

表 2.6 可变电阻特性

类 型	典型阻值	误 差	典型功率	稳定性	结 构	规 律
碳成分	100Ω~10MΩ	±20%	0.5~2W	±20%	单圈调节	线性对数
绕线					单圈调节	线 性
普通型	10~100kΩ	±5%	3W	±5%	多圈调节	
特别型		±3%		±2%	多 圈	正弦-余弦
金属陶瓷	10~500kΩ	±10%	1W	±5%	单圈多圈	线 性

7. 电位器的故障

电位器比固定电阻的故障率更高。因为电位器不仅由可移动的部分连接在一起,而且还取决于滑线电阻触头与电阻线之间良好可靠的电子接触。通常来说,在实际应用中遇到的电位器故障分为以下两种类型:

① 完全失效。完全失效表明其本身在滑线电阻触头和电阻丝或是电阻丝与端部连接处于断路状态,原因可能是由于潮气导致金属部分的腐蚀;或者由于潮气或是高温引起的塑料部分(导轨模块)的扭曲和损坏。

② 局部失效。电位器的局部失效是由于滑线电阻触头阻值的上升而产生更高的电噪声或是断续接触而产生的,这种情况由于灰尘微粒、研磨物质或是滑线电阻触头与电阻丝之间积累的油脂而引起。由于接触问题而损坏的电位器会表现出诸如音频电路中出现噪声,受控参数出现异常情况等明显迹象。

8. 电位器的测试

电位器可以借助类似于固定电阻的使用欧姆表的方法来检查其是否处于正常状态。此检查必须在可变接触终端和每两个固定终端之间进行。

图2.9表明了电位器的测试程序。随着电位器轴的移动,观察其阻值变化。如果阻值依然为零或是停留在无穷读数上时,就得更换电位器。当替换一个损坏了的电位器时,必须注意的是要选择具有合适电阻值、公差值、功率、分辨率、形状、大小和调整针位置的电位器。

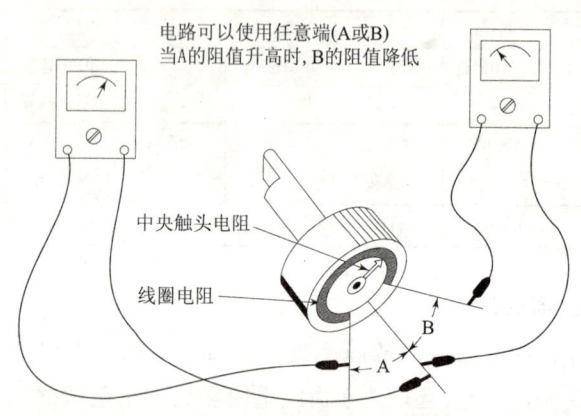

图2.9 用欧姆表测试电位器

9. 电位器的维修

电位器内部的滑线电阻触头可能变脏或受腐蚀,用一些喷雾型的非剩余清洁剂就能清除。大多数电位器都是封闭在金属盒子里的,清洁剂可沿着轴或在盒子中其他裸露部位进行喷洒。把清洁剂喷在里面之后,轴必须旋转几次才能完成整个清洗环节,这种方式也能清除积累在电阻丝上的灰尘。

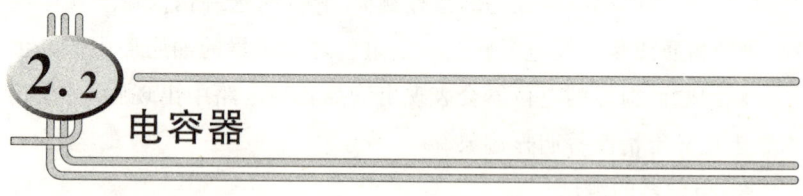

2.2 电容器

电容器,简称为电容,也是一种最基本、最常用的元器件。电容器按其电容量是否可调,分为固定电容器和可变电容器;按其介质材料的不同,又可分为纸介电容器、金属化纸介电容器、聚苯乙烯电容器、涤纶电容器、瓷介电容器、玻璃釉电容器等多种。

1. 电容器的型号

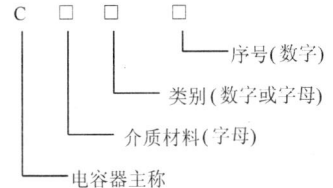

电容器的型号由四部分组成,第一部分用字母"C"表示电容器的名称;第二部分用字母表示电容器的介质材料;第三部分用数字或字母表示电容器的类别;第四部分用数字表示序号。电容器型号中,第二部分介质材料的字母代号的意义见表 2.7,第三部分类别代号的意义见表 2.8。

2. 电容器的种类与作用

从原理上来说,两块金属板之间夹入绝缘体就构成了电容器,两块金属板称为电极。电容的单位为法[拉](F),简称法;10^{-12}法[拉]记为 pF(读作皮法);10^{-6}法[拉]记为 μF(读作微法)。当制作电子电路时,常用电容量为 μF 级和 pF 级的电容器。在电子电路中,电容器的符号如图 2.10 所示。电容器可分为有极性的和无极性的。电解电容器采用糊状电解液作为绝缘体,是有极性的,硬件安装时要注意其极性的正负。表 2.9 示出了电容器的种类。在表 2.9 中的"特点"一栏中,所谓高频用是指采用这种电容器可以很方便地滤除高频噪声。例如,当电动机旋转时,就会产生高频噪声。要想除去这种噪声,可以在电动机电源的负极侧和正极侧分别用高频电容器(例如,钛电容器)对机壳接地。所谓低频用是指采用这种电容器可以很方便地滤除低频信号的脉动(波纹)。在电解电容器中,电容量较大的电容器可用来除去混在电气控制信号中的低频脉动。下面,介绍电容器所具有的功能(作用)。

表2.7 电容器型号中介质材料代号的意义

字母代号	A	B	C	D	E	G	H	I	J	L	N	O	Q	T	V	Y	Z
介质材料	钽电解	聚苯乙烯	高频陶瓷	铝电解	其他材料电解	合金电解	纸膜复合	玻璃釉	金属化纸介	涤纶	铌电解	玻璃膜	漆膜	低频陶瓷	云母纸	云母	纸介

表2.8 电容器型号中类别代号的意义

代号	瓷介电容	云母电容	有机电容	电解电容
1	圆 形	非密封	非密封	箔 式
2	管 形	非密封	非密封	箔 式
3	叠 片	密 封	密 封	非固体
4	独 石	密 封	密 封	固 体
5	穿 心		穿 心	
6	支柱等			
7				无极性
8	高 压	高 压	高 压	
9			特 殊	特 殊
G	高功率型	高功率型	高功率型	高功率型
J	金属化型	金属化型	金属化型	金属化型
Y	高压型	高压型	高压型	高压型
W	微调型	微调型	微调型	微调型

(a) 一般电容器　　　　(b) 电解电容器

图2.10 电容器的符号

表 2.9 电容器的种类与特点

名 称	外 观	特 点
电解电容器 CA、CE 型		因为有极性,在硬件装配时应注意正负 低频时,常用 1～10 000μF 的较大电容量的电容器来滤除电信号的低频脉动
云母电容器 CM 型	色标	价格较高,但精度、温度特性、耐热性、寿命等均较好,可用于对可靠性和稳定性要求较高的电子装置 高频时,电容量较小(0.0001～1μF),耐电压范围为 50～2000V
纸介电容器 CP 型		作为一般用途电容器而得到广泛应用。当电容量为 0.01～1μF 时,在人耳可听声音的频率范围内(200Hz～20kHz),可有效使用
陶瓷电容器 CC、CK、CG 型		电容量在 1pF～1μF,最高耐电压可做到 10 000V,有温度补偿型、高电容率型和半导体型 3 种类型 常用于高频滤波
MP(金属化纸) 电容器		电容量从 0.001μF～0.01F,最高耐电压为 500V 与纸介电容器相比,体积小、重量轻、价格便宜、可靠性高。常用于电容分相电动机
薄膜电容器 CF、CQ 型		绝缘薄膜可采用精度较高的聚苯乙烯、价格便宜的聚丙烯或温度特性良好的聚碳酸酯。与纸介电容器和云母电容器相比,体积小,电气性能优良。电容量从 0.0001～10μF,最高耐电压为 500V

① 能量储存。电容器具有使半波整流的脉动输入电流平滑(滤波)的功能,如图 2.11 所示。据此,可以把交流电变换成直流电。例如,为了使计算机或电子装置在 AC 100V 的普通电源下

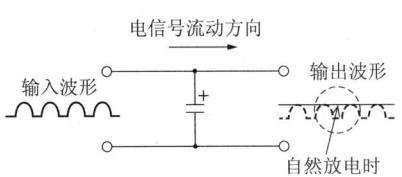

图 2.11 经半波整流的输入电流平滑(滤波)功能

稳定工作,可利用半波整流器和电解电容器做成的直流稳定电源供电。这种结构也常用于 3 端稳压器。此外,电容量较大的电容器也常用来储存能量。

② 改变相位。利用电容器可以改变电路中电流的相位。例如,图 2.12 中为了改善电动机的启动性能或运行性能,可以利用电容器,使两相绕组中的交流电流在时间上产生一个接近 90°的相位差。这种类型的电动机称为单相感应电动机或者单相电容电动机。当把辅助绕组回路中的电容器换接到主绕组回路时,可以改变电动机的旋转方向。

③ 通过交流电流。电容器可以使交流信号通过,而对直流电流起阻断作用,如图 2.13 所示。

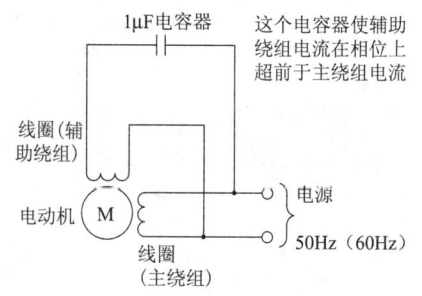

图 2.12　电动机绕组相位的变化

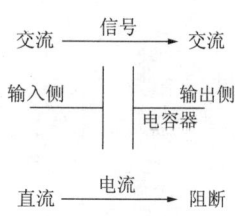

图 2.13　交流信号的通过与直流电流的阻断

④ 高频电流的旁路。高频电流旁路功能属于前述的高频用电容器功能。图 2.14 示出了把直流电路中的高频交流成分通过电容器直接接地的旁路滤波电路。这种电容器称为旁路电容器,常在 AM 收音机中用于滤除载波。为了信号传输上的方便,在直流电路中,常常在直流电流上叠加上一个高频交流电流(载波),因此,旁路电容器是很重要的。

⑤ 过电压抑制。图 2.15 中,当开关闭合或者分断时,在继电器的线圈上都将产生感应电动势(冲击电压)。这种感应电压将使继电器

触点因产生电弧而烧坏。利用电容器可以吸收感应电动势,起到消除电弧的作用,称为过电压抑制或浪涌抑制。电容器可以使感应电动势按图 2.15 中箭头方向流动,使之不直接作用到开关上,也就消除了感应电动势对开关触点的不利影响。

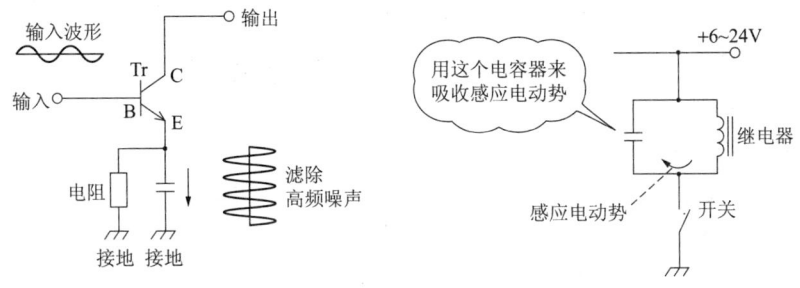

图 2.14　高频电流的旁路　　　　图 2.15　过电压抑制

⑥ 防止噪声。旁路电容器也可用于防止噪声,同时还可用于防止浪涌和过电压。也就是说,设置旁路电容器可以消除来自外部的通过各种路径侵入的噪声。图 2.16 示出了今后需要经常使用的数字 IC 和印制电路板的关于噪声的对策。

图 2.16(a)示出了防止数字 IC 和 LSI 本身产生噪声的方法,应在每一个 IC 的电源端并入一个 $0.01\mu F$ 的瓷介电容器。图 2.16(b)示出了防止印制电路板从电源输入端侵入噪声的方法,可以在电源输入端并接一个 $1\mu F$ 的电解电容器和一个 $0.1\mu F$ 的陶瓷电容器。图 2.17 示出了电容器上所示标记的意义以及电容器电容量的表示方法。电解电容器的情况如图 2.17(a)所示,电解电容器上按顺序给出了电容器的种类、形状、特性、额定电压、电容量、允许误差等。也就是说,从电解电容器的标记上可以一目了然地看到电容器的耐压和电容量。其中,CE 表示电容器的种类为铝箔型干式电解电容器;04 表示电容器的形状;W 表示特性;25V 表示电容器的耐压,是电容器正常工作允许的最大电压;$100\mu F$ 表示其电容量。该电解电容器的允许误差没有特别指定。陶瓷电容器的情况如图 2.17(b)、图 2.17(c)所示。云母电容

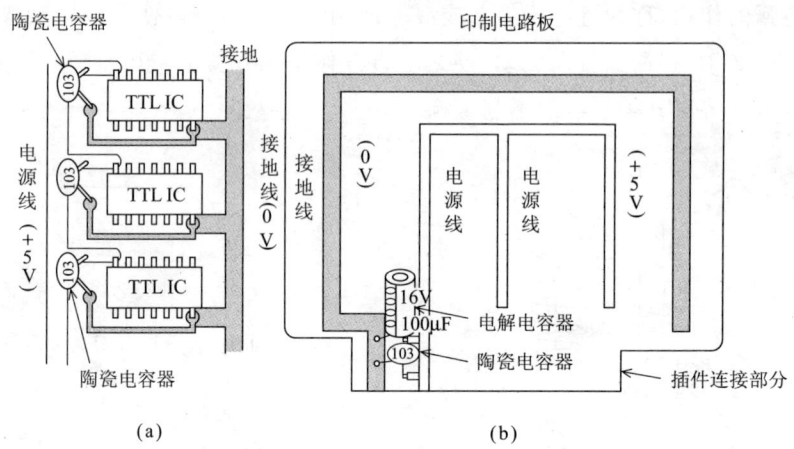

图 2.16　基于电容器的噪声对策

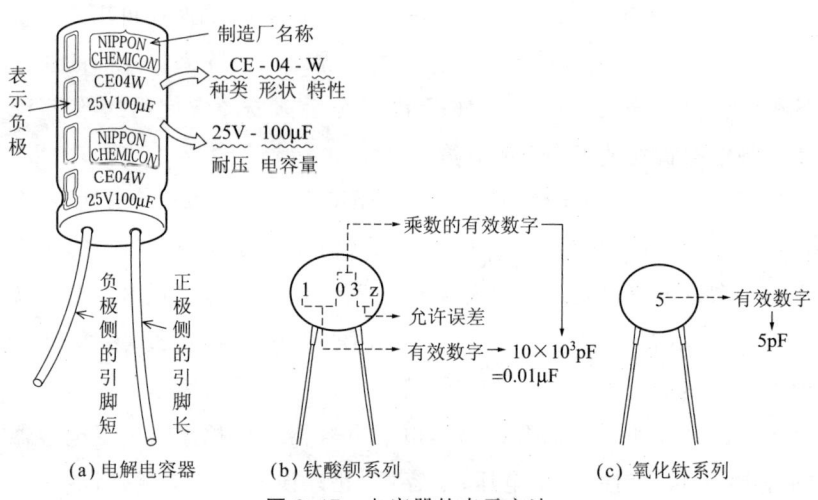

(a) 电解电容器　　(b) 钛酸钡系列　　(c) 氧化钛系列

图 2.17　电容器的表示方法

器和纸介电容器的标记上给出了电容量的大小,电容量的表示方法与电阻器相同。关于电容器的极性,除了电解电容器有极性以外,钽电容器也是有极性的,使用时需要注意。最后是电容器的连接方法,如图 2.18 所示。需要指出,电容器的连接关系与电阻器的连接关系正好相反,请务必加以注意。

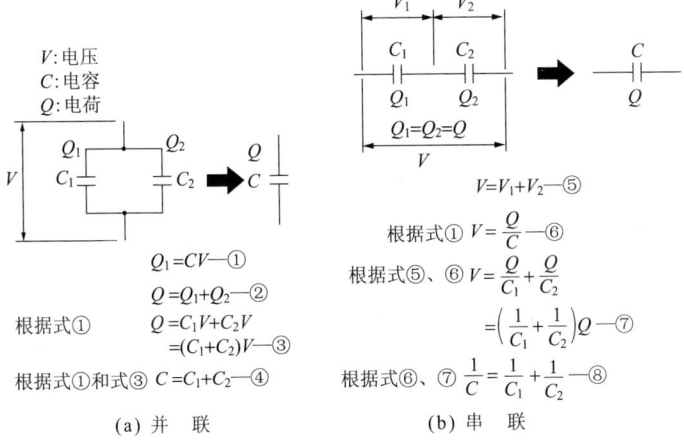

图 2.18 电容器的连接方法

电容器并联连接时的关系与电阻器串联时的情况相对应,而电容器串联连接时的关系则与电阻器并联时的情况相对应。

3. 电容器的检测

电容器的检测需用专门的电桥来进行,电工人员可用万用表进行粗略的检测,判断其好坏。有的万用表设有测量电容器的挡,可将电容器的两个端线接入指定的插座,指针指示电容值。对于无此挡的万用表,使用电阻挡,利用电容器充放电的特性,也可以大致判断电容器的好坏,与已知容量的电容器相比较,估计其电容量。下面介绍用万用表电阻挡检测电容器的方法。

① 几千 pF～0.1μF 小容量电容器的检测。使用万用表大电阻挡,如 500 型万用表的 R×10k 挡。将电容器两端线分别与万用表两表笔相连。

• 电容器正常。表针稍摆动一个小角度后复位,对调两个表笔位置重复测量,仍出现上述现象。

• 电容器短路。表针指零或摆动幅度较大,且不复位。

- 电容器开路。表针完全不动,对调两表笔位置测量,仍然不动。

对于几千皮法小容量电容器,如使用万用表 R×100k 挡检测,指针摆动明显,判断结果更可靠。

② 0.1~1μF 电容器的检测。0.1~1μF 电容器的检测可以参照上述检测方法进行,使用万用表的 R×10k 挡。不同的是测量正常电容器时,指针的摆动角度有明显增大,并能复位。短路和断路现象与上述相同。

③ 电解电容器的检测。电解电容器的电容量都较大,都在 1μF 以上,与一般电容器不同的是有正极和负极之分。在检测时先将电解电容器两端短接放电,然后用万用表的 R×1k 挡,使黑表笔与电容器正极相连,红表笔与电容器负极相连,如图 2.19 所示。

- 电容器正常。指针有较大的摆动,然后慢慢复位。
- 电容器短路。指针指零或接近于零,并且不复位。
- 电容器开路。指针完全不动或稍动一点且不复位。

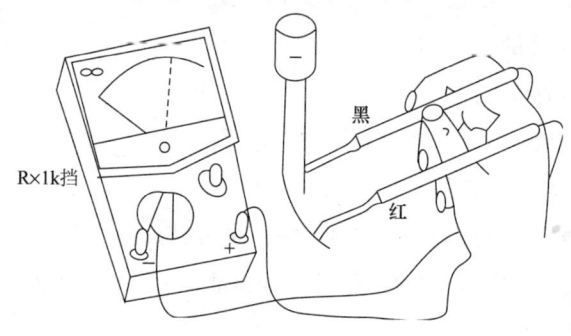

图 2.19　电解电容器的检测

④ 电解电容器的极性判定。当电解电容器极性标记不清时,可用测量其正、反向绝缘电阻的方法来判别,其方法是用万用表 R×1k 挡测出电解电容器的绝缘电阻,将红、黑表笔对调后再测出第二个绝缘电阻。两次测量中,绝缘电阻较大的那一次,黑表笔所接为电解电容器的正极,红表笔所接为电解电容器的负极。

2.3 电感线圈

电感线圈又称电感器,简称电感,是常用的元件之一。电感线圈通常可分为固定电感线圈、可变电感线圈和微调电感线圈三大类。

1. 电感线圈的型号

电感线圈型号的含义如下:

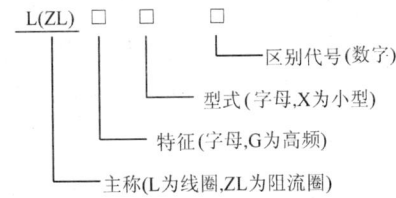

2. 线圈的等效电路

线圈是将电线卷绕成螺旋状的部件,它被称为线圈、电感线圈、电感器或者简单称为 L,在电路中作为自感起作用。线圈中有电线直流电阻引起的铜损以及在线圈包覆、骨架、涂料等绝缘物中产生的介质损耗。另外,把线圈绕在磁心上时,还会产生铁损的磁滞损耗与涡流损耗。因此,实际的线圈像图 2.20(b)那样,可以等效地用电感 L 和把这些损耗合在一起的电阻 R 串联来表示。这时,电阻 R 称为有效电阻。频率越高,有效电阻 R 越大。图 2.21 是有效电阻的频率特性。

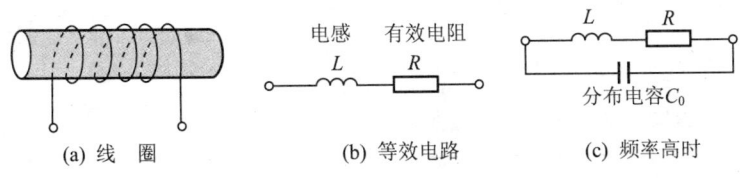

图 2.20 线圈的等效电路

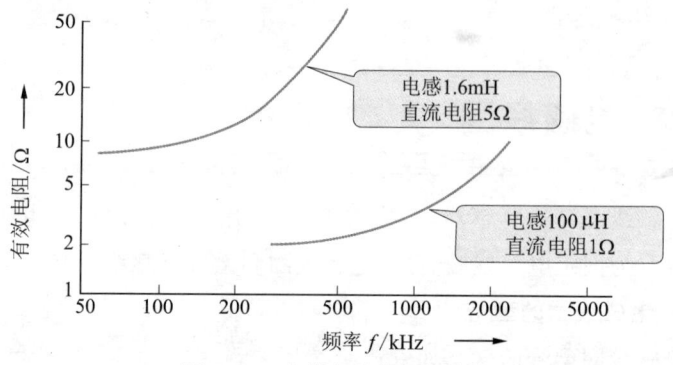

图 2.21　有效电阻的频率特性

在高频处使用线圈时,线圈本身或线圈与其他金属之间存在分布电容。为此,线圈的等效电路如图 2.20(c)所示,电感和有效电阻串联后再与分布电容 C_0 并联。

3. 线圈的功能和用途

线圈由于流过电流而产生磁力或电动势,并且具有限制交流电流等各种功能,按其功能生产了蜂鸣器、变压器等各种产品。表 2.10 中示出了按功能划分的线圈种类和用途。

表 2.10　按功能划分的线圈种类和用途

线圈的功能	应用	用途
由电流引起的磁力	由磁通形成的机械力	继电器、蜂鸣器等中的电磁铁,电动机
		扬声器、仪表、录音磁头
产生与电流成正比的磁场	使电子束偏转的磁场	阴极射线管的偏转线圈
产生与磁通的变化相对应的电动势	感应电动势	变压器、话筒、拾音器、点火线圈、镇流器
限制高频交流电流	感抗	扼流圈、滤波器、电抗器
使信号的传递延迟	延迟特性	电视等的延迟电路
产生谐振(与电容器合用)	谐振特性	收音机、电视等的调谐电路,振荡电路

4. 按形状划分的线圈的种类和用途

如图 2.22 所示,若绕在铁心上的线圈的匝数为 N(匝),长度为 l

(m),半径为 r(m),磁导率为 μ(H/m),则线圈的自感 L 由下式表示：

$$L = \lambda \frac{\mu \pi r^2}{l} N^2 \text{ (H)}$$

式中,λ 称为长冈系数(Nagaoka Coefficient),是由线圈的直径 $2r$(m)和长度 l(m)之比决定的常数。并且,磁导率 μ 是表 2.11 中所示物质的相对磁导率 μ_s 和真空磁导率 $\mu_0 [4\pi \times 10^{-7}$(H/m)]的乘积,由下式表示：

$$\mu = \mu_s \mu_0 \text{ (H/m)}$$

因此,线圈的电感 L 根据磁心所用的材料,可以比空心时明显增大。

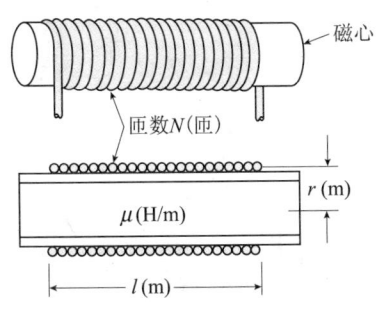

图 2.22 线圈的自感

表 2.11 物质的相对磁导率

物 质	相对磁导率 μ_s	物 质	相对磁导率 μ_s
空 气	约 1	硅 钢	500
羰基铁粉	3～20	坡莫合金	20000
铁硅铝磁合金	10～80	Mn-Zn 系铁氧体	600～5000

5. 荧光灯电路和镇流器

① 合上开关 S_1 时,形成从电源通过灯丝 F(加热阴极)的电路,电流流过 F,从 F 释放出热电子。

② 打开开关 S_1 时,在来自电源的电流断开的瞬间,由于镇流器的电抗产生高电压。

③ 发生放电,灯亮。打开开关 S_2,灯灭。电路如图 2.23 所示。

6. 线圈的种类、形状

线圈有各种形状,表 2.12 中示出线圈的种类、用途等。

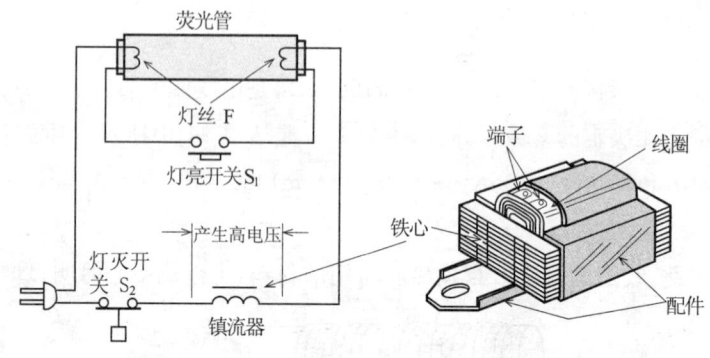

图 2.23

表 2.12 线圈的种类、形状、构造和用途

种类		形 状	构 造	用 途
空心或装入磁心	圆筒型		·空心圆筒型线圈是把线圈缠绕在塑料或陶瓷制的线圈骨架上构成的。为了防止集肤效应引起的高频电阻的增加,往往将数根细的漆包线绞合在一起(绞合线)使用 ·磁心使用压粉铁心 ·片型在铁氧体的磁心上缠绕线圈,用耐热性树脂外层覆盖线圈部分,与金属接线板形成一体化的构造	·低频用线圈 ·高频用线圈 ·扬声器的音圈 ·继电器用电磁铁 片型适用于视频、无线电、电视等小型化的电子设备和通信设备
空心或装入磁心	蜂窝型		·空心蜂窝线圈用于低频以及需要大的电感的场合,线圈的每一根与其他线圈交叉缠绕在一起 ·磁心是在其中装入铁氧体或者羰基铁粉心	·低频用线圈 ·高频用线圈 ·扼流圈

续表 2.12

种类		形 状	构 造	用 途
铁心	环型		把线圈缠绕在羰基铁粉、铁氧体、坡莫合金等的环状磁心上,漏磁通极少	·参数器 ·磁放大器 ·传输线路变压器
铁心	内铁式和外铁式	铁心式变压器　壳式变压器		·低频变压器 ·荧光灯镇流器 ·扼流圈 ·变压器
可调线圈				·中频变压器 ·高频线圈 ·射频变频器振荡线圈 ·VTR 用陷波线圈 ·显示器用水平偏转线圈

7. 电感线圈的主要特性

① 电感线圈对流过它的交流电流存在阻碍作用。这种作用称为感抗。感抗大小与频率、电感量成正比。频率越高,感抗越大;频率越低,感抗越小;电感量越大,感抗越大;电感量越小,感抗越小。

② 电感线圈具有通直流阻交流特性。通直流是指电感线圈对直流电而言呈通路,感抗为零,只存在线圈本身很小的电阻对电流的阻碍作用。阻交流是指电感线圈对交流电存在感抗作用。

③ 电感线圈具有励磁特性。电流流过电感器时,会在其四周产生磁场。无论是直流电还是交流电流过线圈,线圈内部和外部周围都要

产生磁场,其磁场的大小和方向与电流的特性有关。

④ 线圈中的电流不能发生突变。当电压刚加到或刚离开电感时,电感中的电流不能发生改变,电感中原电流有多大就为多大。

⑤ 电感愈串联电感量愈大。串联后的总电感量为各串联电感之和,即

$$L = L_1 + L_2 + \cdots$$

⑥ 电感愈并联电感量愈小。并联后总电感量的倒数等于各电感倒数之和,即

$$1/L = 1/L_1 + 1/L_2 + \cdots$$

8. 电感线圈的检测

将万用表置于 R×1 挡,用两表笔分别碰接电感线圈的引脚,如图 2.24 所示。当被测电感线圈的电阻值为 0Ω 时,说明电感线圈内部短路,不能使用。如果测得电感线圈有一定的阻值(通常为几欧),说明正常。电感线圈所用漆包线越细、圈数越多,则其直流电阻越大。当测得的电阻值为无穷大时,说明电感线圈或引脚与线圈接点处发生了断路,此电感线圈不能使用。

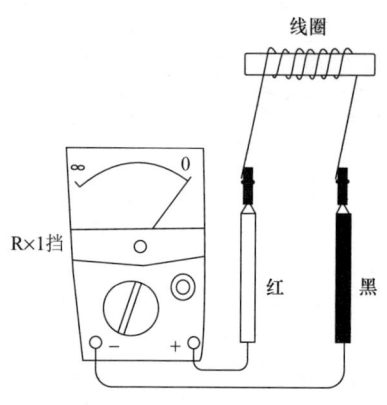

图 2.24 电感线圈的检测

由于振荡线圈有底座,在底座下方有引脚,检测振荡线圈时首先弄清各引脚与哪个线圈相连,然后用万用表的 R×1 挡测初级绕组或次级绕组的电阻值,如有阻值且比较小,一般就认为是正常的;如果电阻值为 0,则是短路;如果阻值为 ∞,则是断路。

由于振荡线圈置于屏蔽罩内,因此还要检测初级绕组、次级绕组与屏蔽罩之间的电阻值,方法是选用万用表的 R×10k 挡,用一表笔接触屏蔽罩,另一表笔分别接触初级绕组、次级绕组的各引脚,若测得的

阻值为无穷大(表针不动),说明正常;如果阻值为0,则有短路现象;若阻值小于∞但大于0,说明有漏电现象。

2.4 电源变压器

变压器是应用电磁感应原理工作的电感器件,按其铁心不同可分为叠片式变压器与卷绕式变压器两种。叠片式变压器制作工艺简单、价格低廉,在电子设备中广泛应用。卷绕式变压器制作工艺较复杂、成本高,但漏磁小、效率高、体积小,主要用于要求较高的电子设备中。

1. 电源变压器的型号

电源变压器型号的含义如下:

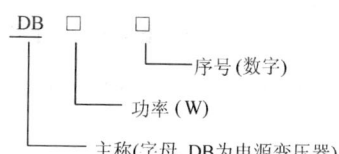

2. 电源变压器的原理

电源变压器也称为功率变压器,图2.25是电视机中使用的电源变压器,图2.26是其基本电路。由图2.26可知,电源变压器是在铁心上缠绕线圈构成的,与电源连接的线圈称为初级线圈,与负载连接的线圈称为次级线圈。

在图2.26中,假定铁心中的磁通ϕ(Wb)(与i同相)在Δt(s)期间以$\Delta \phi$(Wb)的比率变化。其结果,根据法拉第和楞次定律,在N_1匝初级线圈和N_2匝

图2.25 电视机中使用的电源变压器

次级线圈上感应的电动势e_1和e_2产生在阻碍ϕ的方向上,e_1和e_2分别为

$$e_1 = -N_1 \frac{\Delta \phi}{\Delta t}(\text{V}), \quad e_2 = -N_2 \frac{\Delta \phi}{\Delta t}(\text{V})$$

这里,初级线圈上施加的电压v_1与初级线圈的感应电动势(初级感应电动势)e_1有如下的关系:

$$v_1 = -e_1 = N_1 \frac{\Delta \phi}{\Delta t}(\text{V})$$

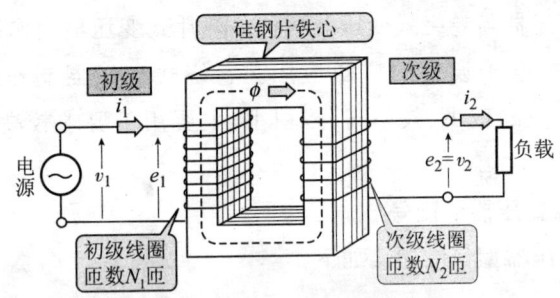

图 2.26 电源变压器的基本电路

另外,次级线圈的感应电动势(次级感应电动势)e_2照原样出现在次级,在次级线圈上呈现的端电压v_2为

$$v_2 = e_2 = -N_2 \frac{\Delta \phi}{\Delta t}(\text{V})$$

即v_1和v_2互为反相。

设v_1、v_2的有效值为V_1、V_2,若取V_1和V_2之比,则有

$$\frac{V_1}{V_2} = \frac{N_1 \Delta \phi/\Delta t}{N_2 \Delta \phi/\Delta t} = \frac{N_1}{N_2} = a$$

a是初级线圈的匝数N_1和次级线圈的匝数N_2之比,称为匝数比。因此,通过改变匝数比,就可以任意改变次级电压。

假定变压器中没有能量损耗,可认为加在初级的电功率P_1和在次级取出的电功率P_2相同(图 2.27),即

$$P_1 = P_2$$

$$V_1 I_1 = V_2 I_2$$

所以,

$$\frac{V_1}{V_2} = \frac{I_2}{I_1} = \frac{N_1}{N_2} = a$$

式中,V_1/V_2 称为变压比;I_2/I_1 的倒数 I_1/I_2 称为变流比。

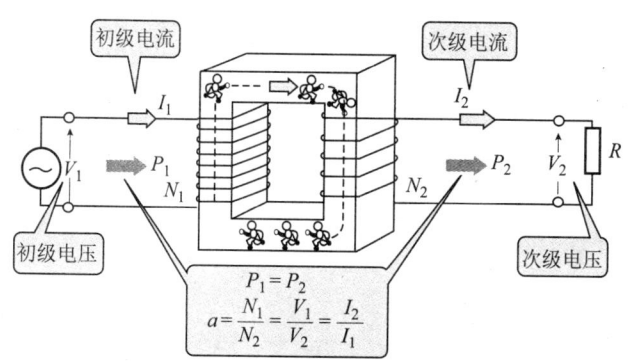

图 2.27 无损耗的变压器的匝数比、变压比、变流比

3. 铁心和线圈

变压器基本上是由铁心和线圈构成的。

① 铁心。变压器的铁心采用饱和磁通密度高、磁导率大、铁损(涡流损耗+磁滞损耗)少的材料。广泛采用的铁心材料是硅含有率为 4%~4.5%,厚度约为 0.35mm 的 S 级硅钢片。把它截断成 E 型、I 型、F 型等,在其表面覆盖一层绝缘薄膜并把一片一片叠起来就成为铁心(图 2.28)。叠起来的铁心称为叠片铁心。当对硅钢片进行特别处理时,仅轧制方向的相对磁导率变大,把它称为取向性硅钢片。

② 线圈。在塑料骨架或线轴上缠绕绝缘铜线(漆包线),在初级线圈和次级线圈之间以及线圈和铁心之间,用牛皮纸、云母纸、硅酮橡胶带等进行绝缘。

为了从次级线圈取出所需的电压或电流,按图 2.29 所示进行连接。这时,若线圈端子的极性接错,则需要高电压反而输出低电压,必须注意。

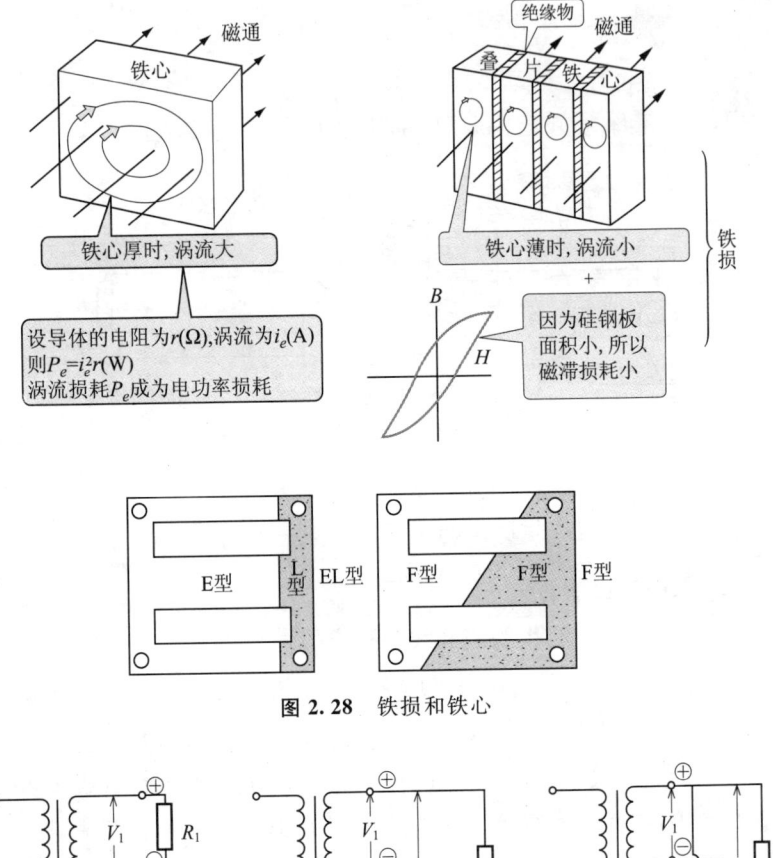

图 2.28 铁损和铁心

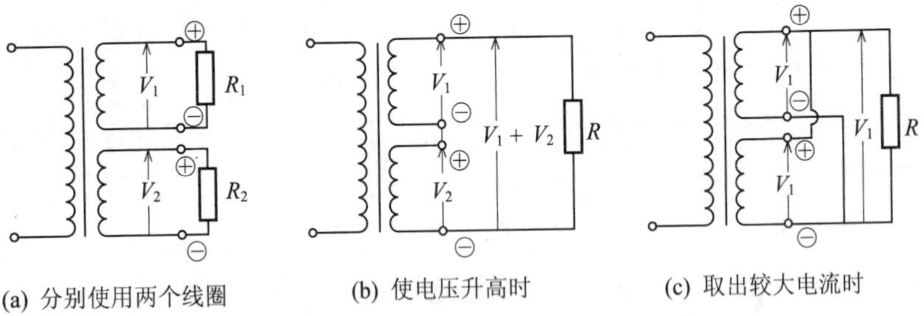

(a) 分别使用两个线圈　　(b) 使电压升高时　　(c) 取出较大电流时

图 2.29 线圈的连接方法

③ 开关电源变压器。图 2.30 所示是开关电源变压器的结构。开关电源变压器主要在电子设备的电源电路、DC-DC 变换器、逆变器等方面有广泛应用。

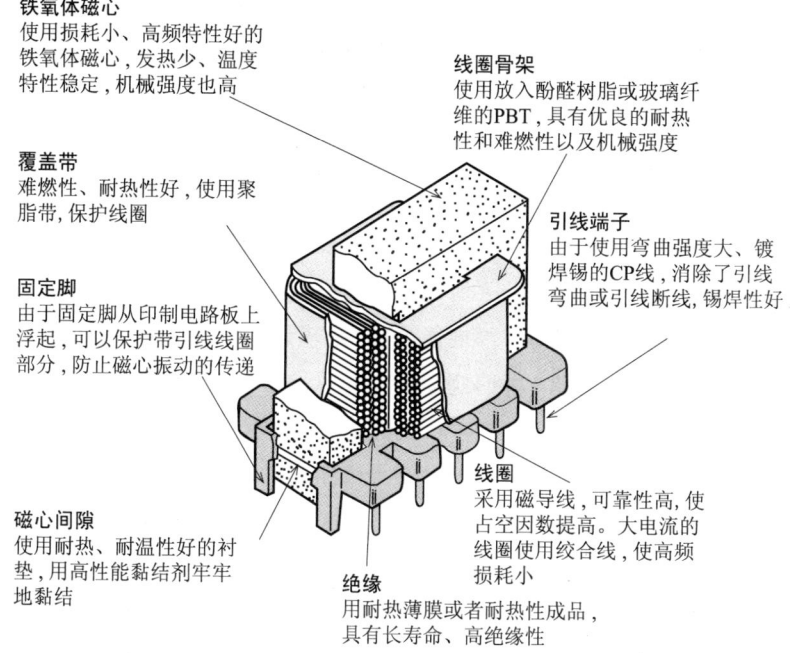

图 2.30 开关电源变压器的结构

4. 电源变压器的主要特性

① 变压器具有隔离特性,这一特性使电源变压器的次级线圈回路与交流市电电网之间能够隔离。

② 通交流隔直流特性。变压器初级线圈两端的交流电压能耦合到次级线圈两端,但初级线圈两端的直流电压不能耦合到次级线圈两端。

③ 初级和次级线圈中交流信号电压、电流的频率相同。

④ 降压变压器次级线圈的输出电压低于初级线圈上的输入电压,但次级线圈中的电流大于初级线圈中的电流;升压变压器次级线圈的输出电压高于初级线圈上的输入电压,但次级线圈中的电流小于初级线圈中的电流。

5. 电源变压器的检测

① 变压器初级、次级绕组通断的检测。将万用表置于 R×1 挡,两表笔分别碰接初级绕组的两根引线,阻值一般为几十~几百 Ω,若

出现∞,则为断路;若出现0阻值,则为短路。用同样方法测次级绕组的阻值,一般为几Ω～几十Ω(降压变压器)。如有多个次级绕组时,输出电压值越小,其阻值越小。

② 变压器绝缘性能的检测。将万用表置于R×10k挡,将一表笔接初级绕组的引出线,另一表笔接次级绕组的引出线,万用表所示阻值应为∞,若小于此值时,表明绝缘性能不良,尤其是阻值小于几百Ω时,表明绕组间有短路故障。

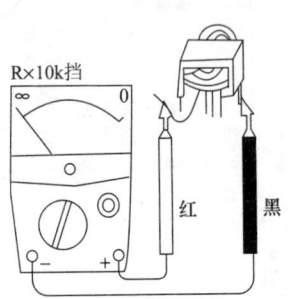

图 2.31 电源变压器的检测

用上述的方法再继续检测绕组与铁心之间的绝缘电阻(图 2.31),一表笔接铁心,另一表笔接各绕组引出线,测得的阻值也应为∞,否则说明该变压器绝缘性能太差,不能使用。

2.5 二极管

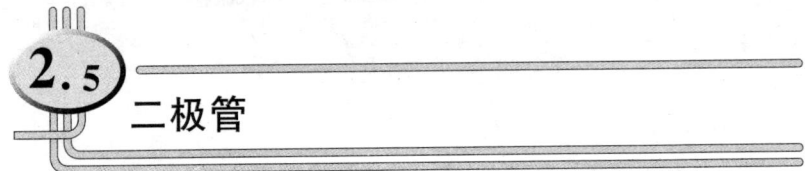

1. 二极管的型号

二极管的型号如下所示:

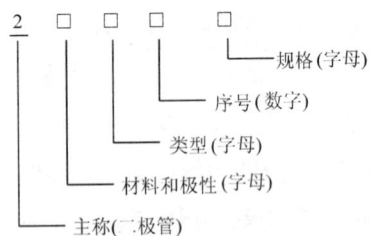

国产二极管的型号由五部分组成,第一部分用数字"2"表示二极管;第二部分用字母表示材料和极性;第三部分用字母表示类型;第四部分用数字表示序号;第五部分用字母表示规格,二极管型号的意义见表 2.13。

2.5 二极管

表 2.13 二极管型号的意义

第一部分	第二部分	第三部分	第四部分	第五部分
2	A:n 型锗材料	P:普通管	序 号	规格(可缺)
	B:p 型锗材料	Z:整流管		
	C:n 型硅材料	K:开关管		
	D:p 型硅材料	W:稳压管		
	E:化合物	L:整流堆		
		C:变容管		
		S:隧道管		
		V:微波管		
		N:阻尼管		
		U:光电管		

2. 二极管的工作原理与特性

图 2.32 示出了二极管的内部构造。可以看出,由 P 型半导体和 N 型半导体构成了 PN 结,这种 PN 结形成了电位势垒。当图 2.32(a)中的开关分断(OFF)时,这种电位势垒处于截止状态;当开关闭合(ON)时,电位势垒被削弱,空穴和电子载流子可以顺畅地越过 PN 结的电位势垒,从而形成正向电流,如图 2.32(b)所示。改变外加电源电压的大小和方向,可以得到二极管的电流-电压特性,如图 2.33 所示。可以看出,当施加正向电压时,二极管中可以顺畅地流过正向电流;而

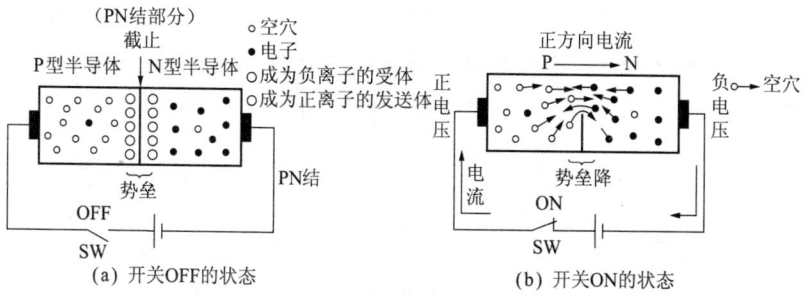

图 2.32 二极管的工作原理

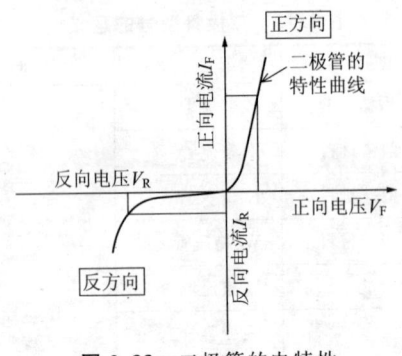

图 2.33 二极管的电特性

施加反向电压时,二极管基本上无电流流过。因此,可以说二极管是一种具有单向导电性的半导体元件。

3. 普通二极管

前面介绍了二极管的工作原理和基本特性。图 2.34 示出了普通二极管元件的外观及其在电路中的图形符号。下面说明二极管特性的简易测试方法。识别二极管的阴极或阳极的方法如图 2.34(a)所示,仔细观察二极管,有环形线条标记的一侧即为二极管的阴极;显然,另一侧为二极管的阳极。对于普通电阻器来说,流过电流的大小与引线的接线方向无关。但二极管是一种只允许电流单方向导通的元件,称为二极管的单向导电性,因此二极管的两个引线是有极性的,不能随意连接。可以用万用表作简单测试,如图 2.34(c)所示。把红表笔插到万用表的正端子,而黑表笔插到万用表的负端子,把万用表的选择开关旋到 1kΩ 电阻挡,使图 2.34(b)的 K 端与黑表笔接触,A 端与红表笔相接触,这时万用表的指针将如图中箭头所指的那样,立刻从零摆向无穷大(∞),说明这时二极管的电阻为无穷大,二极管中将没有电流流过[1],这时二极管承受的是反向电压。

---

1) 实际上,由于二极管的反向电阻不可能是无穷大,因此,二极管中仍然要流过漏电流。

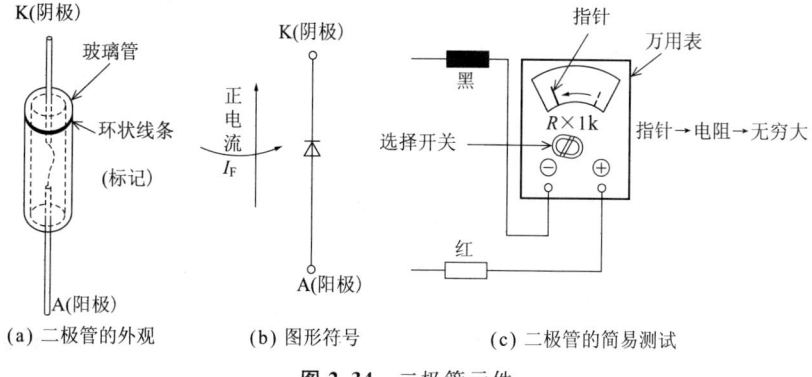

(a) 二极管的外观　　(b) 图形符号　　(c) 二极管的简易测试

图 2.34　二极管元件

4. 二极管的功能

① 整流作用。图 2.35 示出了交流电源的交流波形经过二极管之后,变成了谷底部分消失而只剩下正半波的半波波形。把电流方向正负变化的交流电变换成电流只在一个方向上流动的直流电称为整流,能完成整流作用的元件称为整流器。整流器所构成的电路称为整流电路,整流电路常用作电源电路。

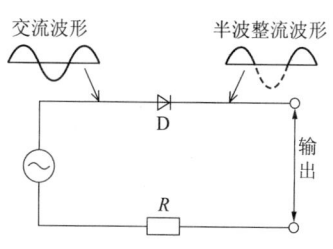

图 2.35　整流作用

② 检波作用。二极管还具有检波功能。所谓检波就是把声音等信号从调制波中提取出来。为了便于声波等的传送,常把声波承载在一种频率很高的调制波上面,这种调制波称为载波。声波就是人耳能听到的声音信号,声波的闻域频率[1]范围约为200Hz～20kHz;载波频率通常在 100kHz 以上。要想把200Hz～20kHz的声音信号通过广播电台传送到千家万户,不借助于载波的调制作用是不行的。把200Hz～20kHz的声波信号与载波信号加以合成的操作称为调制,如图 2.36(a)所示;相反,把两种信号分离的操作称为解调,也称为检波,如图 2.36(b)所示。

---

1) 所谓闻域频率,就是人耳能听到声音的频率范围。

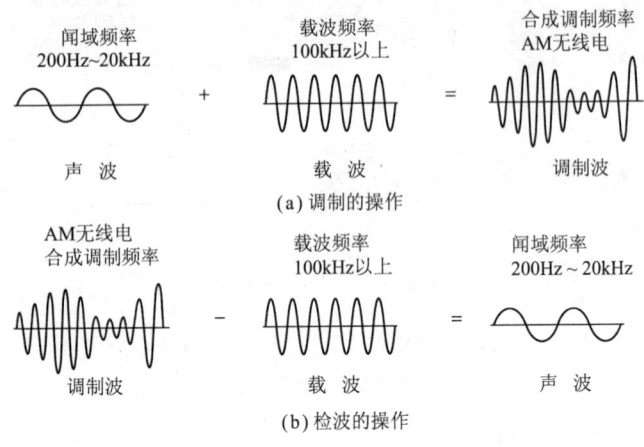

图 2.36 调制与检波

③ 浪涌抑制。图 2.37(a)所示为电磁继电器电路。当开关闭合时,在继电器的线圈中,将感应出图 2.37(c)所示的幅值为几倍到十倍于额定电流的脉冲状(冲击)电流(也称为瞬态电流),这种现象称为浪涌。图 2.37(a)中的二极管就可以起到使这种冲击电流不流经开关(电磁继电器的触点或电子开关)的作用,这种作用称为浪涌抑制,这种二极管也常称为续流二极管。在续流二极管的保护下,继电器的触点可以避免浪涌电流的冲击而正常工作。应该指出,当选择续流二极管时,其反向耐压应留有充分的余量。

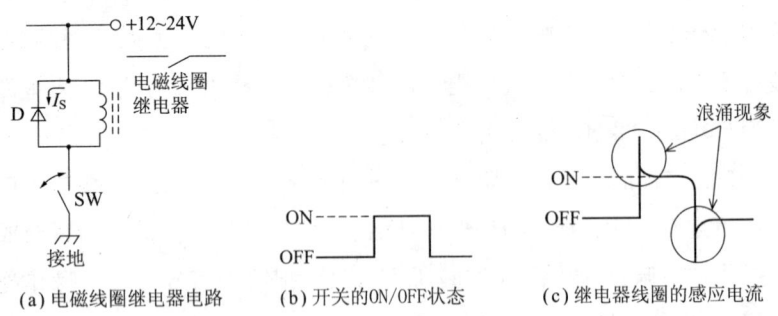

图 2.37 基于二极管的过电压抑制

5. 发光二极管

图 2.38 示出了发光二极管(LED)的外观及其图形符号。当使用发光二极管时,应特别注意其极性要接对。从外观上可识别引脚的极性,其方法是可从引脚的粗细、引脚的长短、引脚的位置等方面来加以区分,区分的要点是阴极的引脚比阳极的粗而且短,同时其位置居中。

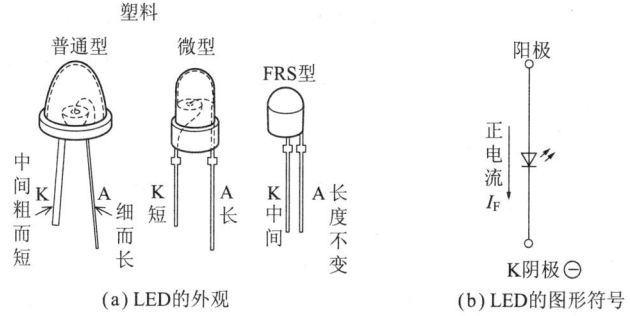

图 2.38　发光二极管(LED)

图 2.39 示出了二极管与电源相连接时所用保护(限流)电阻的确定方法。以电源电压为 5V 为例,显然若没有电阻 R,则 LED 将会因电流过大而烧掉。因此,必须在回路中串联一个适当的电阻。一般情况下,LED 的管压降约为 2V,有 10～20mA 的正电流流过时,LED 正常发光;当电流大于上述范围时,LED 就可能损坏。要想让 LED 正常发光,一般 10mA 左右的正向电流就已经足够了。可以利用图 2.39 中的公式来计算所需电阻 R 的值。例如,要使 LED 的电流值不大于 10mA,只需使电阻 R 值不小于 300Ω 就可以了。电用眼睛是看不到

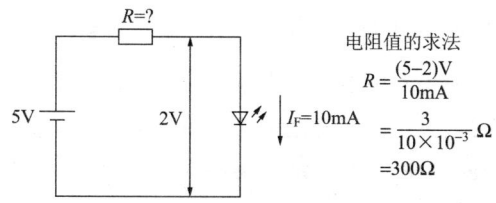

图 2.39　LED 保护电阻值的确定

的,因此有时是很危险的。但若在电路中设置了 LED,电路中有没有电流就一目了然了。

6．光电二极管

光电二极管的主要用途是作为光电传感器使用,光电二极管把光能变换成了电能。光电二极管中流过的反电流与照射在元件上的光的光通量成比例。这种反电流称为光电流,光传感器就是利用了光电晶体管的这种性质制成的。光电二极管的特点包括输入的光通量与输出信号之间具有良好的线性关系;响应速度快;可以检测 400～900nm 的宽广带域;温度变化小;耐振动冲击能力强;体积小、重量轻;是彩色传感器的基本元件。

根据结构的不同,光电二极管可分为 PN 型、PIN 型、发射键型以及雪崩型等。表 2.14 示出了不同类型光电二极管的主要特性和用途。

表 2.14　光电二极管的种类、特性与用途

种　类	特　性	用　途
PN 型	优点是暗电流小,一般情况下,响应速度较低	照度计、彩色传感器、光电三极管、线性图像传感器、分光光度计、照相机曝光计
PIN 型	缺点是暗电流大,因结容量低,故可获得快速响应	高速光的监测、光通信、光纤、遥控、光电三极管、写字笔、传真
发射键型	使用 Au 薄膜与 N 型半导体结代替 P 型半导体	主要用于紫外线等短波光的检测
雪崩型	响应速度非常快,因具有倍增作用,故可以检测微弱光	高速光通信、高速光检测

7．二极管的检测

常用的二极管有锗材料和硅材料两种。锗材料二极管多用于检波,如 2AP 系列;硅材料二极管多用于整流、稳压,如 2CP 系列、2CZ 系列和 2CW 系列。二极管的正向电阻小,反向电阻大。锗材料的电阻小,硅材料的电阻大。通过对二极管正反向电阻的测量,可大致判定二极管的好坏和极性。

① 二极管好坏的判定。二极管正、反向电阻差越大越好,二者接

近说明二极管已损坏。检测锗二极管时,万用表置R×1k挡。

- 二极管正常:万用表黑表笔与二极管正极相连,红表笔与二极管负极相连,呈正接,电阻值应在3kΩ以下;黑表笔与二极管负极相连,红表笔与正极相连,呈反接,指针应基本不动,如图2.40所示。
- 二极管短路:万用表红、黑表笔分别与二极管正、负极相连,指针趋于零点,红、黑表笔互换位置,指针仍指零点。
- 二极管断路:万用表红、黑表笔分别与二极管负、正极相连,指针不动或基本不动。

检测硅二极管时,将万用表置于R×10k挡进行如上操作,正常硅二极管的正向电阻值应小于10kΩ,反向测量指针基本不动。如果用R×1k挡测量其反向电阻,指针应不动。

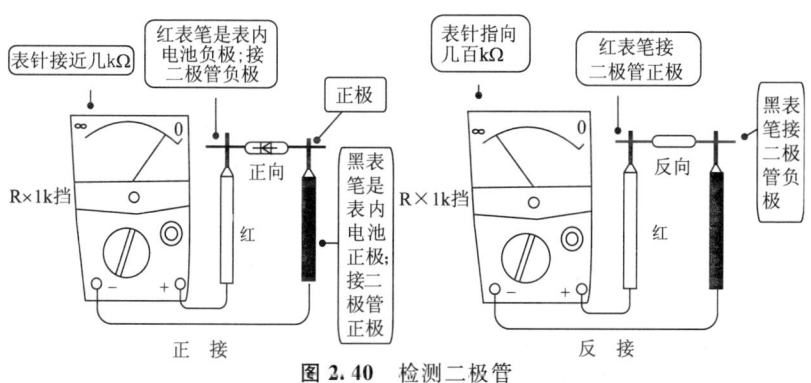

图2.40 检测二极管

② 二极管极性的判定。二极管极性标记不清时,可用万用表电阻挡来判定。将万用表置R×1k挡,两只表笔与二极管两端相连测量电阻值;表笔对调再测量一次。其中测得电阻值较小时,为二极管正向电阻,这时黑表笔相连的二极管接线端为二极管正极,红表笔相连一端为负极。测得电阻值较大时,黑表笔所接为负极,红表笔所接为正极。

特别指出,用数字式万用表判别二极管极性时,红、黑表笔所反映的极性与普通指针式万用表红、黑表笔所反映的极性正好相反。用数字式万用表检测二极管时,将万用表的选择开关置于电阻挡有二极管标记处,红、黑表笔与二极管两端线相连,呈小电阻值时,红表笔所接为二极管正极,黑表笔所接为负极;呈大电阻值时,正好相反。

2.6 三极管

1. 三极管的型号

三极管的型号如下所示:

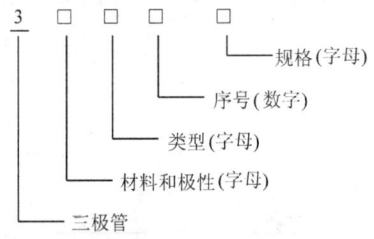

国产三极管的型号由五部分组成,第一部分用数字"3"表示三极管;第二部分用字母表示材料和极性;第三部分用字母表示类型;第四部分用数字表示序号;第五部分用字母表示规格,三极管型号的意义见表2.15。

表 2.15 三极管型号的意义

第一部分	第二部分	第三部分	第四部分	第五部分
3	A:PNP 型锗材料	X:低频小功率管	序　号	规格(可缺)
	B:NPN 型锗材料	G:高频小功率管		
	C:PNP 型硅材料	D:低频大功率管		
	D:NPN 型硅材料	A:高频大功率管		
	E:化合物材料	K:开关管		
		T:闸流管		
		J:结型场效应管		
		O:MOS 场效应管		
		U:光电管		

2. 普通三极管的种类与工作原理

三极管是以硅(Si)或锗(Ge)为主要成分的小型固体半导体元件。三极管可分为 NPN 型和 PNP 型两种类型[1],如图 2.41 所示。两种类型的区别主要在于基极-发射极电流的方向不同,NPN 型三极管的基极-发射极电流从基极流向发射极,而 PNP 型则恰好相反,是从发射极流向基极。

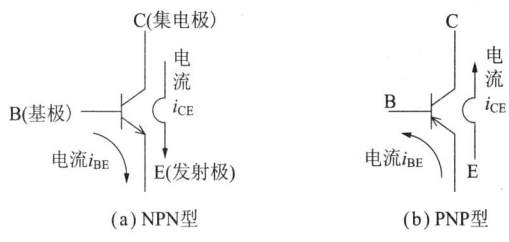

图 2.41　NPN 型与 PNP 型的区别

对于 NPN 型三极管来说,发射极是产生载流子(空穴或电子)并形成电流的电极。基极则是把载流子从发射极拉出来,起使之加速的作用。基极是施加输入信号的电极(端子)。集电极是把载流子聚集起来的电极,起耐电压阻抗的作用,是获得输出信号的电极。

晶体三极管种类很多,根据用途可以有很多种分类方法。普通常见的小型三极管主要用于高频电路,而大功率三极管则主要用于高电压、大电流的场合。表 2.16 示出了常用三极管的外观与特点。电子电路中常用的是环氧树脂封装型三极管。从外观上可以看出,三极管有 3 个引脚,那么如何判断哪一个引脚是哪一个极呢?在表 2.16 的"外观"一栏中给出了三极管引脚的判断方法。以环氧树脂封装型为例,把三极管的正面(平坦面或印有文字一面)面向自己,引脚的极性从左向右依次为 E、C、B,即左端的引脚为发射极,中间的引脚为集电极,右端的引脚为基极。一般说来,上述三极管引脚的识别方法是通用的,但是也有制造商采用了不同的引脚位置,因此使用者要养成查

---

1) NPN 型和 PNP 型三极管统称为结型晶体管。

阅产品样本的习惯。

表 2.16　三极管的外观与特点

名　称	外　观	特　点
环氧树脂封装型		应用最广,可用于信号的放大、振荡、调制以及功率放大等,主要用于高频电路
金属壳封装型(1)		主要用于高频放大、高频开关、功率放大(1kW 以下)等普通电路
金属壳封装型(2)		大功率放大、低频放大、低频无触点开关,也常用于继电器驱动电路以及电源电路等

　　图 2.42 示出了利用万用表来测试三极管是 PNP 型还是 NPN 型的方法。首先,把万用表的选择开关旋到 1kΩ 挡[1]。需要指出,红表笔

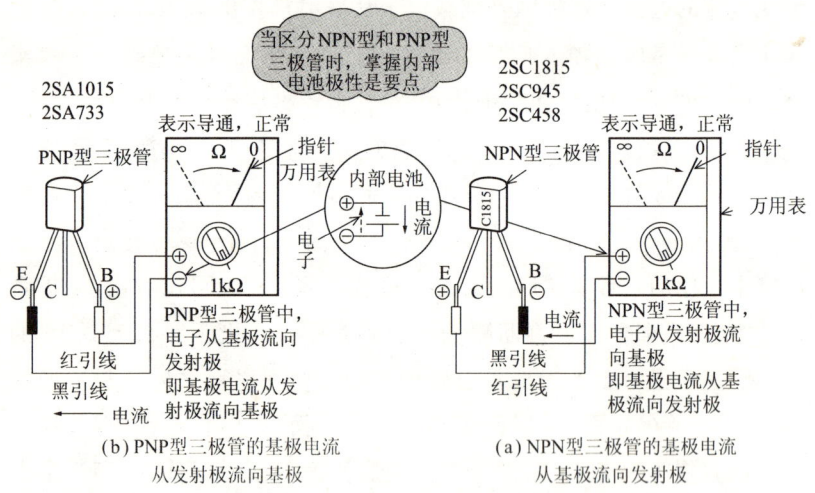

(b) PNP型三极管的基极电流　　(a) NPN型三极管的基极电流
　　从发射极流向基极　　　　　　　从基极流向发射极

图 2.42　用万用表来测试三极管的方法

---

[1] 由于三极管的基极-发射极之间不允许流过太大的(因万用表内部电池产生的)电流,因此用 1kΩ 电阻挡比较合适。

所接的正端子是万用表内部电池的负极;而黑表笔所接的负端子则是万用表内部电池的正极。当测试两种不同类型的三极管时,与发射极和基极接触的表笔的颜色正好相反,由此就可以判断出,该三极管究竟是 PNP 型还是 NPN 型了。

3. 三极管的功能

① 放大作用。在图 2.43(a)中,当电源电压为 12~24V 时,若从基极输入一个幅值大于 0.7V 的小电压信号,则从输出端可以输出一个被放大了的电压信号(12~24V),这种放大作用称为电压放大或功率放大。利用三极管也可以进行电流放大,如图 2.43(b)所示,当在基极和发射极之间施加一个小电压信号时,基极-发射极之间就会有电流 I_{BE} 流过,这时如果集电极已经预先施加了电压(称为偏置电压),则 I_E 就会像打开了闸门一样,流过集电极-发射极电流 I_{CE}。电流 I_{CE} 可以是电流 I_{BE} 的几十至几百倍,这就是三极管的电流放大作用。两个电流之比 I_{CE}/I_{BE} 称为电流放大系数[1]。这种电流放大功能是三极管最为重要的功能。传动装置驱动电路的达林顿连接就是利用了三极管的这种电流放大作用。

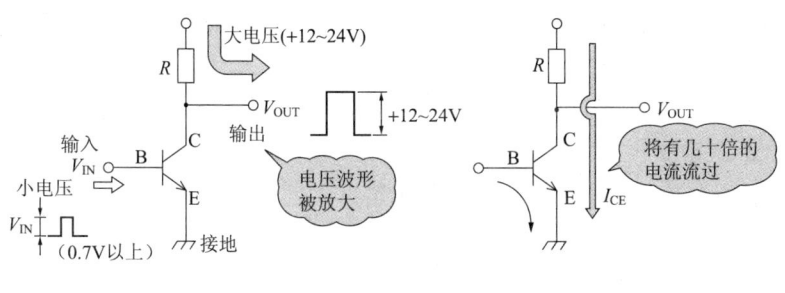

(a) 电压放大　　　　　　　　　(b) 电流放大

图 2.43　三极管的放大作用

② 开关作用。在图 2.44(a)中,当输入电压为 0V 时,基极-发射极之间的电流 I_{BE} 为零,因此,集电极-发射极之间的电流亦为零。这

---

1) 电流放大系数常用 h_{FE} 表示;它是三极管达林顿连接的重要参数。

时,三极管的集电极与发射极之间相当于开关的 OFF 状态,集电极输出电压 V_{OUT} 就等于电源电压的 +12V。在图 2.44(b) 中,当输入电压为 0.7V 以上时,基极-发射极之间有电流 I_{BE} 流过。这个 I_{BE} 就像一个闸门打开一样,使集电极-发射极之间流过了电流 I_{CE}。也就是说,集电极电流 I_{CE} 从供电电源经集电极和发射极流入"地"。这时,相当于集电极-发射极之间开关的 ON 状态,集电极输出电压 V_{OUT} 下降到近似为 0V(即与接地的状态相同)。这种状态称为三极管的饱和导通状态,而前者的 OFF 状态则称为三极管的关断状态。

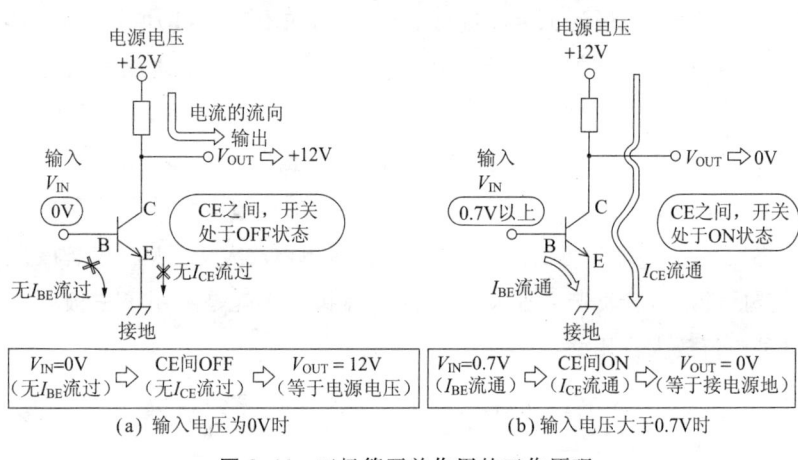

图 2.44　三极管开关作用的工作原理

③ 振荡作用。利用三极管可以产生正弦交流信号或脉冲信号,称为三极管的振荡作用。这种振荡作用是在三极管的基极、发射极和集电极的端子上接入适当的电容器和电阻或者线圈而产生的。大体上可分为 LC 振荡器、RC 振荡器和石英晶体振荡器 3 种。其中,LC 振荡器可分为各种调谐型、哈特莱型、科尔皮兹型等;RC 振荡器有移相型、特尔曼型和 T 型等;石英晶体振荡器则有皮尔斯型、谐波型等。要想对晶体管振荡器有进一步的了解,请参阅有关书籍。

下面对三极管的型号及其识别方法加以说明,如表 2.17 所示。晶体管型号的第 1 项为数字,0 表示光电三极管或光电二极管;1 表示普通二极管和整流二极管,引脚数为2;2表示普通三极管,具有一个选通极的FET或晶闸管,引脚数为3;3表示具有两个选通极的FET,引脚数为4。第2项为大写英文字母S,表示半导体元件。第3项为从A～M的大写英文字母。但是,0S和1S时不用第3项。M是指TRIAC。在表2.17中,所谓高频用是指晶体管内的工作速度可以很快;而低频用则主要是指较大功率的晶体管。

表 2.17 三极管的型号及其意义

型 号	类型与用途	第3项的意义
2SA11	PNP 高频用	负电压施加于输出电极,高频用
2SB11	PNP 低频用	负电压施加于输出电极,低频用
2SC11	NPN 高频用	正电压施加于输出电极,高频用
2SD11	NPN 低频用	正电压施加于输出电极,低频用
2SD11A	2SD11的改进型	正电压施加于输出电极,低频用
2SF11	SCR,PNPN	P 选通逆止三端晶闸管
2SG11	SCR,NPNP	N 选通逆止三端晶闸管
2SH11	UJT P 沟道	单结晶体管
2SJ11	FET P 沟道	P 沟道场效应晶体管
2SK11	FET N 沟道	N 沟道场效应晶体管
0S11	光电三极管	
1S11	二极管	

4. 光电三极管

光电三极管是一种在光的照射下,产生与光通量相对应电流的半导体元件。其基本工作原理就是爱因斯坦发现的著名的光电效应[1]。当PN结受到光照射时,将产生与入射光相应的光电流。图2.45示出了光电三极管的图形符号与外观。观察图2.45(a)所示的图形符号

---

1) 所谓光电效应是指当光照射到物质上时,物质将吸收光能量,并引起该物质发生电变化的一种物理现象。当光照射到物质上时,从物质中放出电子的现象称为光电子放出效应;物质产生电动势的现象称为光电动势效应;使电传导度(阻抗值)发生变化的现象称为光电导效应。

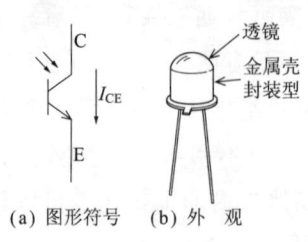

图 2.45 光电三极管

可以看出,这种元件与其说是三极管,倒不如说是二极管更合适,即该元件可以看作以上述入射光作为基极的发射极接地型三极管。光电三极管的光电流探测方法有以下两种,即光电流直接探测法,以及首先把光电流变换成电压,然后进行探测的方法。一般多采用第二种方法,如图 2.46(a)、图 2.46(b)所示,即依靠图中所示的集电极负荷或发射极负荷来探测电压。图 2.46(c)示出了光电三极管的一种应用。

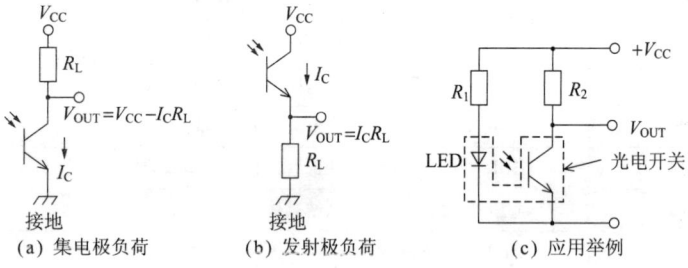

图 2.46 光电三极管的接法及其应用

光电三极管的特点主要有无触点、长寿命、高速信号(μs 级)时的高可靠性、体积小、价格便宜等。在机电一体化中,光电三极管是一种重要的传感器。作为光电三极管的应用,除上述光电开关以外,还广泛用于光电耦合器。光电耦合器首先利用光电二极管把输入的电信号变换成光信号,然后由光电三极管把光信号变换成电信号输出。光电耦合器作为一种高绝缘元件而得到了广泛应用。

5. 三极管的检测

三极管具有两个 PN 结,按其结构组成有 PNP 型和 NPN 型两种,所用材料分锗材料和硅材料。下面介绍几类常见三极管的检测方法。

① PNP 型锗材料三极管的检测。PNP 型锗材料三极管包括 3AX 系列、3AG 系列、3AD 系列等,通常用万用表 R×1k 电阻挡来进行检测。

- 三极管好坏的粗略判定。

三极管正常:万用表的黑表笔接三极管的发射极 E,红表笔接基极 B,其阻值约为几 kΩ;黑表笔接集电极 C,红表笔接基极 B,其阻值也约为几 kΩ;黑表笔接发射极 E,红表笔接集电极 C,其阻值约为几 kΩ;红、黑表笔对调重复上述测量,其阻值在几十 kΩ 以上。上述测试结果表明三极管基本上是好的。

三极管短路:用万用表分别测量发射极 E、基极 B、集电极 C、基极 B、发射极 E、集电极 C 的电阻,其中有一组正反向两次测量的阻值都为零或趋于零,表明三极管短路。

三极管断路:用万用表分别测量发射极 E、基极 B、集电极 C、基极 B、发射极 E、集电极 C 的电阻,其中有一组正反向两次测量的阻值都趋于无限大,表明三极管断路。

- 三极管管脚的判定。

判别基极 B:用万用表红表笔依次与三极管三个极相连,用黑表笔分别接触其他两个极。当红表笔所连的极与黑表笔所接触的其他两个极都出现较小电阻值时,红表笔所连的极即为三极管基极 B。

判别发射极 E、集电极 C:用红、黑表笔分别测量其余两个极,测量电阻值较小时,黑表笔所连的极为发射极 E,红表笔所连的极为集电极 C;测量电阻值较大时,黑表笔所连为集电极 C,红表笔为发射极 E。

② NPN 型硅材料三极管的判定。NPN 型硅材料三极管包括 3DG 系列、3DD 系列等,通常用万用表 R×10k 挡进行检测。

- 三极管好坏的粗略判定。

三极管正常:万用表的红表笔接发射极 E,黑表笔接基极 B,其阻值在 10kΩ 以下,表笔对调,呈现大阻值;红表笔接集电极 C,黑表笔接基极 B,其阻值在 10kΩ 以下,表笔对调,指针基本不动;红表笔接发射极 E,黑表笔接集电极 C,表针基本不动,对调表笔,呈现大阻值。上述测试结果表明三极管基本是好的。

三极管短路:用万用表分别测量三极管发射极 E、基极 B、集电极

C 之间的电阻值,如果某两极间出现正反向测量值都趋近于零,表明三极管短路。

三极管断路:用万用表分别测量三极管发射极 E、基极 B、集电极 C 之间的电阻值,如果某两极间出现正反向的测量值都趋于无限大,表明三极管断路。需说明的是,发射极 E、集电极 C 之间正反向电阻值之差不如锗材料三极管明显,检测时应注意。

- 三极管管脚的判定。

判定基极 B:将黑表笔依次与三极管三个极相连,用红表笔接触其他两极,当同时出现较小电阻值时,黑表笔所连的极为三极管的基极 B。

判定发射极 E、集电极 C:用红、黑表笔对调测发射极 E、集电极 C 之间的电阻值,其中电阻值较大时,黑表笔所接的管脚为集电极 C,红表笔所接的管脚为发射极 E。

另外,也可以利用人体实现偏置,判别发射极 E、集电极 C 管脚。方法是用双手分别捏紧两个表笔的金属部分和三极管的发射极 E、集电极 C 管脚,然后用舌尖接触三极管的基极 B。人体电阻作为三极管的偏置电阻,使万用表的指针向小阻值一侧偏转。将红、黑表笔对调,重复上述测量。比较万用表指针两次的偏转角,其中偏转角较大的一次,黑表笔所接的管脚是三极管集电极 C,红表笔所接为发射极 E,如图 2.47 所示。

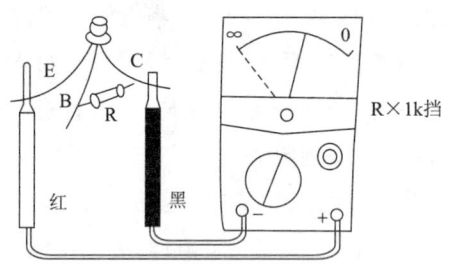

图 2.47 检测三极管

除了 PNP 型锗材料三极管、NPN 型硅材料三极管,常见的还有 PNP 型硅材料三极管(如 3CG 系列)和 NPN 型锗材料三极管(如 3BX 系列)。PNP 型硅材料三极管的检测可将万用表置 R×10k 挡,参照

PNP型锗材料三极管的检测进行。NPN型锗材料三极管的检测可将万用表置R×1k挡,参照NPN型硅材料三极管的检测进行。

需要说明的是,上述检测过程所给的测量电阻值只供参考。因不同型号的三极管,极间的电阻值不同,即使同一型号的三极管,极间电阻值也有差异,对于一个三极管来说,极间电阻值不是常数,用不同的电阻挡测量的电阻值差异也很大。

 2.7 场效应晶体管

场效应晶体管简称FET,是一种具有PN结构的半导体器件,它与普通半导体三极管的不同之处在于它是电压控制器件。场效应晶体管的输入阻抗高、噪声小、热稳定性好、便于集成,但是容易击穿。

1. 场效应晶体管的结构和图形符号

场效应晶体管(FET)是由电场控制载流子移动的器件。FET大致可以分为结型FET和MOS型FET(图2.48),它们各有三个电极:源极(S)、漏极(D)和栅极(G)。

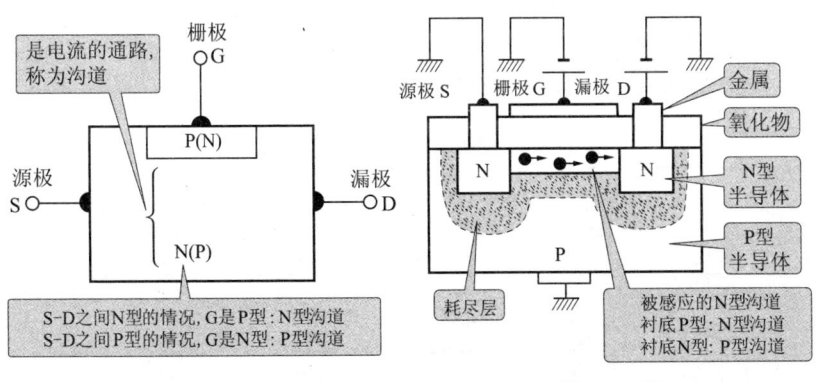

图 2.48　FET 的结构

① 结型 FET。如图 2.48(a)所示,结型 FET 是在有源极和漏极的两个电极的 N 型半导体中,形成有栅极的 P 型半导体而构成的。其中,在源极和栅极之间流过电流,把此通路称为沟道。因此,把源极和栅极之间的电流在 N 型半导体中流动的情况称为 N 沟道。

此外,还有源极和漏极之间为 P 型、栅极为 N 型的结型 FET。这时,由于电流的通路为 P 型半导体,所以称为 P 沟道。

② MOS 型 FET。如图 2.48(b)所示,MOS 型 FET 是在 P 型半导体中形成两个 N 型半导体,将表面氧化形成绝缘良好的氧化绝缘膜,再在其上安装金属作为栅极而构成的。因此,此 FET 在结构上依次形成金属(Metal)、氧化物(Oxide)、半导体(Semiconductor),取其首字母称为 MOS 型。

由此,如图 2.48(b)所示,在漏极和源极之间加电压时,由于反向电压加在 PN 结上而形成耗尽层。这时在栅极和 P 型衬底之间加正电压时,由于栅极的正电压,在下侧靠近栅极的耗尽层内因静电感应而生成电子。它成为载流子,并形成了电流的通路。这时电子构成沟道,所以称为 N 沟道。衬底使用 N 型半导体时,空穴构成沟道,所以称为 P 沟道。而且,MOS 型 FET 有两种类型,一种是栅极上即使不加电压,漏极和源极之间也有电流流动的耗尽型,另一种是如果栅极上不加电压,漏极和源极之间就没有电流流动的增强型。

表 2.18 中示出各种 FET 的名称和图形符号。

表 2.18　各种 FET 的名称和图形符号

结型		MOS 型(图形符号是不从衬底引出电极的情况)			
		耗尽型		增强型	
N 沟道	P 沟道	N 沟道	P 沟道	N 沟道	P 沟道

2. FET 的性能

FET 通过加在栅极上的电压可以控制流过漏极的电流。

① 栅极上不加电压时。如图 2.49(a) 所示，栅极上不加电压时，由于 S、D 之间的电压 V_{DS} 作用，在 D、S 之间的沟道中流过漏极电流 I_D。

② 栅极上加反向电压时。像图 2.49(b) 那样，在 G、S 之间加反向电压 V_{GS} 时，由于 PN 结的耗尽层扩大，沟道的宽度变窄，电流变得难以流动，I_D 减少。

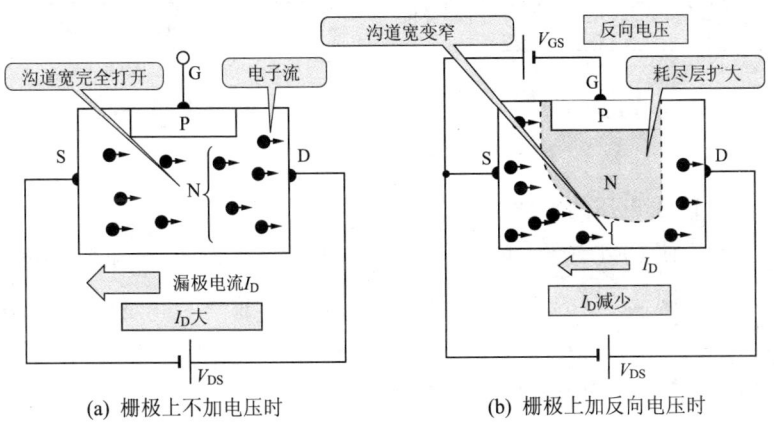

图 2.49　FET 的性质

3. FET 的特性

图 2.50(a) 所示是 FET 各部分电压-电流的测量电路，图 2.50(b) 所示是电压-电流特性。

① 增大漏极、源极之间的电压 V_{DS} 时，V_{DS} 达到某个值以前漏极电流 I_D 与 V_{DS} 成正比增大。

② V_{DS} 变大时，I_D 恒定。这时把 I_D 恒定时的电压 V_{DS} 的最小值称为夹断电压 V_p。栅极、源极之间的电压 V_{GS} 越大，V_p 越小。

③ V_{GS} 稍有改变就可以极大地改变 I_D，因此也把 V_{GS} 称为栅压。

在 FET 的 G、S 之间加反向电压时，在栅极中没有电流流动，因此 FET 的输入阻抗非常高。

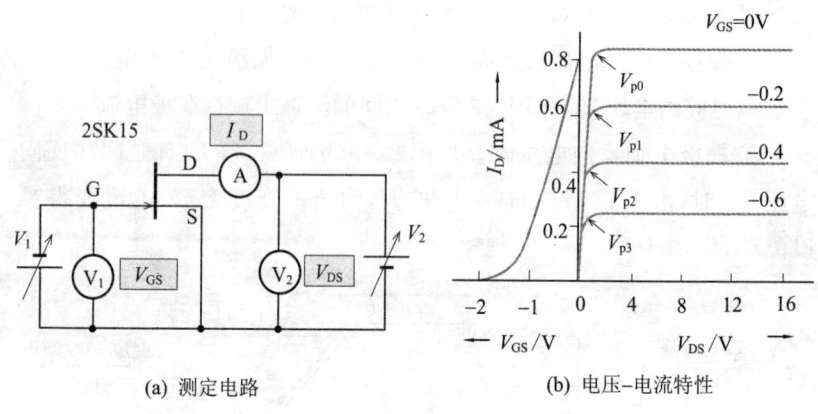

(a) 测定电路   (b) 电压-电流特性

图 2.50　FET 的测定电路和特性

4. FET 电压的加法

为了使 FET 工作,必须在各电极上加电压。对于 N 沟道,结型及耗尽型如图 2.51(a)所示,漏极 D 对源极 S 的电位为正,G 对 S 的电位为负。增强型如图 2.51(b)所示,D、G 对 S 的电位均为正。对于 P 沟道,加上与 N 沟道时极性相反的电压。

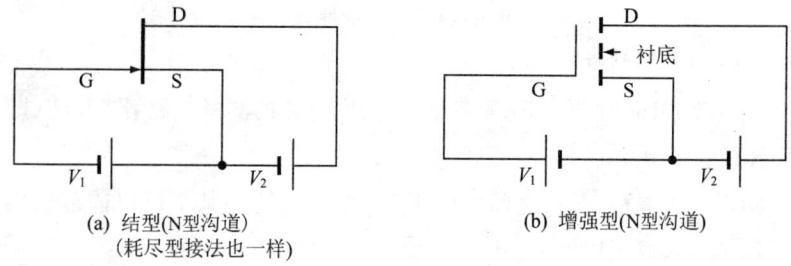

(a) 结型(N型沟道)　　　　(b) 增强型(N型沟道)
　　(耗尽型接法也一样)

图 2.51　电压的加法

此外,耗尽型的情况,有时 N 沟道、P 沟道都使 G、S 成为同电位使用。

5. FET 的用途

晶体管的输入阻抗大致为几十 kΩ,而 FET 的输入阻抗则为几 MΩ

以上。因此，FET 具有输入阻抗非常高的特征，用于需要高输入阻抗的测量仪器或电容式话筒等输入部分的放大电路中。由于栅压的作用，FET 还具有导通状态或截止状态的开关作用，因此，用于计算机的逻辑电路中。

6. 场效应晶体管的主要参数

① 饱和漏电流 I_{DSS}。当栅源间电压为零时，漏极电流的饱和值称为饱和漏电流。

② 栅源截止电压 U_{GS}。使漏电流接近于零时，栅极上所加的偏压就称为栅源截止电压，此参数是对耗尽型而言。

③ 夹断电压 U_P。在结型场效应管或耗尽型绝缘栅管中，当栅源间反向偏压足够大时，沟道两边的耗尽层充分扩展，从而夹断沟道，此时的栅源电压称为夹断电压。

④ 开启电压 U_T。在增强型绝缘栅场效应管中，使漏、源极间刚导通的最小电压称为开启电压。

⑤ 跨导 g_m。它是漏电流的变化量和引起这个变化量的栅源电压变化量之比，是反映场效应晶体管的放大能力的重要参数。

⑥ 最大耗散功率 P_{SM}。是指场效应管性能不变坏时所允许的最大漏源耗散功率。场效应管实际功率应小于最大耗散功率并留有一定余量。

⑦ 最大漏源电流 I_{SM}。是指场效应管正常工作时，漏源间所允许通过的最大电流。场效应管的工作电流不应超过最大漏源电流。

7. 场效应晶体管的检测

① 判别结型场效应晶体管的管脚。用万用表的 R×1k 挡，用两表笔分别测量每两个管脚间的正、反向电阻。当某两个管脚间的正、反向电阻相等，则这两个管脚为漏极和源极，余下的一个管脚即为栅极。

② 区分 N 沟道场效应晶体管和 P 沟道场效应晶体管。用万用表的 R×1k 挡，将黑表笔接栅极，红表笔分别接另外两管脚，如果测得两

个电阻值均很大,则为 N 沟道场效应晶体管。如果测得两个电阻值均很小,则为 P 沟道场效应晶体管。

2.8 晶闸管

晶闸管,也叫做可控硅,是一种半导体器件,常用的有单向可控硅和双向可控硅。

1. 晶闸管的结构和特性

晶闸管是将四层以上的 P 型和 N 型半导体接合而成的器件,其电极端子有 2、3、4 个。三端子的闸流晶体管也称为硅可控整流器(SCR)。图 2.52(a)所示为 SCR 的结构例,图 2.52(b)所示为图形符号,它有阳极(A)、阴极(K)和栅极(G)三个电极。

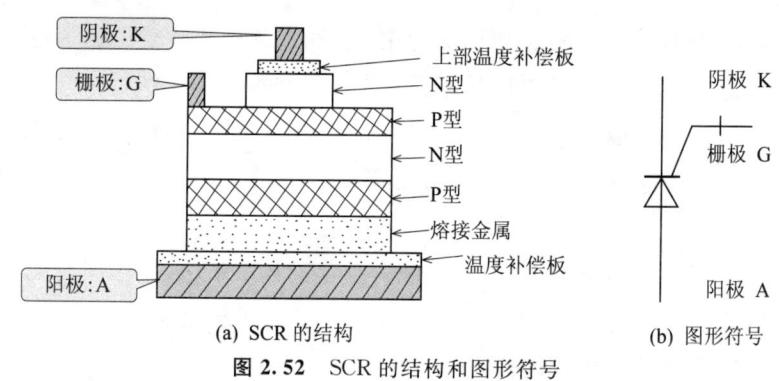

(a) SCR 的结构   (b) 图形符号

图 2.52 SCR 的结构和图形符号

图 2.53(a)所示是 SCR 各部分电压-电流的测量电路,图 2.53(b)所示是 SCR 的电压-电流特性。

① 在 A、K 之间加反向电压时。在 A 上加负、在 K 上加正的反向电压时,与二极管同样,几乎没有反向电流流动[图 2.54(a)]。

② 在 A、K 之间加正向电压、没有栅极电流流动时。即使在 A 上加正、在 K 上加负的正向电压,也没有正向电流流动[图 2.54(b)]。

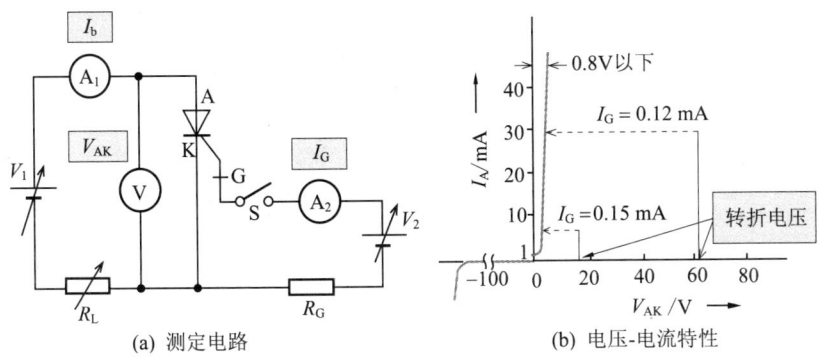

(a) 测定电路 (b) 电压-电流特性

图 2.53 SCR 的测定电路和特性

③ 在 A、K 之间加正向电压,使栅极电流 I_G 流动时。合上开关 S 使一定的栅极电流 I_G 流动,使 A、K 之间的电压 V_{AK} 增加时,阳极电流 I_A 急剧流动,A、K 之间变成导通状态[图 2.54(c)]。

与此同时,V_{AK} 急剧减少。这种状态称为转折,I_A 急剧流动开始时的 V_{AK} 值称为转折电压。

④ 发生转折时。发生转折时,即使打开开关 S 阻止 I_G 的流动,I_A 仍继续流动,A、K 之间继续导通状态[图 2.54(d)]。

为了减少 I_A,减小阳极的电源电压 V_1。当增大 I_G 时,在 V_{AK} 值小的状态下发生转折。因此,由于微小的门极电流使 SCR 导通,通过加在阳极上的电压使 SCR 截止,这就是 SCR 的开关作用。

2. 使用 SCR 的调光装置

图 2.55(a)所示是 SCR 的调光电路,通过改变电位器(VR)可以任意地调节白炽灯的亮度。

图 2.55(b)所示是利用给门极的脉冲(被称为选通脉冲)控制流过灯的电流的示意图。改变脉冲的相位可以控制 SCR 导通的时间,所以称为相位控制。

晶闸管反向峰值电压为 20～5000V,平均正向电流为 0.2～3000A,与晶体管相比耐高压、电流大。而且,除用作无触点开关及整流元件外,还广泛用于电动机的控制、电炉或电炉温度控制等。

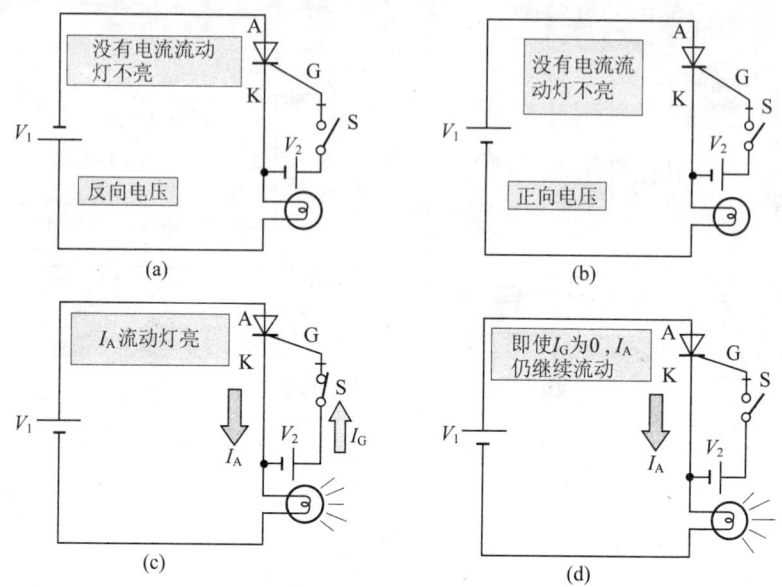

图 2.54 SCR 的工作

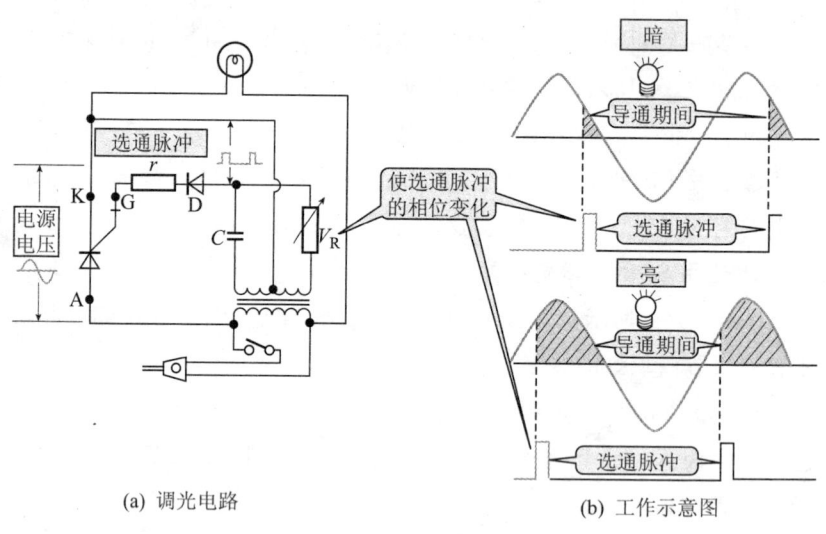

(a) 调光电路　　　　　　　　(b) 工作示意图

图 2.55 调光电路

3. 各种晶闸管

表 2.19 中示出除 SCR 以外的各种闸流晶体管的名称、结构原

理、图形符号、特征、用途等。

表 2.19 除 SCR 以外的各种晶闸管

名 称	内部的结构原理	图形符号	特 征	用 途
SSS（硅对称开关）			・有时称为外延硅或双向开关元件 ・由 5 层 NPNPN 构成，有两个端子，可以在两个方向从截止状态转换为导通状态	・氖灯光信号的调光 ・电动机的转速控制 ・频闪观测器闪光电路
TRIAC（三端双向可控硅开关元件）			是三端子交流控制元件，由于具有门级，用微小的电压就可以在两个方向导通	・无触点开关 ・家庭用调光器等简单的交流控制
DIAC（双端负阻开关元件）			由 3 层 NPN 构成，对称地在两个方向显示负阻	・家庭用调光器 ・小型电动机的速度控制
GTO（栅控截止开关）			门极加上负电压时，从导通状态变成截止状态	・直流斩波器电路 ・高压发生电路 ・电动机的速度调整
SCS（硅可控开关）			普通 SCR 从 P 层取出门极，而 SCS 也有从 N 层取出门极的 4 个电极	
LASCR（光激硅可控整流器）	与 SCR 相同		称为光敏 SCR，因为有门极，可以用流过门极电流的方式触发，也可以用照射光的方式触发	・高压电路

续表 2.19

名 称	内部的结构原理	图形符号	特 征	用 途
PUT(可控单结晶体管)	(K, N, P, P, N, A, G 结构图)	(K, A, G 符号)	门极电流非常大,在低电压下可以工作。而且,输出脉冲的前沿很陡,价格便宜	• 相位控制 • 通用定时 • 天然气用点火器 • 调制器 • 振荡器

4. 晶闸管的主要参数

① 额定通态平均电流 I_F。在环境温度不大于 40℃ 时,在标准散热条件下,可以连续通过 50Hz 正弦半波电流的平均值,称为额定通态平均电流。

② 正向阻断峰值电压 U_{DRM}。指在门极开路和正向阻断条件下,可以重复加在晶闸管两端上的正向电压峰值。

③ 反向阻断峰值电压 U_{RRM}。指在门极开路时,可以重复加在晶闸管两端上的反向电压峰值。

④ 维持电流 I_H。指保持晶闸管导通状态所需要的最小正向电流。

⑤ 门极触发电压 U_G。指晶闸管从阻断状态转变为导通状态时,所需要的最小门极直流电压。

⑥ 门极触发电流 I_G。指晶闸管的阳极与阴极之间加一定电压时,使晶闸管完全导通,所需要的最小门极直流电流。

5. 晶闸管的检测

① 检测单向闸流晶体管的好坏。万用表置于 R×10 挡,黑表笔接门极,红表笔接阴极,此时测得为阴极与门极间的正向电阻,应较小。若正向阻值接近于零或无穷大,表明阴极与门极间的 PN 结已经损坏。对调两表笔,此时测得为阴极与门极间的反向电阻,应明显大于正向电阻。

万用表置于 R×1k 挡,黑表笔接门极,红表笔接阳极,此时测得为阳极与门极间的正向电阻,应为无穷大。对调两表笔,此时测得为阳极与门极间的反向电阻,仍应为无穷大。若正反向电阻很小,表明晶闸管已经损坏。

② 检测双向闸流晶体管的好坏。万用表置于 R×1 挡,两表笔测量门极与主电极 T_1 间的正、反向电阻,均应为较小阻值。两表笔测量门极与主电极 T_2 间的正、反向电阻,均应为无穷大。

黑表笔接主电极 T_1,红表笔接主电极 T_2,阻值应为无穷大。将门极与主电极 T_2 短接一下,指针应向右偏转并保持在十几 Ω 处,否则表明晶闸管已经损坏。

2.9 集成电路(IC)

1. 概 述

IC 是 Integrated Circuit 的缩写,意思是集成电路。在直径为数 mm 的单晶硅片上形成很多电阻器、三极管、二极管等,在单晶硅片上[1)]或陶瓷基板上[2)]配线、微缩并集成起来的电路就是集成电路。图 2.56 示出了一片集成电路芯片的纵向剖面图和横向剖面图。由纵向剖面(A-A′)可以看出,单晶硅片封装于集成电路芯片的中心。由横向剖面(B-B′)可以看出,单晶硅片与集成电路芯片之间的引脚是从硅片放射状引出的。连接硅片与引脚之间的内部引线非常细,要用专用的焊接设备来进行焊接。一片集成电路的焊接时间大约为 3s。根据在集成电路内部集成的元件数目(称为集成度)来进行分类,如表 2.20 所示。在表中"特点"一栏中的"入口"(gate)是指集成电路所能接收的输入信号数目。

---

1) 在单晶硅片上集成的 IC 称为单片式集成电路。
2) 在陶瓷基板上把单片式集成电路以及其他元件组合在一起,称为混合式集成电路。

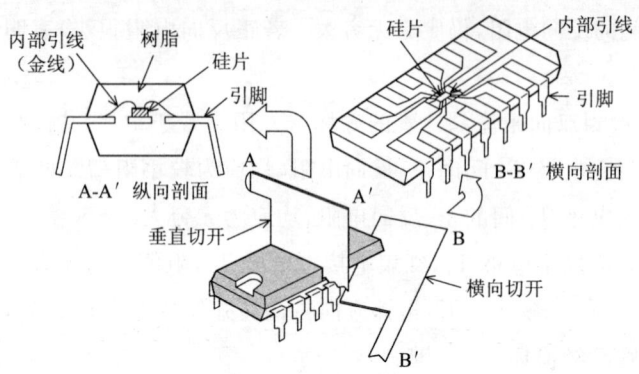

图 2.56 集成电路的内部结构

表 2.20 集成电路按集成度的分类

种 类	外 观	特 点
SSI (Small Scale IC) 小规模集成电路	线性IC（8~10脚） 数字IC（4~14脚）	电阻器和晶体管等的元件数目在100个以下，入口(gate)数目为12~23个。包括与门(AND)、或门(OR)、非门(NOT)等门电路，JK触发器等各种触发器也属于 SSI
MSI (Medium Scale IC) 中规模集成电路	14~24脚	晶体管等元件数目为100~1000个，入口(gate)数目在50个以下。包括计数器、寄存器以及译码器和编码器等。MSI是由若干个 SSI 组合而成，例如，具有24个引脚的数据选择器等
LSI (Large Scale IC) 大规模集成电路	20~40脚	在几平方毫米的单晶硅片上集成了1000个以上晶体管等元件的集成电路。作为微型计算机的基本构成的 CPU、存储器以及 IO 接口电路等均为大规模集成电路
VLSI (Very Large Scale IC) 超大规模集成电路	引脚	VLSI 是在单晶硅片上集成了几万个以上晶体管等元件的集成电路。例如，东芝出品的大容量存储器已经投放市场。电路类型也已经达到了 $1\mu m$ 以下

根据照集成电路的作用（功能）来进行分类，电气信号可分为模拟信号和数字信号，因此，集成电路也有模拟集成电路和数字集成电路之分。

① 模拟集成电路。所谓模拟集成电路(Analog IC)就是用来处理连续模拟信号的集成电路。模拟集成电路的输入波形和输出波形可以用眼睛来进行对比,从而对二者的相互关系进行调整。假定其输入为 X,输出为 Y,系数为 k,则输入输出之间的关系为线性,即 $Y=kX$。因此,模拟集成电路也称为线性集成电路。运算放大器和各种调节器就是其中的代表。

② 数字集成电路。数字集成电路(Digital IC)就是用来处理由"0"和"1"或者由"高电平"和"低电平"构成的离散数字信号的集成电路。这种数字信号也称为 2 值逻辑信号。

集成电路的第 3 种分类方法就是根据 IC 构造进行分类,如图 2.57 所示。根据 IC 的结构,大体上可分为半导体集成电路、混合集成电路以及膜集成电路 3 种。下面主要介绍半导体集成电路和混合集成电路。

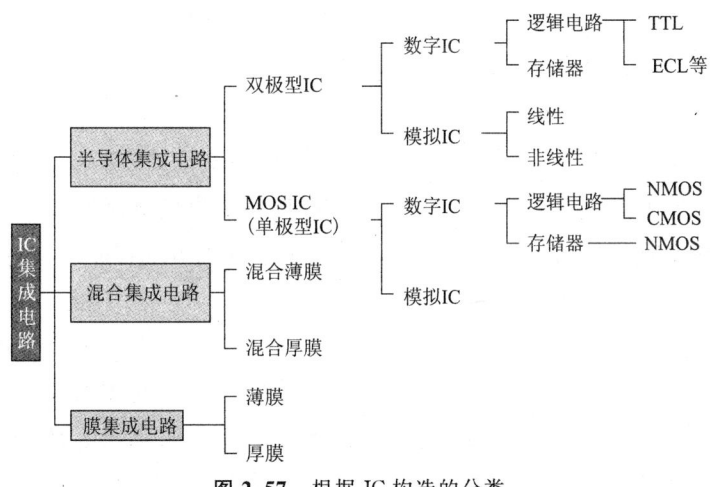

图 2.57　根据 IC 构造的分类

③ 半导体集成电路。半导体集成电路(Semiconductor IC)是指在 1 片单晶硅半导体基板上集成了三极管、电阻器、电容器、二极管等元件的集成电路。因此,也把这种 IC 称为单片式集成电路。硅片的大小一般从 $1mm^2$ 到 $7mm^2$,在硅片表面的氧化膜上进行电路连接。

半导体集成电路可分为单极型(Unipolar)和双极型(Bipolar)两种类型。这里的 polar 是极性的意思,但在这里是指承载电流的载流子,即指电子和空穴。因此,所谓单极型是指承载电流的载流子只由电子或空穴中的一种构成。单极型集成电路也称为以 MOS FET[1] 作为有源器件[2] 的 MOS IC。

下面来看一下 MOS IC 的特点。首先,晶体管可以做得很小,晶体管之间不需要分离,因此可以实现高密度的集成,在一片小小的硅片上实现高度集成的电路功能。其次,与双极型集成电路相比,制造工艺简单,因此成本较低。另外,N 沟道 MOS 的响应速度快,基板上不需要设置偏置电压,容易实现 LSI 化。存储器和微处理器等常采用 MOS IC。对于 CMOS 来说,具有低功耗,即使在 2~6 倍宽范围的电源下,也可以正常工作。

双极型集成电路是指由半导体间的空穴和电子二者共同承载电流的集成电路,即由 PNP 晶体管或 NPN 晶体管作为有源器件的集成电路。在双极型集成电路中,有 DTL(Diode Transistor Logic)、TTL(Transistor Transistor Logic)、HTL(High Threshold Logic)、ECL(Emitter Coupled Logic)等。双极型集成电路的特点是具有比上述的 MOS IC 更快的工作速度。其中,TTL 是数字集成电路的主流。另外,其中的 ECL 采用了三极管发射极共同联结的方式,其工作速度比 TTL 更快,常在大型计算机中使用。

④ 混合集成电路。混合集成电路(Hybrid IC)是指在陶瓷基板上把单片式集成电路以及其他半导体元件等组合起来,电阻器和电路由印制状的薄膜或厚膜制成,以 1μm 为界限。混合式集成电路可分为混合薄膜电路和混合厚膜电路,主要用于功率较大的模拟电路,以及用于较高电压和较大电流的控制。一般说来,混合式集成电路可以获

---

1) FET 是指场效应晶体管。
2) 有源元件(Active Element)是指像三极管一样由外部提供电源,可以实现放大、振荡等功能的元件。

得比单片式集成电路更好的频率特性。

2. 集成电路的主要参数

① 最大输出功率。此参数是指有功率输出要求的集成电路,当信号失真度为一定值时,集成电路输出引脚所输出的电信号功率。

② 静态工作电流。指在没有给集成电路输入信号的情况下,电源引脚回路中电流的大小。相当于三极管的集电极静态工作电流。

③ 增益。指集成电路放大器的放大能力的大小,通常为闭环增益。

④ 电源电压。指可以加在集成电路电源引脚与地端引脚之间的电压的极限值,使用中不能超过此值。

⑤ 功耗。指集成电路所能承受的最大耗散功率。

⑥ 工作环境温度。指集成电路在工作时的最高和最低温度。

3. 集成电路的检测

① 利用感觉。对集成电路进行故障检修的第一步是根据自己的感觉,查找明显的问题,如腐蚀、损坏或毁坏的引脚、管座或焊接。要确保集成电路完全插入到管座中。检查集成电路上的标示符号,确保电路中的集成电路是正确的,而且放置正确。

触摸是许多检修人员都使用的一项技术。当电路工作时,用手指触摸集成电路外壳的绝缘层,并注意其温度。发热是毁坏或短路元件的最明显症状。

② 加热和冷冻。加热或冷冻是用于检测故障集成电路的另一项技术。要检测一个怀疑热间歇工作的元件,可以先用一个热吹风机对元件进行加热,注意电路的性能,然后再将元件冷却或冷冻。有故障的热间歇工作器件在加热时应该损坏,冷却后又重新工作。

③ 电压检测。可以简单地用电压表或示波器完成对电压的测量。简单地测量集成电路各个引脚的电压,将其电压或波形与制造商提供的电压或波形进行比较,不正确的电压读数说明集成电路或外围元件很可能已经损坏。

④ 电容旁路。有时候,可以用一个电容将怀疑损坏的集成电路跨

接。当用电容将集成电路跨接后信号减小,说明集成电路很可能已经毁坏了。

⑤ 置换。将怀疑有故障的集成电路卸下,用好的同类型集成电路安装上去,若电路故障消失,可证实集成电路确实有故障。

2.10 运算放大器

模拟集成电路的典型代表是运算放大器(Operation Amplifier)。运算放大器主要用于把小的、连续的模拟输入信号进行放大后输出,也可用于加法运算、减法运算以及微分运算和积分运算等。

1. 理想运算放大器

当对运算放大器的工作原理进行说明时,常常需要首先对理想运算放大器的条件加以说明,这样做是容易理解的。理想运算放大器的条件主要有如下 5 条。理想运算放大器的内部电路可用图 2.58 所示的电路来等效。

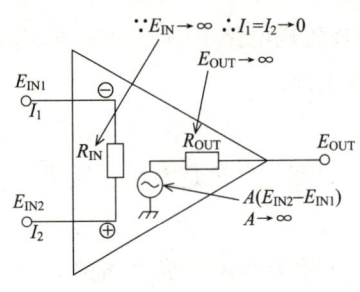

图 2.58 理想运算放大器

① 运算放大器的输入阻抗 R_{IN}(电阻部分)为无穷大(∞),即在 R_{IN} 上流过的电流基本上为零。

② 运算放大器的输出阻抗 R_{OUT}(电阻部分)为无穷小。

③ 运算放大器的电压放大倍数 A 为无限大,$E_{OUT}=A(E_{IN2}-E_{IN1})$。

④ 运算放大器的内部无噪声,当输入为零时输出也为零。

⑤ 采用负反馈可以使运算放大器工作稳定。

根据上述 5 个特点,运算放大器可以构成倒相放大器和非倒相放大器等方式。

2. 倒相放大器(倒相负反馈放大器)

倒相放大器(倒相负反馈电路)如图 2.59 所示。电路中作为前提的条件是 S 点的电压 E_S 为 0V,即由于运算放大器的反相输入端与正相输入端的内部连接并接地,使 $E_S=0$V。从外观上看,S 点并未直接对地短路,因此,S 点常称为虚地,即

$$E_S = 0\text{V} \tag{2.1}$$

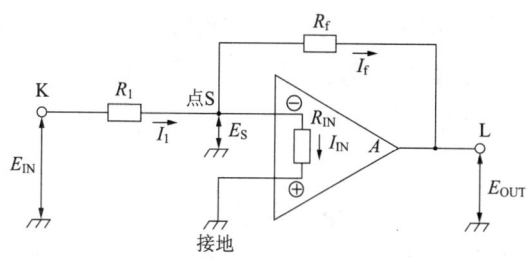

图 2.59 倒相放大器(倒相负反馈电路)

根据理想运算放大器的条件①,即输入阻抗 R_{IN} 为无穷大(∞),由欧姆定律可知,流过 R_{IN} 的输入电流为零,即

$$I_{IN} = 0\text{A} \tag{2.2}$$

因此,下式成立,即

$$I_1 = I_f \tag{2.3}$$

在图 2.59 中,K、S 两点间(即电阻 R_1 两端)的电压降为

$$E_{IN} - E_S = R_1 I_1 \tag{2.4}$$

S、L 两点间(即电阻 R_f 两端)的电压降为

$$E_S - E_{OUT} = R_f I_f \tag{2.5}$$

由式(2.1)和式(2.4)可得

$$E_{IN} - 0 = R_1 I_1 \tag{2.6}$$

由式(2.1)、式(2.3)和式(2.5)可得

$$0 - E_{OUT} = R_f I_1 \tag{2.7}$$

由式(2.6)和式(2.7)可得

$$\frac{E_{OUT}}{E_{IN}} = -\frac{R_f}{R_1} = A \quad (A \text{ 为放大倍数}) \tag{2.8}$$

$$E_{OUT} = -\frac{R_f}{R_1} E_{IN} \tag{2.9}$$

表 2.21 示出了 741 型运算放大器的外观、内部构造及其在电路

中的图形符号。可以看出,按照封装形式的不同,这种运算放大器还有741H型和741N型之分。其中,741H称为CAN[1]型,即金属壳封装型。而741N的外观像小蜈蚣一样,称为DLP[2]型,即双列直插型。在模拟集成电路中,741型运算放大器的应用最为广泛。从上往下看,741型引脚的序号均以标记为基准,序号数字按逆时针方向旋转。表2.21示出了标记的位置及其与引脚序号的对应关系。741配线时必须按表中所示的引脚序号来进行。从"内部构造"一栏中可以看出,2号和3号引脚为运算放大器的输入端,同时还要注意到两个输入引脚的极性。6号引脚为输出端,4号和7号引脚为电源端,对于741H和741N来说,一般4号引脚接−15V电源,而7号引脚接+15V电源。图2.60示出了741型运算放大器简单地采用多路稳压电源的情况。

下面说明如何利用运算放大器来构成放大电路。显然,这时就要涉及放大倍数如何计算的问题。图2.61示出了利用运算放大器的放大电

表 2.21 运算放大器(有代表性的模拟 IC)

类 型	外 观	内部构造	运算放大器的符号
外壳密封型	741H的外观	从引脚端看进去的电路图	$V_{CC}=+15V$ 输入 $V_{CC}=-15V$ 输出
双列直插型	741N的外观	从正面看进去的电路图	

---

1) CAN 这个名称的由来是密封包装食品的外包装,这里是指集成电路的 TO-5 型封装。

2) DLP 是 Duale Line Package 的缩写,是指具有像蜈蚣的足一样的两列(Duale Line)引脚的容器(Package)。

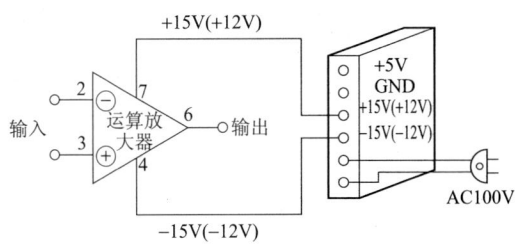

图 2.60　采用多路稳压电源时的接线

路实例。这是一个负反馈电路,构成了一个倒相放大器。该电路利用反馈电阻 R_2 把输入端与输出端联系起来,可以看出,输出端信号与输入端信号的极性相反,因此,这种放大电路也称为倒相放大器。其放大倍数取决于电阻 R_2 与 R_1 之比。输入电压 E_{IN} 与输出电压 E_{OUT} 的关系由下式给出:

$$E_{OUT} = -\frac{R_2}{R_1} E_{OUT}$$

适当选择电阻 R_1 与 R_2 值,以便使放大器具有合适的放大倍数。然而过大的放大倍数将影响放大器的精度。一般说来,能够保证放大精度的放大倍数不大于 10 倍。实际上,除 741 型之外,运算放大器还有很多种型号。使用时,应按规定的技术要求,选择合适型号的产品。

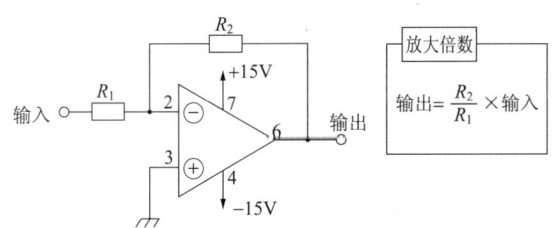

图 2.61　倒相放大电路举例

2.11　光电耦合器

光电耦合器包括光敏晶体管耦合器和光敏晶闸管耦合器。除了

表 2.22 中的光电耦合器以外,还有其他各种光电耦合器。通过这些光电耦合器,可以使直流系统的 TTL IC 和微型计算机端与交流系统的负荷(小型电动机、继电器等)隔离(绝缘)。同时,可以传递微型计算机 CPU 和终端发出的信号。它可以广泛用在介于电力用的绝缘传输线的一次端和二次端的信号传输等,如图 2.62 所示。

表 2.22 光电耦合器的外观和内部结构

外 观	内部结构	备 注
光敏晶体管耦合器		 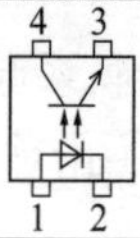 • 4 引脚 • 1 单元
	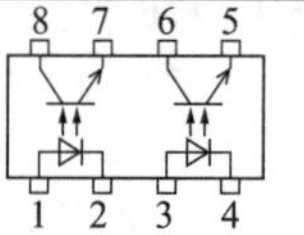	• 8 引脚 • 2 单元
	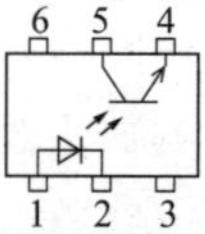	• 6 引脚 • 1 单元 • 附基极端子
光敏晶闸管耦合器		 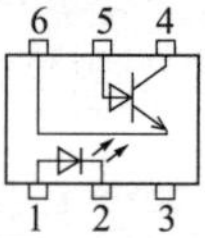 • 6 引脚

光电耦合器的优点如下所示:

① 可以消除信号输入输出端阻抗(电阻成分)的不匹配。

② 信号输入输出端的绝缘能力将大幅度提高,绝缘耐压(1min)为 AC 2500V。

③ 易于消除感应电动势,阻隔噪声。

④ 通过缩小 IC 基板的占有面积,可提高实装密度。因其可靠性提高,故不需要维修保养。

图 2.63 表示了把微型计算机端和操作机构驱动电路端隔离的状态。这是由微型计算机输出的数字信号驱动电磁式继电器的电路。

图 2.64 是使用了晶体管驱动器与 TTL IC 系统间接口的一个例子。

2.11 光电耦合器

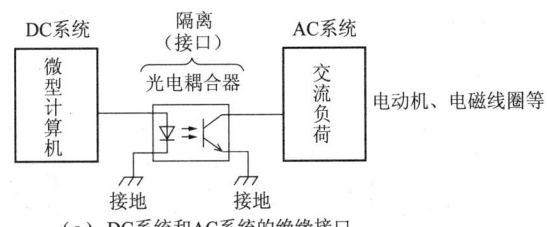

(a) DC系统和AC系统的绝缘接口

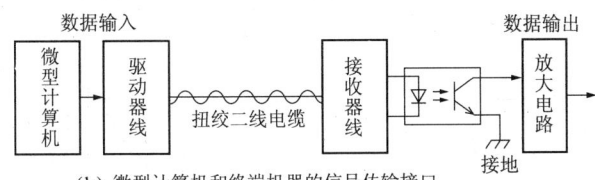

(b) 微型计算机和终端机器的信号传输接口

图 2.62 光电耦合器应用举例

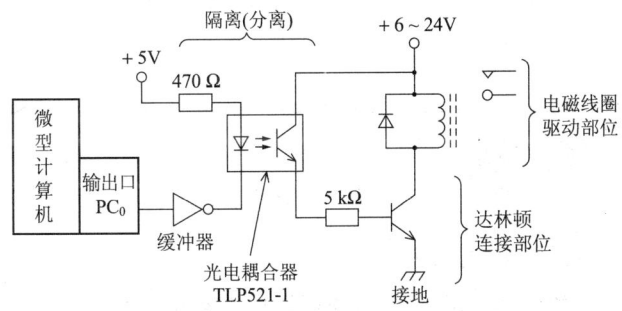

图 2.63 由光电耦合器驱动操作机构

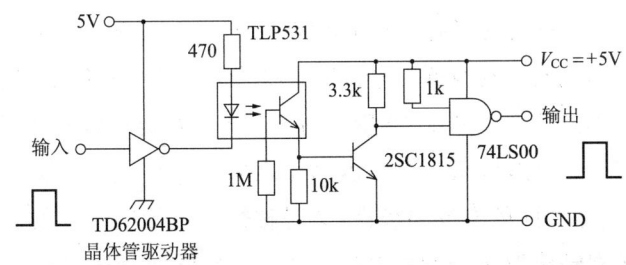

图 2.64 光电耦合器的应用实例(用于晶体管驱动器的接口)

图 2.65 所示是运用光敏晶闸管耦合器传送信号的电路。特别是这个 TLP546G 元件可以通过微型计算机和各种 IC 形成的控制电路

直接驱动在 AC 100V 线上工作的小型电动机、加热器、电磁线圈、继电器、指示灯等。

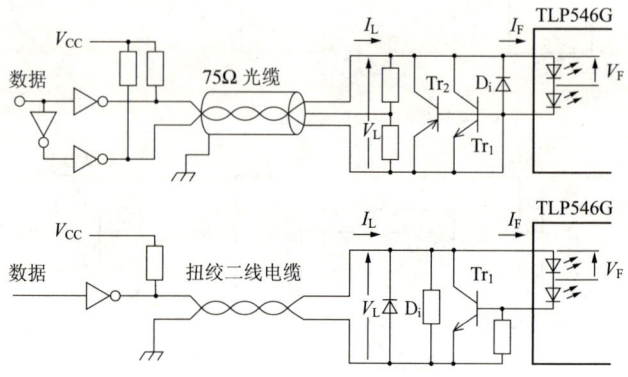

图 2.65　运用光敏晶闸管耦合器进行信号传输

2.12　扬声器

1. 扬声器的工作原理

日常生活中,我们经常会从扬声器中得到声音信息。音频信号的应用有很多,例如,收音机、电视机、立体声系统、电话、有线广播等。

1925 年,通用电气的 Chester Rice 和 Edward Kellogg 发明了现代直接辐射式动态扬声器。这种扬声器的结构被一直保留到现在,没有发生根本的变化。图 2.66 所示为一个典型直接辐射式动态扬声器的剖面图。声音线圈置于强力永磁体之间。当有信号施加在线圈上时,根据信号不同的电流和极性,会对磁体产生排斥力或吸引力。线圈被固定在圆锥形振动膜的基座上。声音线圈驱动圆锥体运动。在圆锥体运动过程中,抽吸空气振动,反映了相应的电子信号。圆锥体和线圈配件利用前端环绕支撑和扬声器支撑圈悬挂于金属框架中。喇叭框架上同样有安装法兰和接线条。

2.12 扬声器

任何扬声器声音频率范围都是有限的,这依赖于它自身振动膜片的质量。为了能够更好地复现某些频率范围的声音,扬声器的设计可以超过限制范围。图 2.67 所示为一个专门产生高频声音的扬声器。这种扬声器通常作为高音用扩音器使用。它同圆锥形的扬声器相似,只是取消了圆锥形装置,以降低活动部件的整体重量。这些扬声器的外观通常都是圆盘状,中间有一个柔软的圆形隆起。圆盘的背面安装有磁铁,这和锥形扬声器相似。

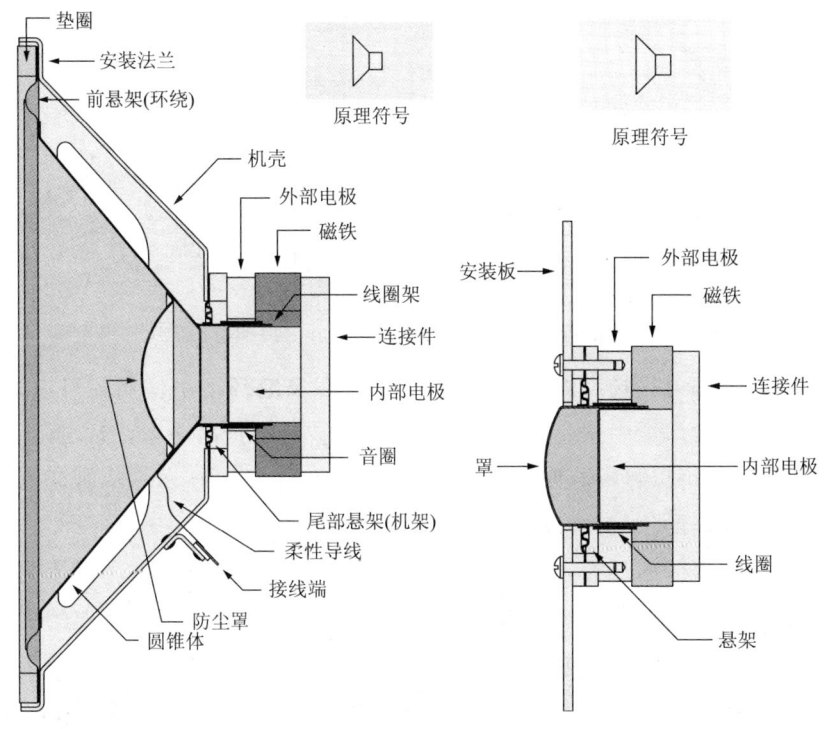

图 2.66 动态扬声器   2.67 高频扬声器或高音用扩音器

电话听筒使用的扬声器是一种特殊的扬声器,它能产生人类语音频率范围内的声音。这种扬声器同样被设计得很耐用。典型的电话听筒能够经受反复敲击,而听筒并不会损坏。图 2.68 所示为一个典型的电话扬声器。这种设计实际上是一对磁场中的线圈,而振动膜是一片拉紧的薄铁片。当线圈中有信号时,变化的磁场引起振动膜的偏转。尽管这种设计的声音效果并不是很好,有较大的失真,频率范围也有限,但是却非常结实、耐用。

图 2.69 所示为早期握柄电话听筒中扬声器的各部件组装图。装配结构与现代的电话听筒基本相同。

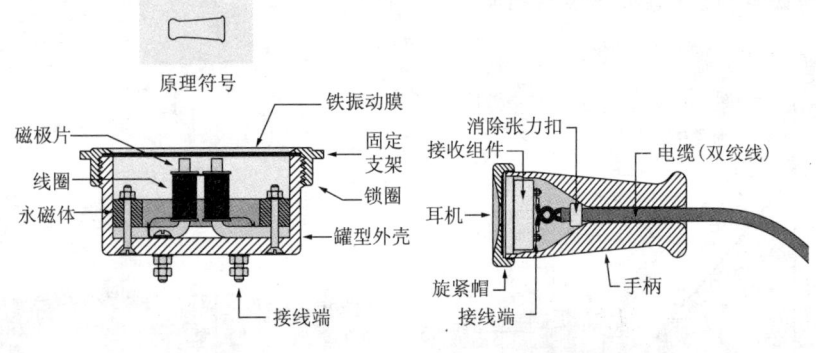

图 2.68　电话听筒　　　　图 2.69　握柄电话的听筒装配图

直接辐射式扬声器的功率并不很高,在家庭环境中使用还可以,但是在有线广播中这就是一个很大的麻烦。为了提高功率,加大扬声器的音量,可以将喇叭安装在驱动装置上,如图 2.70 所示。喇叭起到声音转换器的作用,可以显著地提高扬声器的输出音量。

在有些应用场合,喇叭的长度和大小是受限制的。在这种情况下,可以采用折叠喇叭,如图 2.71 所示。主喇叭包裹于一个反向的喇叭中,反向喇叭同样包裹在开口喇叭中。这种结构安排有效地将喇叭长度缩短为不折叠样式的 1/3。这种扬声器经常用在户外和工业场所。

另外一种经常使用折叠喇叭的场合是手持式有线广播或扩音器,如图 2.72 所示。这种扬声器安装在机架前面,机盒中有放大器、电池和麦克风,音量控制和手柄固定在机架上。多数这类扬声器采用扳机式按钮来控制通断。

2.12 扬声器

带状元件扬声器通常用在高性能、高频率的声音输出中,比如家庭或音效工作室设备。图 2.73 所示为一个带状元件扬声器的典型外观。在强力永磁体之间有一条波浪状金属带。当有信号穿过金属带时,根据不同的信号电流和极性,会使金属薄片发生振动。当金属带移动时会抽吸空气振动,产生声音脉冲,实现电信号到声音信号的转化。

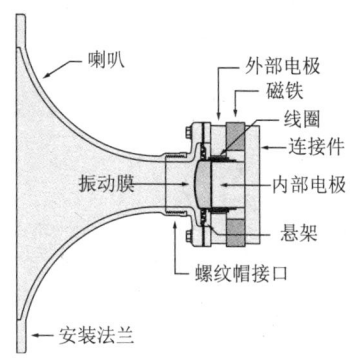

图 2.70 装上喇叭的扬声器

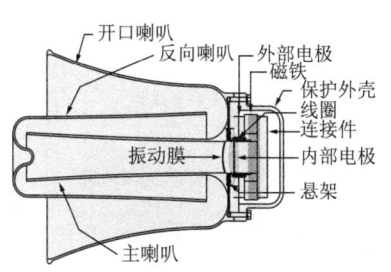

图 2.71 折叠喇叭扬声器

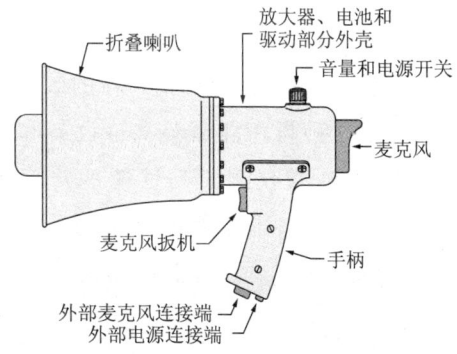

图 2.72 手持有线广播或扩音器

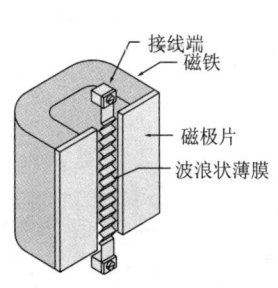

图 2.73 带状电子扬声器

平面扬声器由一大块塑料振动膜穿过框架拉伸制成。扁平线圈粘在振动膜上，一条连续的带状磁铁置于靠近线圈的位置。当有信号通过线圈时，振动膜偏转并发出声音。由于这种扬声器有很大的振动膜，所以它的效果很好。图2.74所示为平面扬声器的组成结构。

静电扬声器是一种平面单元。在这种设备中，一片金属振动膜置于两片穿孔的电极中间，如图2.75所示。信号通过电极时，振动膜因信号的电流和极性不同产生相应的移动，进而产生与电信号相对应的声音脉冲。

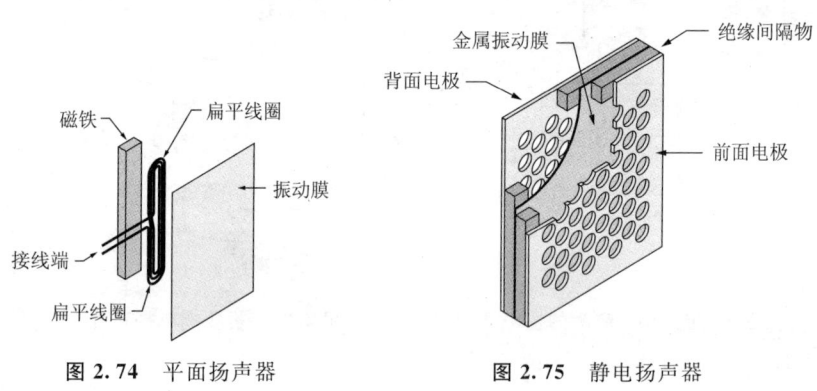

图2.74 平面扬声器　　　　图2.75 静电扬声器

图2.76所示的框图代表静电扬声器系统。振动膜采用品质好的高压电源供电，输入信号经过升压变压器放大。这种扬声器的效果非常好，而且声音品质很好。但是由于这种扬声器需要支持设备和高压供电，所以非常昂贵。此类扬声器通常仅用于高性能的声音设备，如家庭或工作室设备。这种技术的一种非常好的应用例子是高性能耳机。这种耳机非常轻，可以完全罩住耳朵，播放极高品质的音乐。

电子扬声器和静电扬声器相比而言，不同之处在于带电体的设计。在电子扬声器中振动膜是一直带电的，这样就不需要高压供电。电子扬声器不仅可以提供接近于静电扬声器产生的高品质音频，同时价格又相当低廉。图2.77所示为电子扬声器系统的结构框图。

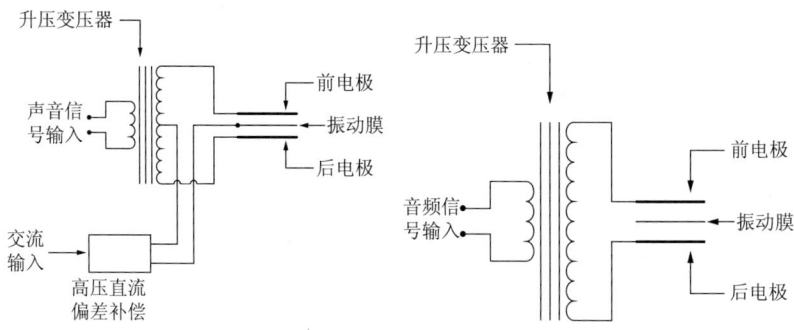

图 2.76 静电扬声器示意图　　图 2.77 电子扬声器结构框图

等离子体扬声器是基于等离子调制原理。图 2.78 所示的原理图表示了一个等离子体扬声器系统。供电电源在两电极之间产生等离子体,一个耦合变压器置于输出环路。信号通过变压器的输入端进入电路,根据信号的极性和电路不同,变压器调制等离子体,它与空气耦合产生与电信号对应的声音信号。

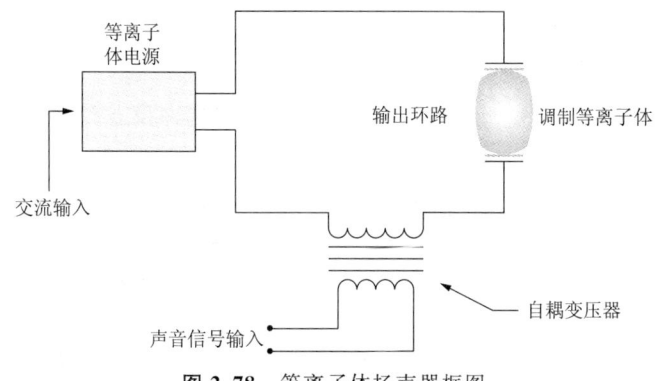

图 2.78　等离子体扬声器框图

应用于家庭和音响工作室的各种高性能扬声器系统,都是采用两个或多个驱动器驱动。在最终组装完的系统中,每一个驱动器都被用来产生在某一频率范围内,且与其他驱动器互补的声音。图 2.79 所示是两声道和三声道驱动的音箱。

为了分开输入到多驱动器系统的不同频率的电子信号,科研人员发明了分频网络。图 2.80 所示为一个基本的一级分频网络。分频网络由一个独立的电感和电容组成,通过电感滤出的低频信号通过低音扩音器,而电容滤波输出的高频信号则通过高频扩音器。

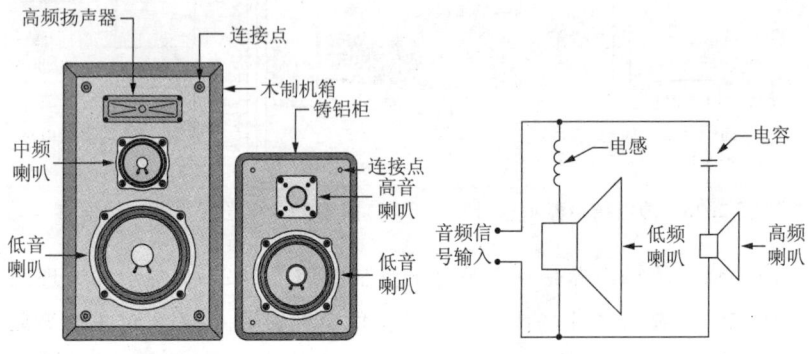

图 2.79　两声道和三声道驱动的音箱　　　图 2.80　一级分频网络

立体声系统设计用于产生具有空间感的听觉感受。它通过一个两通道的发声系统,如图 2.81 所示,产生具有空间感的声音信号。扬声器的放置位置和房间的声学特性都需要仔细考虑,以产生具有立体效果的声音信号。

耳机是另一个常见的扬声器应用例子。这种设备是将一个或两个小型驱动器固定在一个可调的头箍上,如图 2.82 所示。耳机通常用于在高噪声环境下使用小强度声音信号的场合。

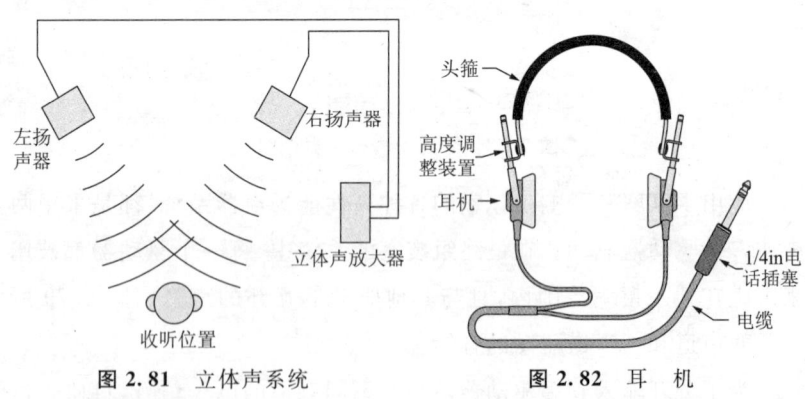

图 2.81　立体声系统　　　　　　　　图 2.82　耳　机

2. 扬声器的主要参数

① 额定功率。扬声器的额定功率又称为标称功率,是指扬声器在长期正常工作时所能输入的最大电功率。为获得较好的音质,扬声器的输入功率应小于其额定功率。扬声器的额定功率有 0.1W、0.25W、0.5W、1W、3W、5W、10W、50W、100W 等。

② 额定阻抗。扬声器的额定阻抗也称为标称阻抗,是指扬声器在额定功率下所得到的交流阻抗值。扬声器的标称阻抗有 4Ω、8Ω、16Ω、32Ω 等。

③ 频率特性。实际是指扬声器能工作在哪个频率范围。一般场合,应选用全频或中音扬声器。

3. 扬声器的检测

将万用表置 R×1 挡,两表笔不分正负分别接扬声器的两个引出端,所测得的是扬声器音圈的直流电阻,此值应小于扬声器的标称阻抗值(约为标称阻抗值的 0.8 倍)。若数值过小,说明音圈有局部短路;若数值为无穷大,说明音圈断路。

另一种方法是,将万用表置 R×1 挡,一表笔与扬声器一根引线相接,另一表笔断续触碰另一根引线,此时扬声器若发出"喀、喀"声,且万用表指针作相应的摆动,说明扬声器是好的;若扬声器没有声音,万用表指针也不摆动,说明扬声器线圈断路。

2.13 麦克风

1. 麦克风的工作原理

麦克风和扬声器相似,在我们的生活中也起着非常重要的作用,最典型的应用就是电话。不仅如此,扬声器产生的声音几乎完全要依靠麦克风。其应用很广,如录音设备、电视广播设备、手机及会议中。

图 2.83 所示为一个基本碳粒麦克风的剖面图。这是最早的麦克风设计,但是如今仍在使用。它的内部有一个装满碳颗粒的容器,用一个可动金属板盖住。可动金属板连接在振动膜上,而振动膜则固定在话筒基座上。当有人对着话筒说话时,振动膜会振动并将这种振动传递到可动金属薄板上。而金属薄板的移动,使得容器里的碳颗粒随之压紧和松弛,进而使其整体电阻发生变化,最终通过这种形式反映声音的变化。

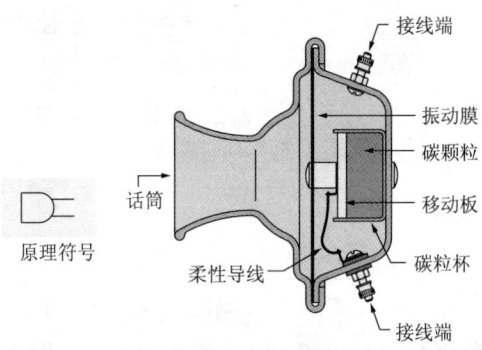

图 2.83 碳粒麦克风

将一个扬声器(接收器)、两节电池和麦克风连接在一起,形成一个完整回路,如图 2.84 所示。当对麦克风讲话时电路中将产生电流。

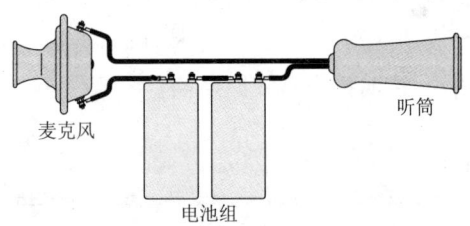

图 2.84 碳粒麦克风电路

将两组分别由碳粒麦克风、电池、耦合变压器和接收器组成的设备按照图 2.85 所示的方式连接,就可以实现双向通话。像这样一套简单的通话系统,只需通过电缆连接在一起,便可以为几公里远的两地提供相当好的通话效果。在一些简单的通信系统中会安装"按下通话"按钮,这样可以使电池在不用时断开连接。

2.13 麦克风

动态麦克风与动态扬声器结构十分相似。在实际应用中有时可将扬声器当做麦克风使用,比如无线电话机就是这样的一个例子。扬声器和麦克风通常使用同样的元件。图 2.86 所示为一个典型的动态麦克风的剖面图。

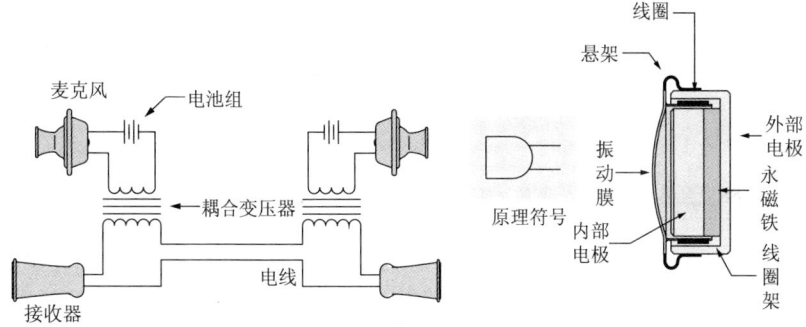

图 2.85 使用碳麦克风的双向通话电路　　图 2.86 动态麦克风

动态麦克风广泛应用在有线广播系统中。一些性能较好的麦克风则在录音工作室和舞台上使用。图 2.87 所示是一个高性能的动态麦克风。这种麦克风使用了开关按钮和 XLR 接头。

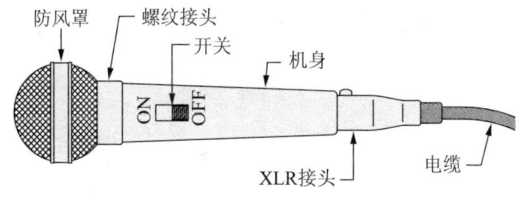

图 2.87 典型的动态麦克风

近十年来,压电或晶体麦克风的出现为我们提供了一种效果很好的声音拾取器件,这种设备利用了压电效应。其中一些晶体麦克风,最引人注意的是采用罗谢尔盐(酒石酸钠钾)晶体,晶体在发生弯曲时会产生电信号。如果将振动膜与晶体连接在一起时,那么振动就可以使晶体弯曲偏转,从而产生反映声音变化的电信号。图 2.88 示出了压电或晶体麦克风的结构图。压电麦克风如图 2.89 所示。

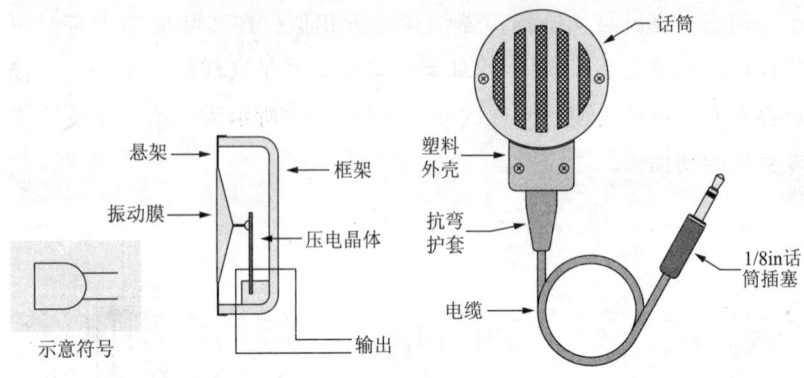

图 2.88 压电或晶体麦克风元件图

图 2.89 压电晶体式麦克风

电容式麦克风的工作原理就是利用一个可变电容器。图 2.90 所示为基本电容式麦克风的示意图,其中的固定电极能引起振动膜的振动。电路由一节电池供电,在振动膜振动时,电路的电容值随着声音发生变化。元件的输出经过一个前置放大器放大后输出到音频设备中。

电容式麦克风可以产生质量非常高的声音信号,而且成本很低廉。图 2.91 所示的拾音头,其性能可以与专业的录音设备媲美。

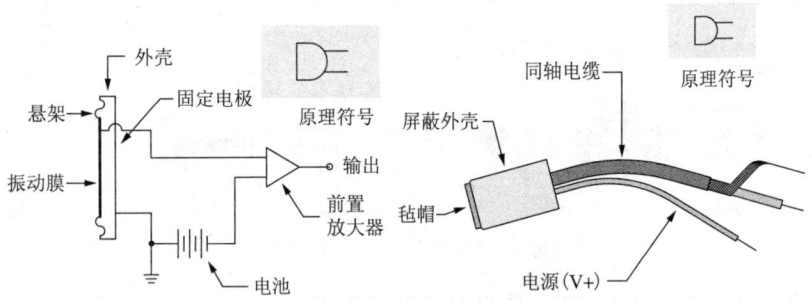

图 2.90 电容式麦克风示意图

图 2.91 电容式麦克风拾音头

图 2.92 所示为一个典型的电容式麦克风。该设备就是简单地把拾音头安装在一个有开关按钮和电池的盒子里。

使用麦克风时,了解麦克风的灵敏度是很重要的。通常灵敏度是从麦克风向四周呈放射状散开进行测量。图 2.93 所示为一个典型的灵敏度示意图,用来划分麦克风的性能区域。曲线图表示出麦克风周围不同位置的灵敏度分布。

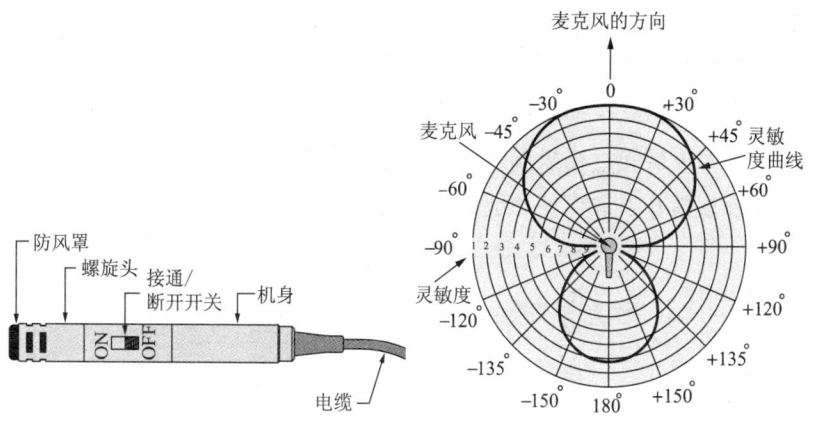

图 2.92　电容式麦克风　　　图 2.93　麦克风灵敏度

通常麦克风设计成图 2.94 所示的五种基本形式之一。心型和超心型是最常用的两种形式,通常用在高性能的应用设备中。全向型麦克风通常适用于一般的区域应用,比如会议室中使用。双向型麦克风通常是那些振动薄膜向两侧暴露的麦克风。枪型麦克风通常用在新闻采访和娱乐媒体中使用。这种麦克风可以很好地排除侧面和背面的干扰,使得麦克风针对声源的效果很好,而对周围噪声的灵敏度则较低。图 2.95 所示为一个枪形麦克风。我们可以在新闻摄像机、记者招待会和摄影棚里看见这种麦克风。

为了使麦克风具有良好的方向性,极大地提高灵敏度,心型和超

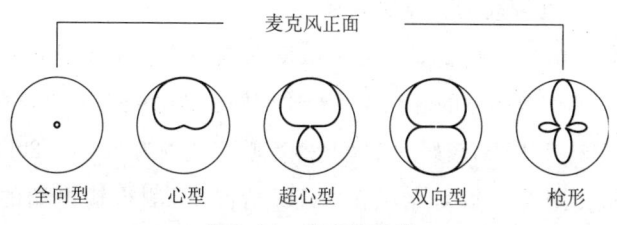

图 2.94　麦克风种类

心型麦克风可以安装在抛物面反射器的焦点上,如图2.96所示。这样对侧面和后面噪声的抗干扰性会得到提高,而且麦克风的灵敏度可以提高到原来的100倍。这种设备经常用于寻找高处和接触不到的管道上的漏洞。同样也用于对野生动物的研究、窃听、监视。这种设备最大的一个缺点是如果不注意指向一个很大的声源,耳机的音量会大到令人无法接受。在极端情况下,耳机甚至可能严重损坏。高成本的设备通常具有限流保护功能,以防止这种情况发生。

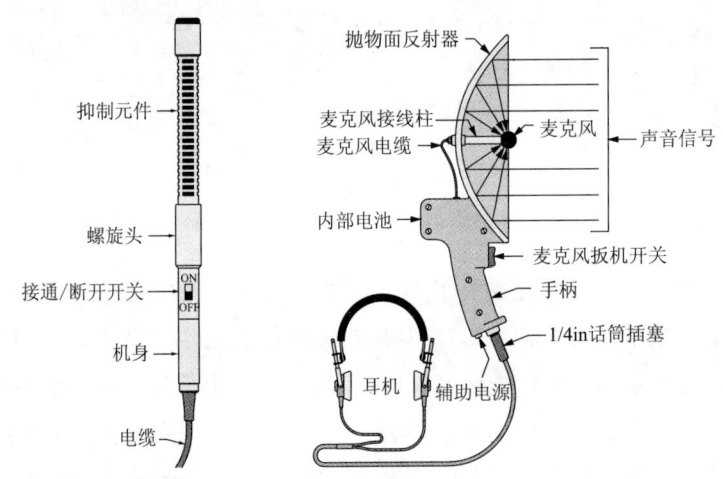

图 2.95 枪型麦克风　　图 2.96 麦克风抛物面反射装置

2. 麦克风的主要参数

① 灵敏度。指麦克风将声音转换为电压信号的能力,其单位为 mV/Pa。灵敏度还常用分贝(dB)表示,1dB=1000mV/Pa。一般来说,选用灵敏度较高的麦克风效果较好。

② 频率响应。指麦克风的灵敏度随频率变化而变化的特性。一般的,频率响应范围宽的麦克风其音质较好。普通麦克风的频率响应范围为 100Hz~10kHz,较好的麦克风频率响应范围为 20Hz~20kHz。

③ 输出阻抗。指麦克风在 1kHz 情况下,测得输出端的交流阻抗。输出阻抗在 2kΩ 以下的称为低阻抗麦克风,输出阻抗在 2kΩ 以

上的称为高阻抗麦克风。

④ 固有噪声。指麦克风在没有外界声音的情况下所输出的电压，此输出电压越小越好。

⑤ 指向性。指麦克风灵敏度随声波入射方向变化而变化的特性，分为全向性、单向性、双向性三种。

- 全向性指麦克风对来自四面八方的声音都有基本相同的灵敏度，其有效拾音范围为圆形，麦克风位于圆心。

- 单向性指麦克风正面的灵敏度明显高于背面和侧面，有效拾音范围在麦克风的前方。

- 双向性指麦克风正面和背面具有基本相同的灵敏度，两侧灵敏度较低，有效拾音范围在麦克风的前方和后方。

实际使用时应根据需要选择指向性合适的麦克风。

3. 麦克风的检测

① 动圈式麦克风的检测。将万用表置 R×1 挡，两表笔与麦克风的两引出端相接，此电阻值一般为 50~200Ω。测试时，一表笔断续触碰另一引线端，麦克风应发出"喀、喀"声，若麦克风无声音，表明有故障；若阻值为零，说明麦克风有短路故障；若阻抗为无穷大，说明麦克风有断路故障。

② 驻极体麦克风的检测。将万用表置 R×100 挡，黑表笔接麦克风的正极，红表笔接麦克风的源极，即信号输出端，这时对着麦克风讲话，万用表表针应有指示。表针摆动范围越大，说明麦克风灵敏度越高；若万用表无指示，说明麦克风有故障不能使用。

2.14 数字集成电路

根据结构对数字集成电路(Digital IC)进行分类时，大体上可分为半导体集成电路、混合集成电路及膜集成电路。其中,半导体集成电路又有单极型 IC 和双极型 IC 之分。这里主要学习数字集成电路的功能,而较少涉及其内部结构。在机电一体化中,应用最多的是单极型 IC 中的 CMOS IC,双极型 IC 中的 TTL IC 及 ECL IC 等。

我们将通过 TTL IC 的基本元件来介绍数字集成电路的基础知识,包括接地方法、电源供给方法、各种元件引脚的配线方法等。数字集成电路与模拟集成电路不同,正如其名称一样,数字集成电路是用来处理数字信号的,即处理"1"、"0"或者"H"、"L"这种逻辑信号。当使用数字集成电路时,重要的是需要对逻辑信号处于"1"、"0"或者"High"、"Low"的状态逐一加以确认。例如,需要以"1"为输入信号、以"0"为输出信号时,应该使用哪种元件呢?显然,使用最简单的非门(NOT)就可以了,当然也可以使用与非门(NAND)来代替非门(NOT)。图 2.97 示出了使用非门时的情况。非门的图形符号用一个平放的正三角形,其尖端加一个小圆圈来表示,这个图形符号与前面介绍的运算放大器的图形符号有着完全不同的意义。如图 2.97 所示,当取凸形的正脉冲作为逻辑"1",取凹形的负脉冲作为逻辑"0"时,称这种两值逻辑为正逻辑,反之则称为负逻辑。本节的讲述中主要采用正逻辑。

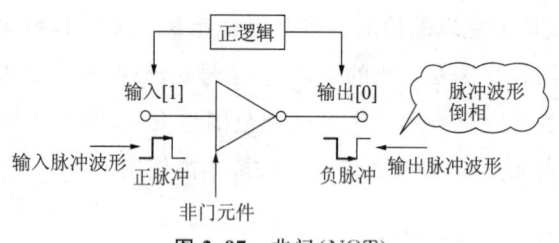

图 2.97 非门(NOT)

除了非门(NOT)以外,数字集成电路的主要基本元件还有与门(AND)、或门(OR)、与非门(NAND)、或非门(NOR)、异或门等。不同的门电路其功能也是不同的,可以通过外观上所标示的型号来识别各种不同的门电路。

2.14 数字集成电路

1. 与门(AND)

内部有 4 个与门的数字集成电路 SN7408 如图 2.98 所示。从外观上可以看出,与门元件像蜈蚣一样有很多引脚,利用这些引脚来实现数字信号的输入和输出,同时电源 V_{CC}(对于 TTL IC 为+5V)的供给以及接地(GND)也都通过引脚来实现。从与门电路 SN7408N[图 2.98(a)]的正面看下去,其引脚序号及其功能如图 2.98(b)所示。对于图 2.98(a)元件正面所示型号的意义说明如下。因制造厂商的不同,最前面的 SN74 的表示方法也不同,图中所示的是 TI 公司的产品;后面的数字 08 表示该集成电路是与门,只有这个数字各制造商是统一的。图 2.99 示出了每个门电路的传输延迟时间(t_{pd})与其平均消耗电能(P_T)的关系,即集成电路的信号传输速度与消耗电能之间的关系。可以看出,标准型集成电路(图 2.99)的 TTL(74)为直线关系。TTL(74S)为高速用集成电路,其消耗的电能较大,称为肖特基[1]型 TTL;TTL(74L)的速度较低,但消耗的电能较小,称为低耗电型 TTL;TTL(74LS)称为低耗电肖特基型 TTL,其速度与标准型相同,但在消耗能量上为低耗电型集成电路。在图 2.99 所示的各种 TTL 集成电路中,低耗电肖特基型 TTL 是最合理的。与标准型相比,目前这种 LS 型 TTL 集成电路的应用最为广泛,其完整的型号为 SN74LS08N[2]。下面将要介绍的其他基本元件将均以标准型 TTL 来说明。

下面介绍一下图 2.98(b)所示 SN7408 的内部结构。可以看出,SN7408 内部有 4 个(2 输入正逻辑)与门[3],共有 14 个引脚,从 1~14 引脚按逆时针方向顺序排列。其中,14 号为电源引脚,需要外接+5V 的稳压电源。对于 TTL 数字集成电路来说,必须使用这样的稳压电源。对于 CMOS 集成电路,则能够适应从+3~+15V 的宽范围的电源电压(甚至可以使用电池),这是 TTL 与 CMOS 的最大不同点。7 号引脚为接地端。对于基本元件而言,即使生产厂商不同,14 号引脚

---

1) 肖特基是肖特基势垒二极管(SBD)的简称。
2) 标准型为 SN7408N,肖特基型为 SN74S08N,低耗电型为 SN74L08N。
3) 包含 4 个 2 输入正逻辑的与门元件。

为电源、7号引脚为接地这一点却是完全相同的。图2.100示出了电源的接线方法以及只用其中1个与门(即2输入、1输出)时的接线图。由于其余3个与门不使用,可将它们各自的输入端通过电阻分别接到电源[1]上,输出引脚则不做任何连接。这样做的目的是为了防止噪声[2]干扰,提高系统工作的可靠性。这种对未使用的输入引脚的处理

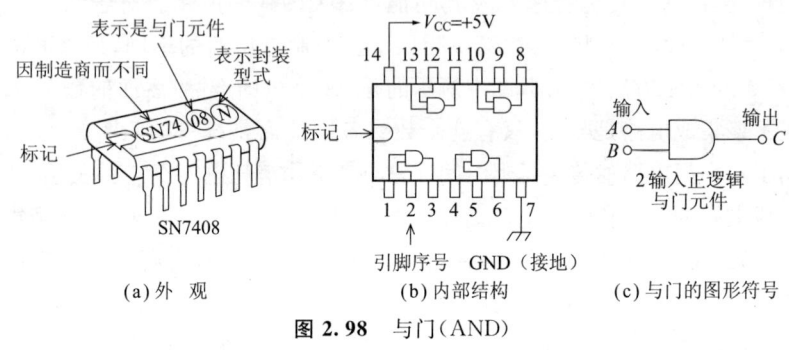

(a) 外 观　　　　(b) 内部结构　　　　(c) 与门的图形符号

图 2.98　与门(AND)

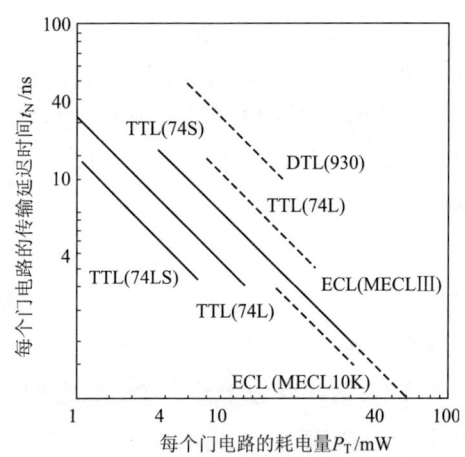

图 2.99　多种数字电路的速度与耗电量的关系

---

1) 需要确认电源电压不超过最大输入电压值5.5V。超过5.5V时,应在电源V_{CC}与输入引脚之间串入1~10kΩ的电阻。

2) 当输入回路处于开放状态时,逻辑"1"与逻辑"0"的门限(称为阈值)偏高,因而可能都变成逻辑"1",这样一来容易受到噪声干扰。将未使用的输入引脚接电源是防止噪声干扰的有效方法。

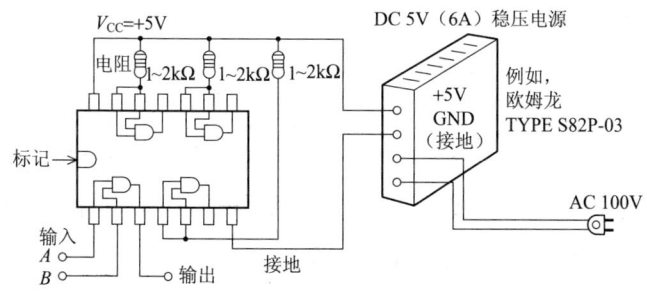

图 2.100 与门电路的实际接线图(未使用的输入引脚的处理方法)

方法是很重要的,请务必牢记。

下面对与门元件的功能加以说明。

与门的图形符号如图 2.98(c)所示。可以看出,这是一个 2 输入、正逻辑的与门元件。除 2 输入与门外,还有 3 输入正逻辑与门(SN7411)和 4 输入正逻辑与门(SN7421)。

图 2.101 对"与"的意义进行了说明。可以看出,只有开关 1 和开关 2 同时闭合时,电路中的电灯才能点亮;若其中 1 个开关断开(或 2 个开关都断开),电灯均不亮,这就是与的

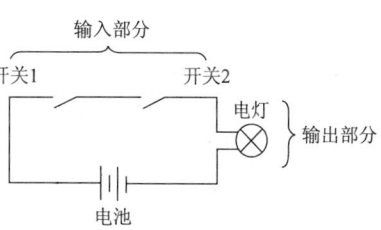

图 2.101 与门电路的功能

功能。当这种与的功能用表格表示时,如表 2.23 所示。若设开关断开(OFF)为逻辑"0",开关闭合(ON)为逻辑"1",则表 2.23 可以表示成表 2.24,这个表就是与门的真值表。这种真值表表示了数字电路的工作状态,认真掌握好真值表的逻辑关系,是使用数字电路的一个要点。

表 2.23 与门电路中电灯的亮灭

开关输入		电灯输出
A	B	C
OFF(0)	OFF(0)	OFF(0)
OFF(0)	ON(1)	OFF(0)
ON(1)	OFF(0)	OFF(0)
ON(1)	ON(1)	ON(1)

表 2.24 与门的真值表

输 入		输 出
A	B	C
0	0	0
0	1	0
1	0	0
1	1	1

2. 非门(NOT)

图 2.102 示出了内部包含了 6 个 1 输入正逻辑非门的数字集成电路 SN7404。从外观上看,和与门元件完全相同,但元件上的型号是不同的。当然,从内部结构上看,二者的配置是完全不同的。实际使用时,应注意查阅产品样本。对于其中的每个非门,其输入信号与输出信号都是反相的,如图 2.103(a)所示。这种利用方式的非门电路也称为反相器。图 2.103(b)示出了 2 个非门串联连接的情况,常作为缓冲器[1]用于微型计算机与接口电路之间的输入信号处理。也就是说,若因机械侧的故障导致接口电路的集成电路损坏时,缓冲器可以保证微型计算机不至于受到直接伤害。非门作为缓冲器的应用如图 2.104 所示。这时,输入与输出的关系常常是相反的。非门电路的真值表如表 2.25 所示。

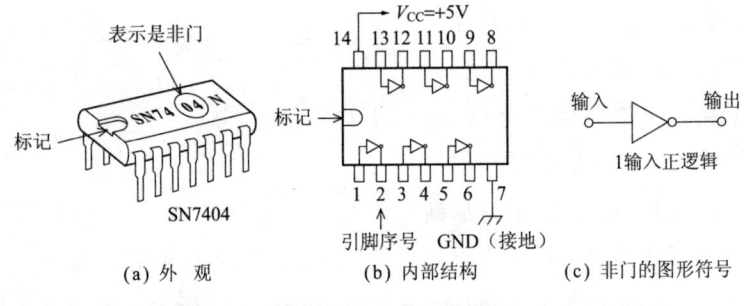

图 2.102 非门(NOT)

3. 或门(OR)

图 2.105 示出了内部包含了 4 个 2 输入正逻辑或门的数字集成电路 SN7432。与后面将要介绍的或非门相比,或门的使用频度较小,这是因为或的功能可以利用或非门来实现。在实际使用中大家就会知道,集成电路用的印制电路板的空间很小,采用具有多种功能的或非门元件常常会带来很多方便。例如,可以减少印制电路板空间上的

---

[1] 缓冲器属于接口电路。在这里,非门元件的作用就是一个缓冲器。

浪费,减少配线点数,减少元件个数,从而减少耗电量等。

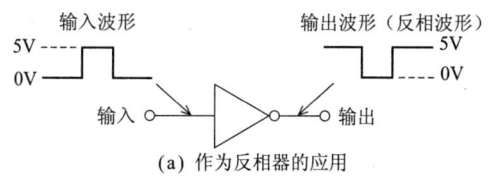

(a) 作为反相器的应用

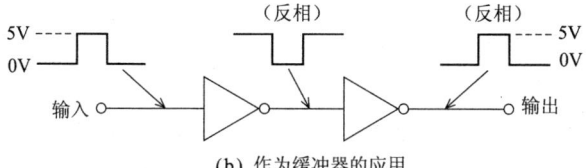

(b) 作为缓冲器的应用

图 2.103 非门电路的使用方法

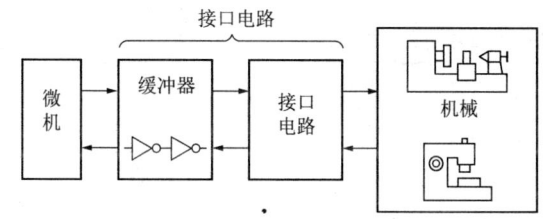

图 2.104 非门作为缓冲器的使用方法

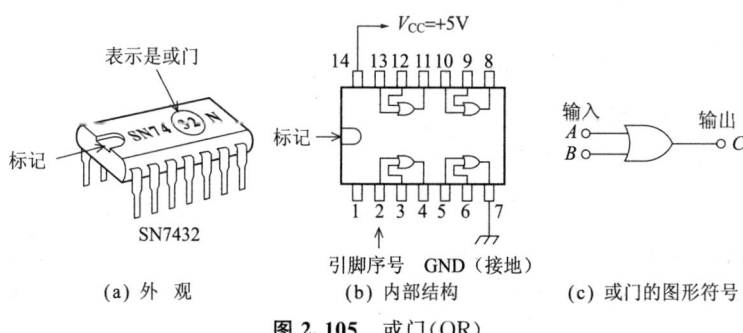

(a) 外　观　　　(b) 内部结构　　(c) 或门的图形符号

图 2.105 或门(OR)

首先来看一下或门的功能。或的功能可以用图 2.106 来表示,这是一个用两个并联连接的开关来控制电灯开闭的电路。当两个开关同时断开(OFF)时,电灯不亮;除此以外的其他情况,即两个开关中的任意一个闭合时或者两个开关同时闭合时,电灯都将被点亮。这种输入(开关)与输出(电灯)之间的关系归纳于表 2.26 中,或门就是能够实现这种关系的逻辑元件。若设开关断开(OFF)为逻辑"0",开关闭合(ON)为逻辑"1",则表 2.26 可以表示成表 2.27,这就是或门的真值表。

表 2.25 非门电路真值表

输入	输出
1	0
0	1

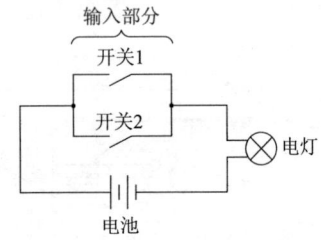

图 2.106 用并联开关控制电灯的电路来表示或门的功能

表 2.26 或门电路中电灯的亮灭

开关输入		电灯输出
A	B	C
OFF(0)	OFF(0)	OFF(0)
OFF(0)	ON(1)	ON(1)
ON(1)	OFF(0)	ON(1)
ON(1)	ON(1)	ON(1)

表 2.27 或门的真值表

输入		输出
A	B	C
0	0	0
0	1	1
1	0	1
1	1	1

4. 或非门(NOR)

图 2.107 示出了内部包含了 4 个 2 输入正逻辑或非门的数字集成电路 SN7402。如前所述,可以用两个或非门元件来实现一个或门电路。若将或非门的 2 个输入端连接起来作为 1 个输入端,这个或非门就变成了一个非门,具有了非门电路的功能。由于利用或非门可以简单地实现或门电路和非门电路,因此或非门具有很高的使用频度。表 2.28 给出了或非门的真值表,可以看出,在输入信号相同的情况下,其输出和或门的情况相比正好相反。

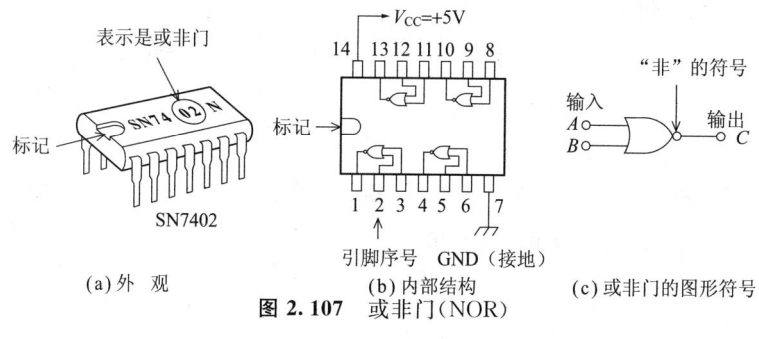

图 2.107 或非门(NOR)

表 2.28 或非门的真值表

输	入	输 出
A	B	C
0	0	1
0	1	0
1	0	0
1	1	0

5. 与非门(NAND)

图 2.108 示出了内部包含了 4 个 2 输入正逻辑与非门的数字集成电路 SN7400。这种与非门是 TTL IC 中应用最为频繁的门电路,这是因为其他种类的门电路,例如,与门、非门及或非门等都可以利用与非门来实现。与非门元件除了 2 输入正逻辑之外,还有 3 输入正逻辑(SN7410)、4 输入正逻辑(SN7420)、8 输入正逻辑(SN7430)等。表 2.29 示出了 2 输入正逻辑与非门电路的真值表。可以看出,其输出和与门电路正好相反。

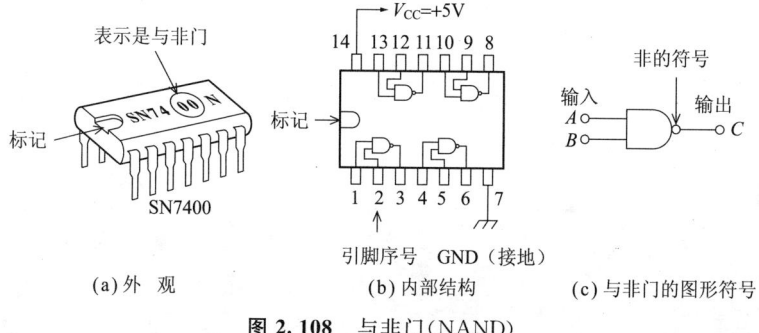

图 2.108 与非门(NAND)

6. 异或门

图 2.109 示出了内部包含了 4 个 2 输入正逻辑异或门的数字集成电路 SN7486。异或门是或门的一种，但略有变化。观察表 2.30 可以发现，当输入的 A 与 B 信号不同时，输出信号均为逻辑"1"，而当输入的 A 与 B 信号相同时，输出信号则均为逻辑"0"。这种门电路常用于并列 2 进制加减法电路，即用于得到"1 的补数"。

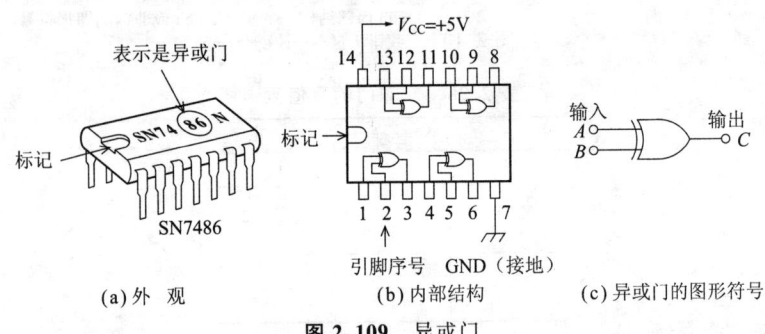

图 2.109　异或门

表 2.29　与非门的真值表

输	入	输出
A	B	C
0	0	1
0	1	1
1	0	1
1	1	0

表 2.30　异或门的真值表

输	入	输出
A	B	C
0	0	0
0	1	1
1	0	1
1	1	0

第3章 电子测量技术

3.1 电路元器件的测量

3.1.1 低值电阻、中值电阻及高值电阻的测量

1. 任何物体都有电阻

传输电流的导线是电的良导体,但是如果测量一下会发现仍然有少许导线存在电阻,这类电阻称为低值电阻;维尼纶和塑料等物质为绝缘体,可见它们的电阻是很大的,这类电阻称为高值电阻;在低值电阻和高值电阻之间有如镍铬电阻丝的金属电阻和碳膜电阻等一类电阻,称为中值电阻。

一般说来电阻大体上可分为低值电阻(1Ω 以下)、中值电阻(1Ω~100kΩ)和高值电阻(100kΩ 以上)三种,如图 3.1 所示。低值电阻测量时可用双臂电桥,中值电阻测量时可用单臂电桥(惠斯通电桥),高值电阻测量时可用兆欧表等。这就是说,电阻测量有多种合适的测量仪器可供选择。

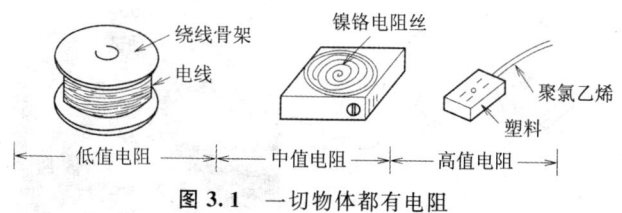

图 3.1 一切物体都有电阻

2. 中值电阻的测量

中值电阻的范围大致为 1Ω~100kΩ,表 3.1 示出了中值电阻的各种测量方法。选择哪种方法,应视具体情况而定。近年来,使用数字

式多功能仪表来测量电阻,准确度高而且测量方法简单,因此,获得广泛应用。

表 3.1　各种电阻测量仪器的准确度比较

测量准确度 （允许误差）	惠斯通电桥		伏-安法	模拟式万用表 测电阻	数字式万用表 测电阻
	精密型	便携式			
	±0.01%	±0.1%	±1.0%	±3%	±0.01%～1.0%
特征	测量准确度高、但测量方法及操作较难		属于间接测量法比较麻烦	测量方法简单但误差较大	测量简单精度高

3. 使用惠斯通电桥测量中值电阻

在日本明治时代的文明开化时期,递信省（现在的邮政省）从欧洲引进了电信技术。对传送电信和电报的通信线路的电阻进行测量时,使用了 PO 箱,就是现在的惠斯通电桥。在电阻测量仪器中,惠斯通电桥是测量精度最高的仪器之一,由于该方法需要求取电位的平衡,因此测量时必须相当熟练。

图 3.2(a)所示为惠斯通电桥的原理图,R_A、R_B、R_C 为可变电阻器,R_x 为待测的未知电阻。适当选择 R_A、R_B 的电阻比（比例臂）,并调整平衡臂电阻 R_C,使检流计的偏转为零,这个状态称为电桥平衡。左右平衡的电桥如图 3.3 所示。平衡状态时各电阻的电压降如下：

$$R_A I_1 = R_B I_2 \tag{3.1}$$

$$R_x I_1 = R_C I_2 \tag{3.2}$$

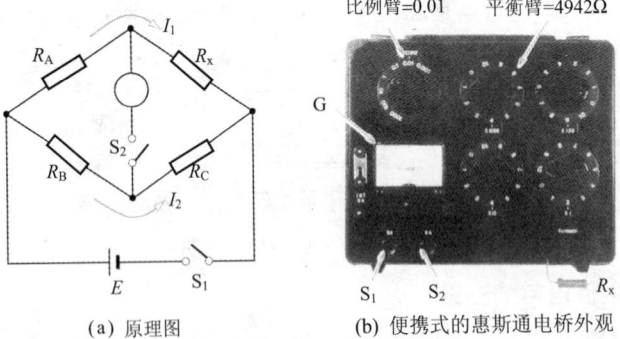

(a) 原理图　　　(b) 便携式的惠斯通电桥外观

图 3.2　惠斯通电桥

用式(3.1)/式(3.2)，消去了 I_1、I_2，则有

$$\frac{R_A}{R_x} = \frac{R_B}{R_C}$$

所以， $R_x = \dfrac{R_A}{R_B} R_C$ (3.3)

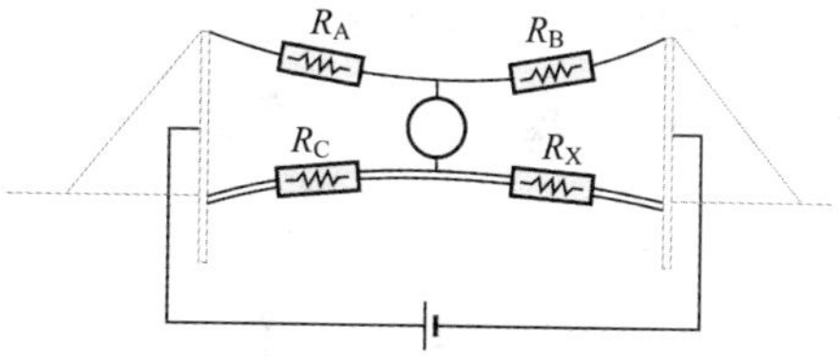

图 3.3 左右平衡的电桥

由式(3.3)可以求出未知电阻 R_x 为比例臂的 R_A/R_B 与平衡臂 R_C 的乘积。图 3.2(b)所示为便携式惠斯通电桥的外观。图中被测电阻为 50Ω 的碳膜电阻，电桥的比例臂为 0.01，平衡臂为 4942Ω，检流计的指针指零。根据平衡条件式(3.3)，被测电阻为

$$R_x = 0.01 \times 4942 = 49.42 \text{ （Ω）}$$

可见，可以测得未知电阻的 4 位有效数字。

4. 用双臂电桥测量低值电阻

导线等低值电阻以 mΩ(毫欧)为单位。测量低值电阻时，为了消除引线电阻和接触电阻等因素的影响，应采取低值电阻测量仪器，常用的有开尔文双臂电桥。

图 3.4(a)所示为开尔文双臂电桥的原理图。P 与 Q 为比例臂，p 与 q 为辅助比例臂，二者之间为 $P/Q = p/q$ 的比例关系。由于有两个比例臂，故称为双臂电桥。R 为可变标准电阻器，X 为未知电阻(导体)。测量方法是让大电流从 R-r-X 中流过，适当设定比例臂的值，改变 R 使检流计 G 的偏转为零，则电桥的平衡条件如下式：

$$X = \frac{Q}{P} R \text{ （Ω）} \tag{3.4}$$

由式(3.4)可以求得未知电阻值。式(3.4)表明，未知电阻值与引线电阻和接触电阻无关。图 3.4(b) 中，未知电阻连接在固紧装置上，固紧装置具有电流端子 C_1、C_2 和电压端子 P_1、P_2 4 个连接端子。采用四端子法接线时，引线和固紧装置的接触电阻对测量结果不产生影响。

图 3.5 中,采用数字欧姆表测量导体电阻。这种测量仪表与双臂电桥相比测试精度有所下降,但其优点是能简单方便地测量低值电阻。

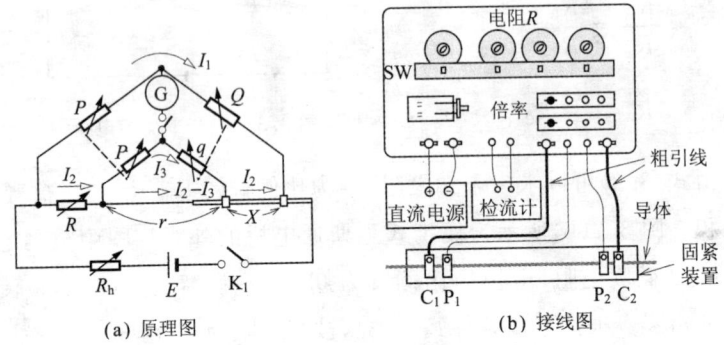

(a) 原理图　　　　　　　(b) 接线图

图 3.4　开尔文电桥

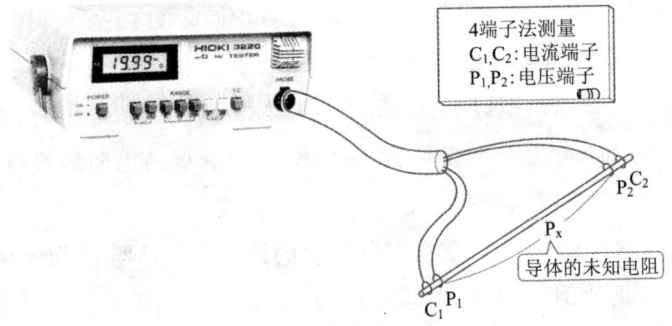

图 3.5　用数字低电阻测试仪测量导体电阻

5. 用绝缘电阻表测量高值电阻

电动机的线圈均由绝缘导线绕制并用绝缘材料与铁心妥善绝缘。然而,一旦接通电源电压,就会有微小的漏电流流过。所加电压与漏电流之比称为绝缘电阻。测量这类高值电阻时,可采用发电式绝缘电阻表等。

图 3.6(a)所示为发电式绝缘电阻表的原理图,由手摇式直流发电机 G 和比率计式仪表组成。电流线圈 C 与被测电阻 R_x 串联,电压线圈 P 与电源并联连接。现在,把 R_x 连接到测量端子 L-E 上并转动手柄使电机发电,则电流线圈将产生逆时针方向的力矩 T_C,而电压线

圈将产生顺时针方向的力矩 T_p,线圈在两个力矩平衡的位置静止下来。

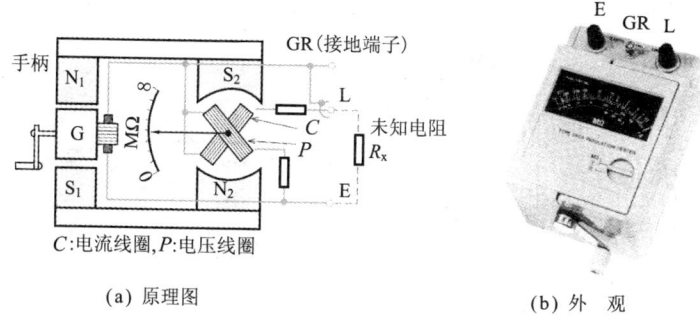

(a) 原理图　　　　　　　　　(b) 外　观

图 3.6　发电式绝缘电阻表

发电机电压有 100V、250V、500V、1000V、2000V 等规格。100V 的用于通信电路,250V、500V 的用于低压电路,1000V、2000V 的用于高压电路的设备及配电线等的绝缘电阻测量。

图 3.7 所示为电池式绝缘电阻表,用内部电池代替了手摇式发电机,采用 DC-DC 变换器将电池的低电压变换成直流高电压进行测量。

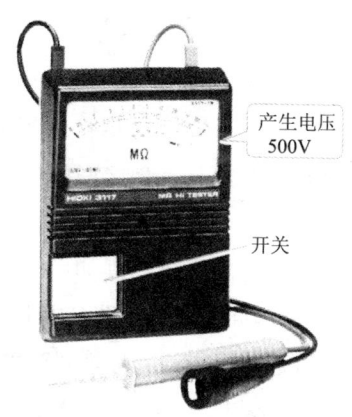

图 3.7　电池式绝缘电阻表

3.1.2　用交流电源测量电阻

1. 必须接地的原因

电动机及变压器之类的电气设备,其机身与外壳由绝缘物相互绝缘。若这些绝缘物老化则绝缘性能变坏,就会从外壳漏电。如果人体接触到漏电的机器就有触电的危险。电气设备的外壳接地是为了保证安全(图 3.8)。

在规定有关电气设备技术标准的条例中,对接地电阻有明确规定。根据设备的重要性和工程方法的不同,从第一类接地工程到特别第三类接地工程等可分为四种类型。第一类接地工程(危险度最高)的场合,规定接地电阻不大于 10Ω。

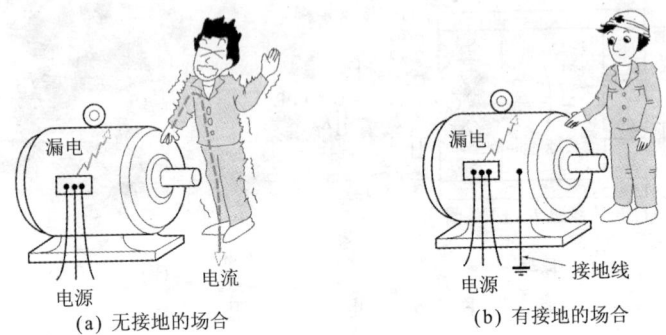

(a) 无接地的场合　　　　(b) 有接地的场合

图 3.8　接地是为了防止触电事故

2. 用接地试验测量接地电阻

所谓接地施工是指将铜板或铜棒等金属埋入地中的施工。接地电阻则是金属与大地之间的电阻,接地电阻值取决于金属表面积的大小和大地的离子浓度等。

接地电阻测量原理如图 3.9(a)所示。接地电极 P_1 与接地导体 P 相距 20m,同时设置辅助电极 P_2。P 与 P_1 之间加交流电压,则电流通过大地流通。电极与大地之间产生的电位曲线如图 3.9(b)所示。

如果辅助电极 P_2 埋设在 P 与 P_1 的中部附近(电位曲线平处),在

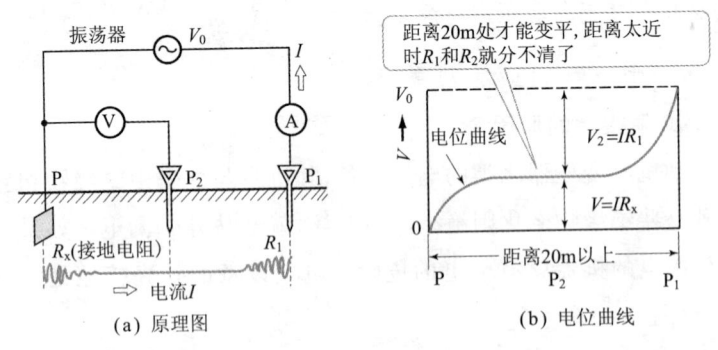

(a) 原理图　　　　(b) 电位曲线

图 3.9　接地电阻的测量原理

P 与 P_2 之间电位差接电压表 V 来测量,若流过大地的电流为 I,则 P 的接地电阻 R_x 可由下式求得：

$$R_x = \frac{V}{I} \ (\Omega)$$

图 3.10(a)所示为接地电阻计（接地测试仪）的电路图,应用交流电位差计的原理制成。使用方法是首先将辅助电极 P_1、P_2 距接地导体依次离开 10m 并插入地下,然后将接地测试仪的接地端子 E、电流端子 C 及电压端子 P 与各电极引线正确连接。旋转接地测试仪的分度盘,调整至检流计为零时,分度盘指示的电阻值即为接地电阻 R_x。

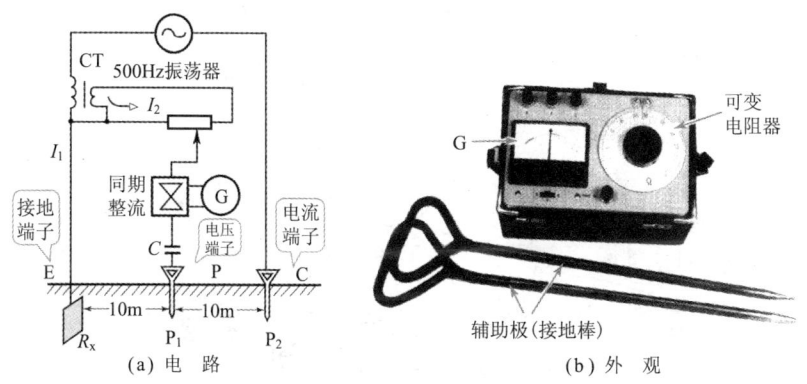

图 3.10　接地电阻计

3. 电解液电阻的测量

食盐溶于水后形成阳离子和阴离子,成为导电溶液,称为电解液。电解液电阻与离子浓度成反比例,浓度增加则电阻降低。测量电解液电阻时应使用图 3.11 所示的电阻表。但由于电阻表为直流电源,电解液中将有直流电流流过,由于电解作用产生气体以及引起的极化作用而无法进行准确的电阻测量。

测量电解液电阻时,可以使用交流电源的柯尔劳希电桥（交流电桥）。柯尔劳希电桥与惠斯通电桥的原理相同,只是用交流电源代替直流电源,用耳机代替检流计。图 3.12 中,交流电源采用 1000Hz 的振荡器,l_1、l_2 由同样的滑动电阻器构成。电解液盛入 U 形玻璃容器,选择适当的标准电阻 R 值,移动滑动电阻器的动触头,当耳机中听不到声音时电桥平衡,由公式 $X=(l_1/l_2)R$ 来求得电阻值。

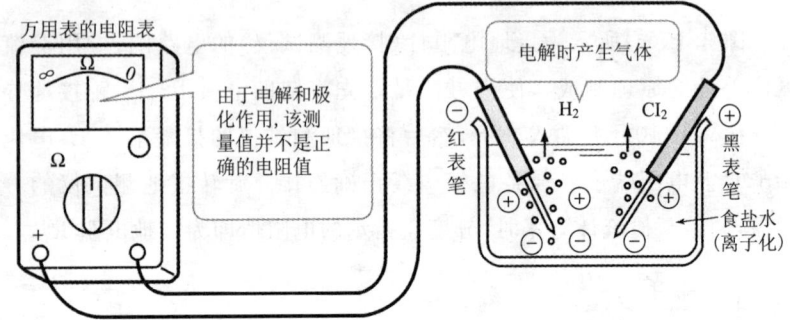

图 3.11 用直流电源测量电解液电阻

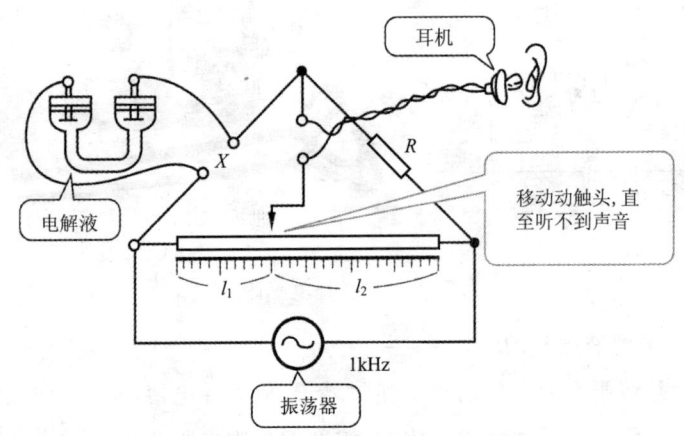

图 3.12 柯尔希电桥的原理

最近开发了数字式交流低电阻测试仪。由于测量精度高,测试方法简单而得到广泛应用。这种测试仪表采用交流电源,可用于继电器的触头电阻、电池或半导体元器件的内部电阻及电解液电阻等的测量。图 3.13 所示为交流低电阻测试仪的外观。用交流电源测量大地与铜板的接地电阻和电池的内阻的示意图如图 3.14 所示。

3.1 电路元器件的测量

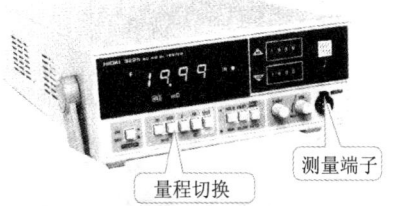

图 3.13 交流低电阻测试仪的外观

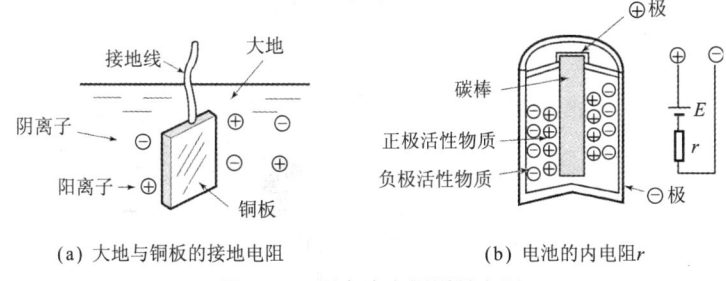

(a) 大地与铜板的接地电阻　　　(b) 电池的内电阻 r

图 3.14 用交流电源测量电阻

3.1.3 测量器具用阻抗元件

1. 可变电阻器

可变电阻器可以改变测量电路的电压与电流，一般有刻度盘式可变电阻器和滑动变阻器等类型。刻度盘式可变电阻器具有比较准确的电阻值，其电阻温度系数小，使用了热电动势较小（相对铜等）的锰铜线。图 3.15(a) 所示为刻度盘式可变电阻器的电路构成图。在 ×1Ω 挡中有 10 个 1Ω 电阻串联连接，在 ×10Ω 挡中，同样是 10 个 10Ω 电阻串联，其余挡可依此类推。用于电路调节时，可转动各刻度盘，以得到所需电阻值。刻度盘式可变电阻器的准确度较高 [图 3.15(b) 所示仪器为 ±0.05%]，可用作模拟负载电阻或电桥的桥臂电阻等。

滑动变阻器是在瓷器或合成树脂的绕线骨架上用白铜或铜镍合金绕制而成。电阻器的上部设置滑动端子，可用来连续增减电阻值。滑动电阻器有单芯式和双芯式等。图 3.16(b) 所示为一种单芯式滑动变阻器的外观。

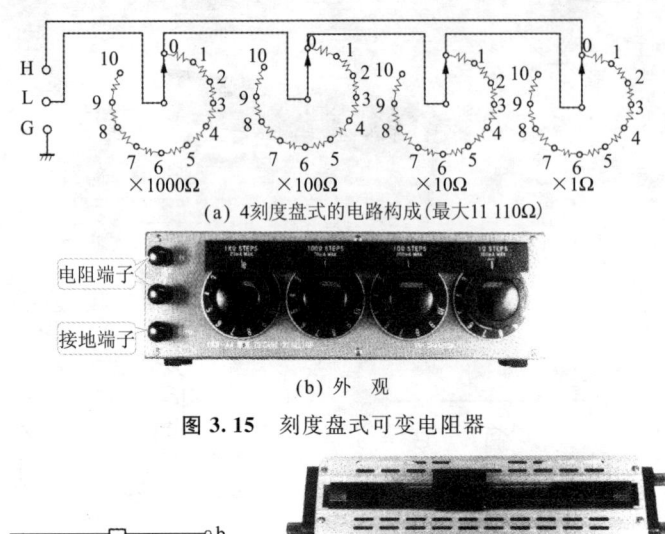

(a) 4刻度盘式的电路构成(最大11 110Ω)

(b) 外　观

图 3.15　刻度盘式可变电阻器

(a) 电　路

(b) 外　观

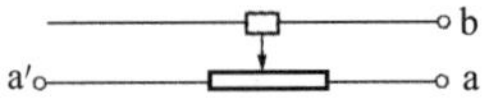

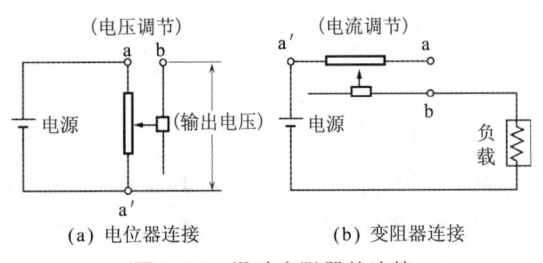

图 3.16　滑动变阻器(单芯式)

滑动变阻器主要用于测量电路的电压调节[图 3.17(a)的电位器连接],以及电流调节[图 3.17(b)的变阻器连接]。

(a) 电位器连接

(b) 变阻器连接

图 3.17　滑动变阻器的连接

当电阻器有过大的电流流过时,因温度上升而使电阻值变化,还会引起绝缘劣化。因此,要根据电阻器的结构和规格确定允许电流。所谓允许电流是指当该电流连续流通时变阻器温升不大而保持正常电阻值。图 3.16(b)所示滑动变阻器的容量为 160W,对应不同电阻值的允许电流见表 3.2。

3.1 电路元器件的测量

表 3.2 160W 滑动变阻器的电阻值及允许电流

电阻(大概值)	允许电流	电阻(大概值)	允许电流
4800Ω	0.18A	39Ω	2.0A
1400Ω	0.35A	10Ω	4.0A
600Ω	0.5A	4.7Ω	6.0A
170Ω	1.0A		

2. 可变电感器

自感或互感元件称为电感器,用导线绕成线圈状就做成了电感器。电感器有固定型和可变型两种,这里介绍可变电感器。在各种可变电感器中,广泛应用的一种为图 3.18 所示的可变电感器,由 4 个固定线圈和 2 个可动线圈构成,旋转可动线圈则自感随之变化。

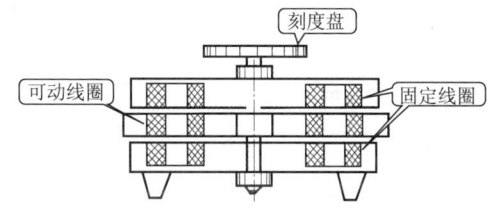

图 3.18 可变电感器的结构

3. 可变电容器

测量用电容器有固定电容器和可变电容器两类。测量用电容器采用介电损耗较小的空气电容器和云母电容器。1000pF 以下的可变电容器一般采用空气电容器,而 0.001~1μF 的可变电容器一般采用云母电容器。图 3.19 所示的可变电容器的调节范围在最小 100pF 到最大 1.111μF 之间。

图 3.19 可变电容器的外观

3.1.4 低频用阻抗元件的测量

1. 阻抗或电抗测量

若给电感 L 或电容器 C 加上交流电压,则产生对电流的阻碍作用,这就是电抗 $X(\Omega)$。在求取 L 或 C 值时,首先要测量 L 或 C 的电抗。线圈的电抗为 $X_L = 2\pi fL$,电容器的电抗为 $X_C = 1/2\pi fC$,如果 X_L、X_C 与频率 f 已知,就可以通过计算求出 L、C。

由于线圈中总含有电阻 R(交流电阻),因此线圈阻抗的测量实际上是线圈电抗 X_L 与其等效电阻 R 的合成阻抗 $\dot{Z}$ 的测量。同理,电容器中总存在损耗电阻 R,电容器阻抗的测量实际上是电容器电抗 X_C 与其损耗电阻 R 的合成阻抗 $\dot{Z}$ 的测量。测量 L、C、R 的阻抗元件测试仪器有交流电桥、LCR 参数测试仪、阻抗计等。

2. 适用于 L、C、R 测量的万能电桥

表 3.3 示出了适用于 L、C、R 测量的各种交流电桥。还有一种交流电桥,本身兼有 L、C、R 测量功能,这就是万能电桥。下面介绍一种万能电桥的典型电路。

表 3.3 各种交流电桥

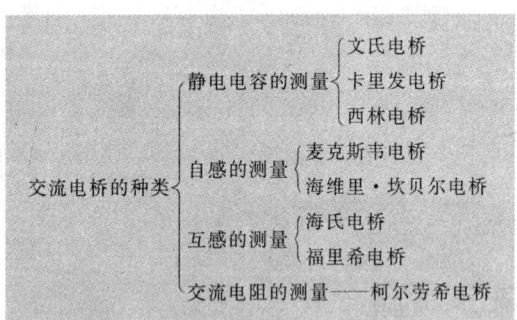

图 3.20 是一个交流电桥的基本电路,其中,$\dot{Z}_A$、$\dot{Z}_B$、$\dot{Z}_C$、$\dot{Z}_x$ 为阻抗,$\dot{E}$ 为 1kHz 的正弦交流电源,D 为验电器。调整各桥臂阻抗,使验电器的电压为零,则电桥平衡。交流电桥的平衡条件如下式:

$$\dot{Z}_A \dot{Z}_C = \dot{Z}_x \dot{Z}_B$$

所以,

$$\dot{Z}_x = \frac{\dot{Z}_A}{\dot{Z}_B} \dot{Z}_C$$

图 3.21 所示为一种万能电桥的外观。其中用可变标准电阻 R_A（倍率器）、R_B（测量臂刻度盘）、R_C（标准臂刻度盘）等代替了阻抗桥臂。此外,还设置了内部振荡器、验电器、$1\mu F$ 标准电容器、电路切换开关等。

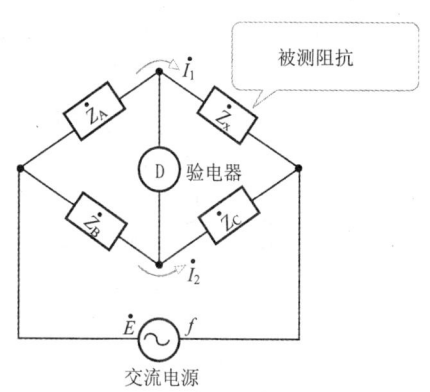

图 3.20　交流电桥的基本电路

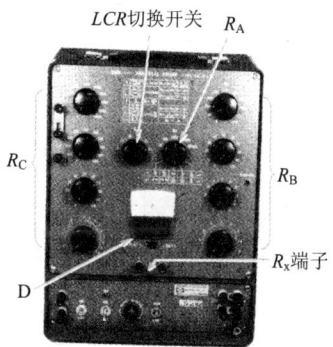

图 3.21　一种万能电桥的外观

3. 用万能电桥测量 L_x、C_x、R_x

测量线圈电感 L_x 及其等效电阻 R_x 时,应使万能电桥的切换开关旋至 L_1 位置。L_1 位置的测量电路如图 3.22 所示,是一个被测线圈电感 L_x 与其等效电阻 R_x 串联的等效阻抗。调节 R_A、R_B、R_C,使验电器的指针偏转为零,则 L_x、R_x 可由以下两式求出:

$$L_x = C_s R_A R_B \text{（H）} \qquad R_x = \frac{R_A R_B}{R_C} \text{（Ω）}$$

谐振电路中,常用品质因数 Q(quality)及其倒数（称为损耗率 D）用来说明电路元件的不纯度,以便对线圈和电容器的品质是否良好作出评价。对于线圈,其品质因数 Q_x 和损耗率 D_x 分别为

$$Q_x = \frac{\omega L_x}{R_x} \qquad D_x = \frac{1}{Q_x} = \frac{R_x}{\omega L_x}$$

可见,Q 值愈大,线圈的损耗率愈小。Q 值很大的线圈可以评价为无损耗线圈。

测量电容器的静电容 C_x 及其损耗电阻 R_x 时,应把切换开关旋至 C_1 位置。C_1 位置的测量电路如图 3.23 所示,是一个被测电容器 C_x 与损耗电阻 R_x 串联的等效阻抗。电桥平衡时,C_x 与 R_x 可由下面两式求出:

$$C_x = C_s \frac{R_B}{R_A} \text{ (F)} \qquad R_x = \frac{R_A R_C}{R_B} \text{ (Ω)}$$

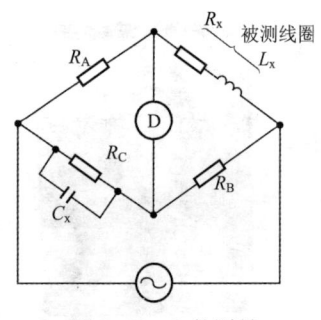

图 3.22 L 的测量

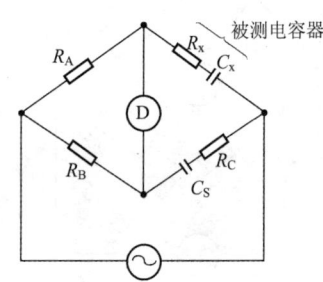

图 3.23 C 的测量

4. 初学者也能使用的 *LCR* 参数测试仪

电桥平衡的调节比较困难,因此对初学者来说交流电桥是一种很难使用的测量仪器。随着数字电子技术的进步,最近成功研制了数字式 *LCR* 参数测试仪,其外观如图 3.24 所示。这种仪器操作简单,在短时间内就可以准确地完成测量。把被测元件连接于测量端子,选择 L、C、R 的测量状态,由自动量程切换机构自动选择量程,然后数字显示测量结果。*LCR* 参数测试仪的

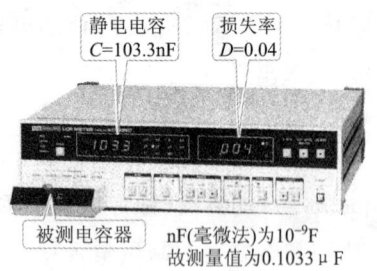

图 3.24 *LCR* 参数测试仪的外观

测量准确度很高,高精度测试仪精度可达±0.05%,一般用途的也可达±0.3%(万能电桥的测量准确度为±0.5%)。

3.1.5 半导体特性的测试

1. 注意事项

由晶体二极管、晶体三极管、FET(场效应晶体管)、晶闸管等半导体元器件的规格表中可以了解它们的特性。规格表中,一般给出半导体元器件的最大定额及其电气特性。所谓最大定额是指不会引起半导体元器件性能老化或损坏并维持正常工作的参数的最大限值。表3.4 为晶体三极管 2SC2320 的最大定额表。使用时,要注意其电压、电流、耗散功率和温度等参数值不应超过最大定额值。集电极最大耗散功率 P_C 为 V_{CE} 与 I_C 的乘积,图 3.25 所示的 2SC2320 V_{CE}-I_C 特性曲线上,用虚线描出了 300mW 的集电极耗散功率特性。晶体三极管的使用范围必须在虚线的左侧。另外,晶体三极管是有极性的半导体元件,必须区别 NPN 型和 PNP 型的不同,正确连接 B(基极)、E(发射极)和 C(集电极)各端子。

表 3.4　2SC2320 的最大定额
(T_a=25℃)

项　目	符　号	定　额
集电极-基极电压	V_{CBO}	50V
发射极-基极电压	V_{EBO}	6V
集电极电流	I_C	200mA
集电极耗散功率	P_C	300mW
PN 结温度	T_j	125℃

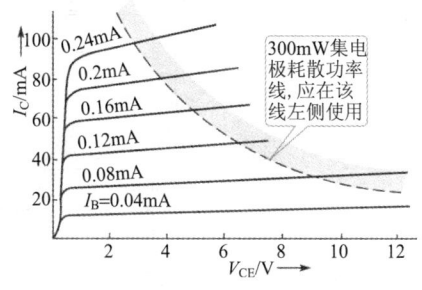

图 3.25　2SC2320 的 V_{CE}-I_C 特性曲线

2. 晶体三极管静特性的测试

测试晶体三极管特性时,一般采用曲线测试仪法或电压-电流表法。图 3.26 示出了采用电压-电流表法,对 2SC2320 共发射极接法的 V_{CE}-I_C 特性进行测试的电路。让参量 I_B 保持在 0.02mA 不变,V_{CE} 从 0V 增加到 5V,这时测量 I_C 值。然后,保持 I_B=0.04mA 不变,再测

量 I_C。这样,在不同参变量 I_B 时测得的 V_{CE}-I_C 特性曲线如图 3.27 所示。采用电压-电流表法测试时需要较长时间,比较麻烦。而采用曲线测试仪时,瞬时就可以描绘出晶体三极管的静特性,使用起来十分方便。用曲线测试仪测试晶体三极管时,要正确连接其发射极、集电极和基极。用切换开关将发射极接地,确定集电极的最大电压,确定参变量基极电流 I_B 的取值间隔。然后给晶体三极管施加电压并使其流过电流,则曲线测试仪即可描绘出图 3.27 所示的曲线。

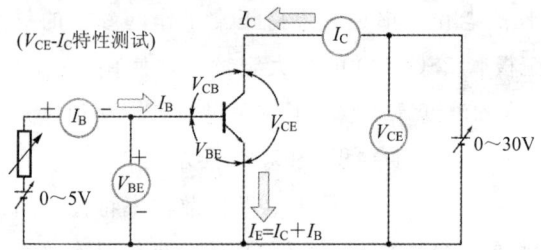

图 3.26 晶体三极管的静态特性测试电路

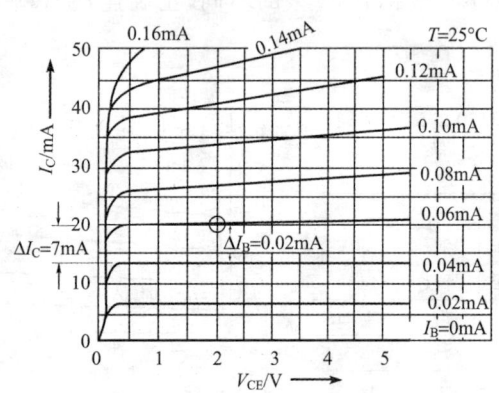

图 3.27 2SC2320 的 V_{CE}-I_C 特性曲线(共发射极)

由图 3.27 所示的 V_{CE}-I_C 特性曲线可以求得晶体管的电流放大系数。电流放大系数是晶体管的输出电流(I_C)与输入电流(I_B)之比。电流放大系数还有直流电流放大系数 h_{FE} 和交流电流放大系数 h_{fe} 之分,后者是指微小电流增量的放大系数。例如,图 3.27 中(画有 ○ 的

位置)的 $V_{CE}=2V$, $I_B=0.06$ 时,可分别求得 h_{FE} 和 h_{fe} 为

$$h_{FE}=\frac{I_C}{I_B}=\frac{20\text{mA}}{0.06\text{mA}}=333$$

$$h_{fe}=\frac{\Delta I_C}{\Delta I_B}=\frac{(20-13)\text{mA}}{(0.06-0.04)\text{mA}}=350$$

3. 特性曲线测试仪的结构

晶体三极管 FET(场效应晶体管)、晶闸管、晶体二极管等各种半导体元器件的静特性曲线可以在示波管中描绘,特性曲线测试仪就是用来观察上述半导体元器件特性的装置。

图 3.28 所示为特性曲线测试仪的外形,图 3.29 所示为特性曲线测试仪的结构图,包括使加于样品(三极管、FET 等)上的电压连续变化的扫描电源,产生参变量信号的阶梯波发生器,元器件电流的检测电阻 r,电压轴、电流轴放大器以及电子束管等部分。其中,扫描电源为 50Hz 或 60Hz 交流电压经全波整流后的脉动电压。阶梯波发生器是一种与扫描电压同步,输出(电流或电压)振幅阶梯状变化的电源,如图 3.30 所示。现在,使晶体三极管的基极中流出 1mA 间隔的阶梯波电流,从 0~10V 变化的 4 个脉动波扫描电压加到集电极-发射极之间,则示波管上描绘出的三极管 V_{CE}-I_C 静特性如图 3.30 所示。

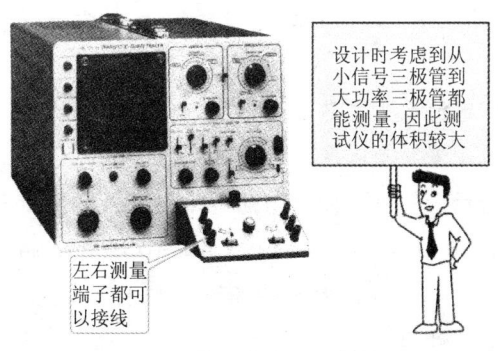

图 3.28　特性曲线测试仪外观

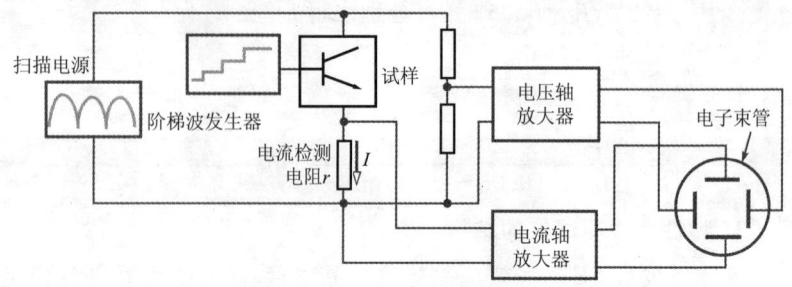

图 3.29 特性曲线测试仪的构成图

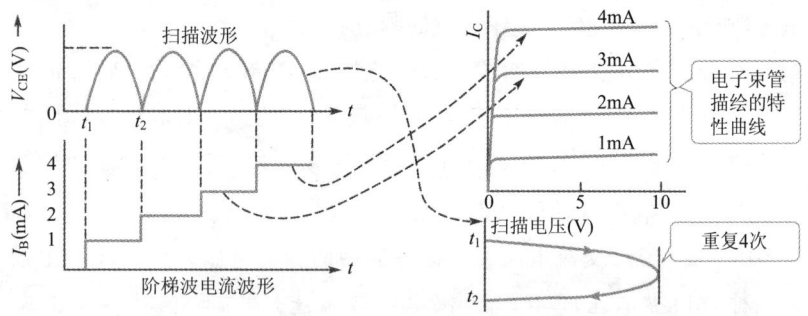

图 3.30 阶梯波、扫描波与三极管静态特性的关系

4. 电流放大系数的简易测量法

目前,大多数电子仪器是由 IC(集成电路)和 LSI(大规模集成电路)构成,然而作为分立半导体元件的晶体三极管、二极管等仍被广泛使用着。当电路发生故障时,首先要检测元件是否良好以及是否性能恶化。对于三极管来说,常常要测量电流放大系数。方便地描绘其静特性,对于求取电流放大系数是十分重要的。数字式万用表中设置了三极管插口,可用来简单求取直流放大系数。

图 3.31 所示为三极管插口上插有 2SC2320 的测量 h_{FE} 的照片,三极管插口的测试条件为 $V_{CE}=5V$、$I_B=0.01mA$ 时,h_{FE} 为 280。与图 3.27 中求得 $h_{FE}=333$ 有较大差别的原因在于二者的测试条件不同,因此,三极管的特性也有差异。

3.2 电信号的波形观测

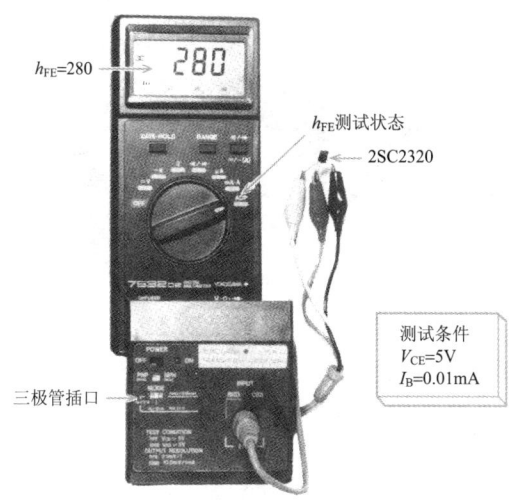

图 3.31 用万用表测量三极管的 h_{FE}

 电信号的波形观测

3.2.1 示波器的结构

图 3.32 示出了示波器各旋钮的名称与功能,图 3.33 所示为示波器的内部结构图。

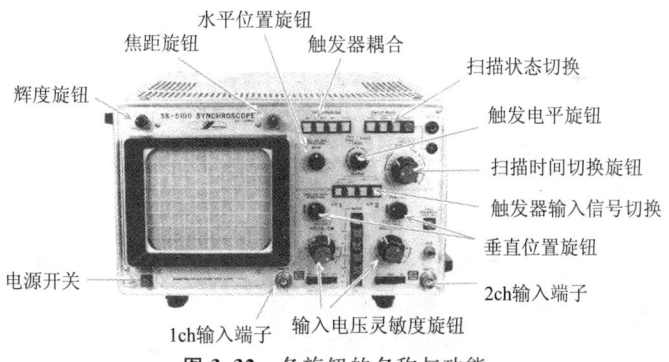

图 3.32 各旋钮的名称与功能

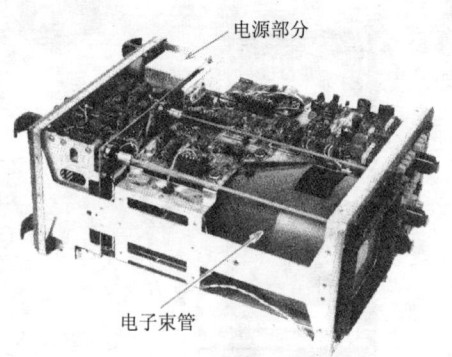

图 3.33　示波器的内部结构

1. 电子束管的结构

德国物理学家布劳恩(1850—1918)为使学生能看到电的波形而发明了电子束管(也称为布劳恩管),现在电视机中使用的显像管也是一种电子束管。电视机中使用的电子束管必须有较大的偏转角,因此使用电磁偏转型电子束管(偏转线圈中流过锯齿波电流)。示波器中使用的是波形失真小的静电偏转型示波器用电子束管,其中的垂直偏转板与水平偏转板互成直角关系放置。电子束管的玻璃壳内为真空。电子束管主要由电子枪(包括灯丝、电子发射系统和主焦透镜等)、偏转系统以及显示波形的荧光屏等构成,如图 3.34 所示。

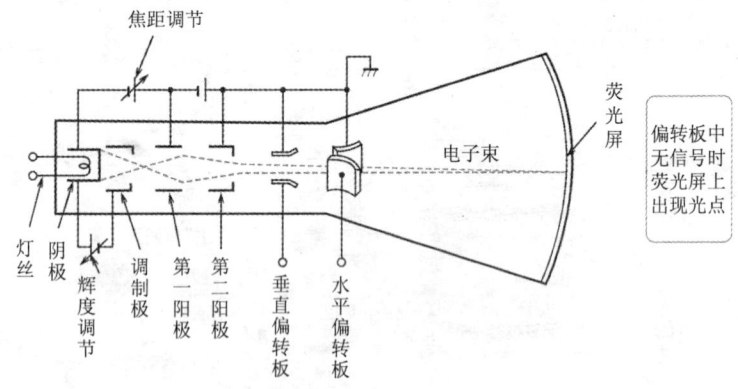

图 3.34　电子束管的结构

2. 辉度与焦距

从电子束管内的电子枪射出的电子经加速射中荧光屏,荧光屏上被电子命中的点将发光。调节电子枪的辉度旋钮,则命中荧光屏的电子数量会发生变化,从而可以调节荧光屏的辉度。当电源已经接通但示波器放置不用时要把辉度调下来,不然的话,可能烧坏荧光屏。图3.35所示是输入信号为正弦波时,辉度调亮和调暗时的图像。

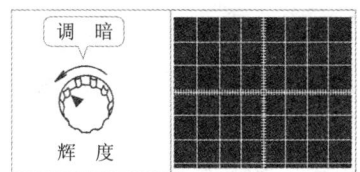 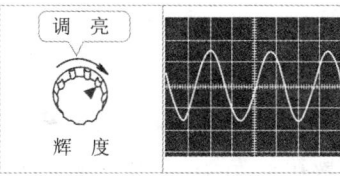

图 3.35 辉度调节

焦距调节旋钮是使荧光屏亮点鲜明的旋钮,可将旋钮左右旋转使焦距适宜。图 3.36 所示是输入信号为正弦波时焦距调节前后的图像。

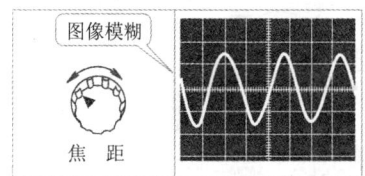 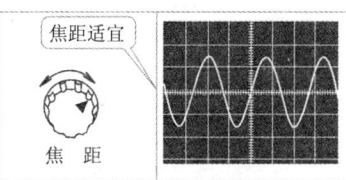

图 3.36 焦距调节

3. 垂直轴、水平轴的位置调节

要使画面上的亮点上、下移动时,可旋转垂直轴位置调节旋钮。亮点上下移动的原因是改变了加到垂直偏转板上的直流电压[图 3.37(a)]。而要亮点左、右移动时,可改变加到水平偏转板上的直流电压[图 3.37(b)],只需旋转水平轴的位置调节旋钮就可以了。

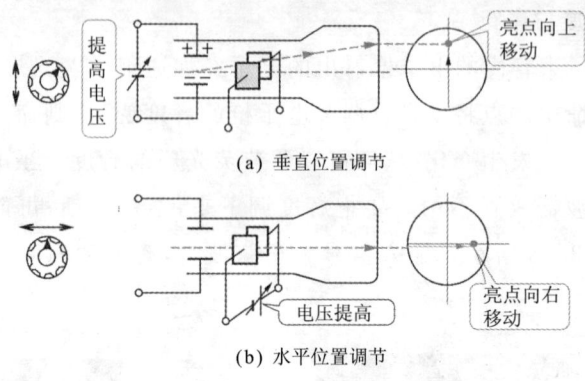

图 3.37　垂直、水平位置调节

4. 能看到波形的原因

若在示波器的垂直轴加上正弦波信号,荧光屏的光点会沿直线上下振动[图 3.38(a)];若在水平轴加上锯齿波信号[图 3.38(b)],则光点将慢慢地向右移动,返回时瞬间回到原地。图 3.38(c)为垂直轴的正弦波和水平轴的锯齿波同时加上的状态,画面上出现了两个周期的

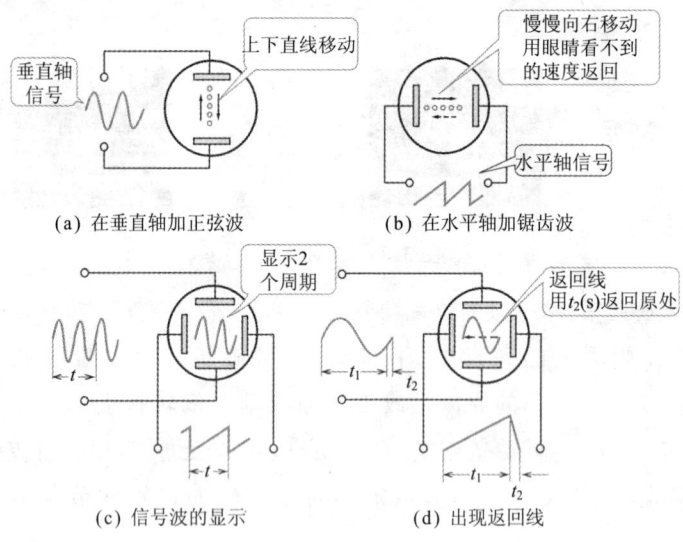

图 3.38　波形显示的原理

正弦波图像。这就是用示波器能够看到波形的原理。锯齿波信号具有把信号电压拉向右侧的作用,称为扫描电压。图 3.38(d)所示为实际锯齿波,设扫描时间为 t_1,返回时间为 t_2。由于 t_2 时间不能忽略,画面上将出现返回线。有返回线时波形难以看清楚,为此设置了返回线消除电路,用以消除返回线。

5. 用触发器使波形静止

用示波器观测波形时,不同步的波形看起来非常困难。一旦调整到同步,波形则会马上停住。

同步调整的方法是设置与信号波形相对应的触发电平电压,如图 3.39(a)所示。当信号电压达到触发电平电压时,就会产生触发脉冲[图 3.39(b)],并产生与触发脉冲同步的锯齿波[图 3.39(c)]。可以说,触发器就是枪的扳机,触发脉冲就是使锯齿波振荡的扳机。这样,信号波形与触发电平电压同步,使锯齿波振荡,则画面上将描绘出图 3.39(d)所示的静止波形。

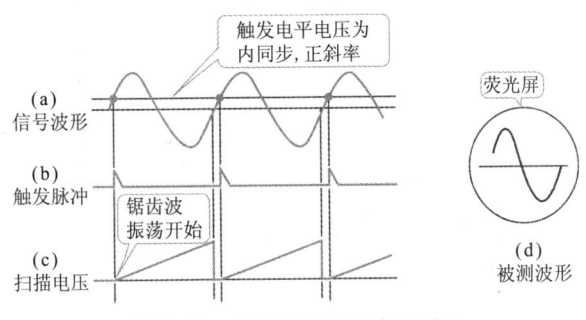

图 3.39 触发器同步方式的原理

用触发器调整同步的示波器称为触发器同步式示波器,一般也简称为示波器。图 3.40 所示为触发器同步式示波器的构成图。

6. 触发电平调节

为了使信号波形静止,要调节产生与信号波形相一致的触发脉冲。由被测波形调整同步称为内同步(int),由其他信号得到同步脉冲称为外同步(exit),与电源同步称为线同步(line),可视情况选择上述同步方式。

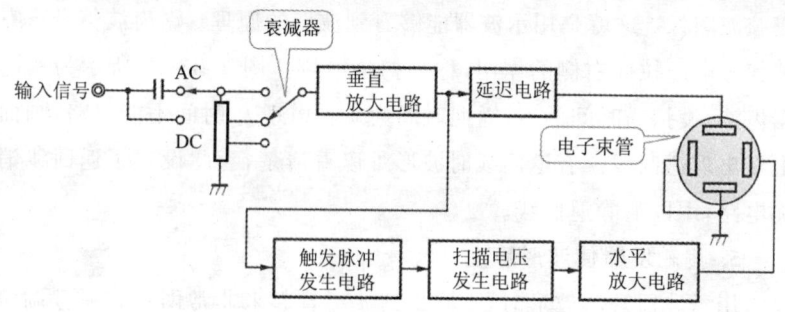

图 3.40 触发器同步式示波器的构成

当信号波形的电压增加时为正斜率(slope),电压减少时为负斜率,可在不同斜率下选择脉冲触发。图 3.39(a)所示为内同步,是在正斜率的情况下改变的触发电平电压。图 3.41 示出了以 0 为中心左右旋转触发电平旋钮时,扫描初始位置的变化情况。为了看到被测波形的上升部分,可利用触发电平旋钮。若只是单纯为了观测波形,可将触发电平旋钮旋至"AUTO"位置,则可在固定的触发电平下观测到静止的波形。一般性的波形测试中,将触发电平置于"AUTO"位置时操作简单,效果良好。

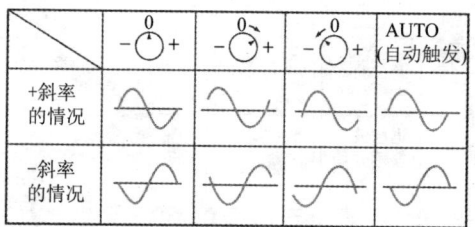

可见,改变触发电平时,波形的初始位置随之改变

图 3.41 触发电平调节

3.2.2 用示波器观测波形

1. 使用探测器连接

被测信号源与示波器连接时,可以用引线连接,也可以使用附属于示波器的探测器。一般测试时,使用高频特性良好、抗干扰能力强的高输入阻抗(1MΩ 以上)探测器比较方便。当探测器中设置 10∶1

的衰减器时,被测电压值是示波器测得电压的 10 倍。

要想正确测量高频波和方波,需要调节探测器的波形补偿用可变电容器。示波器校正时,可将方波电压加到探测器上,用螺丝刀旋转探测器中的电容器 C_2,直到调节出正确的方波,如图 3.42(b)、图 3.42(c)所示。

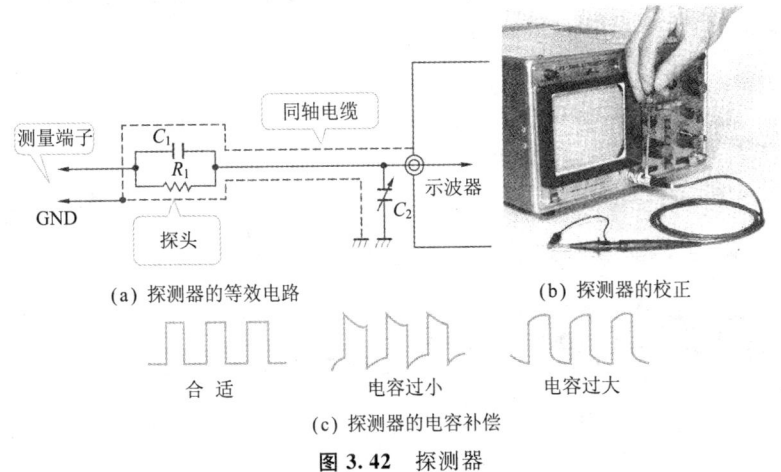

图 3.42 探测器

2. 用示波器测量电压

测量波形不畸变的正弦波交流电压时,可采用指针式电压表或电子电压表。测量整流后的脉动电压、有畸变的正弦波电压和方波电压等场合,为了一边观察波形一边测量电压,则必须使用示波器。用示波器进行电压测量时,最适于正确测量波形的最大值(峰值),能够在从直流到高频的宽广频率范围内进行测量。

图 3.43 中示出由信号发生器产生的三角波电压,可用示波器观测该电压波形。图 3.44(a)中,为了正确测量三角波电压的峰值,将垂直灵敏度状态(V/cm)下的微调旋钮向右旋至满刻度进行灵敏度校正。图 3.44(b)中,垂直灵敏度(V/cm)为 0.2V/cm,三角波从峰值到峰值为 4cm,因此,电压的峰值 V_{pp} 为

$$V_{pp}=0.2\times4=0.8\ (V)$$

三角波电压的最大值 V_p 为 V_{pp} 的 1/2,即 0.4V。

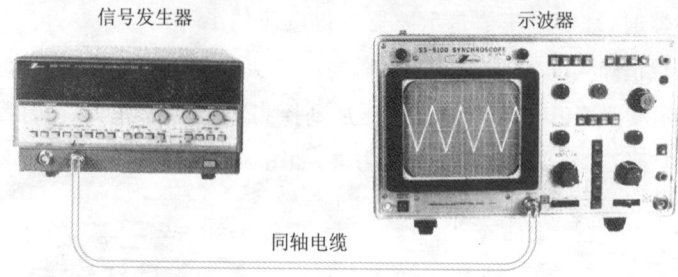

图 3.43　三角波电压的波形观测

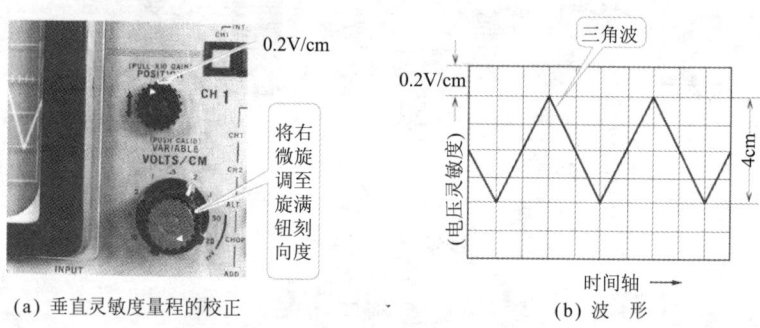

图 3.44　三角波电压的峰值电压测量

3. 用示波器测量时间(周期)和频率

测量正弦波和脉冲波这一类按一定规律周期性变化的信号的周期和频率时,可以使用频率计或示波器。测量脉冲宽度的时间时,使用示波器最为合适,如图 3.45(b)所示。

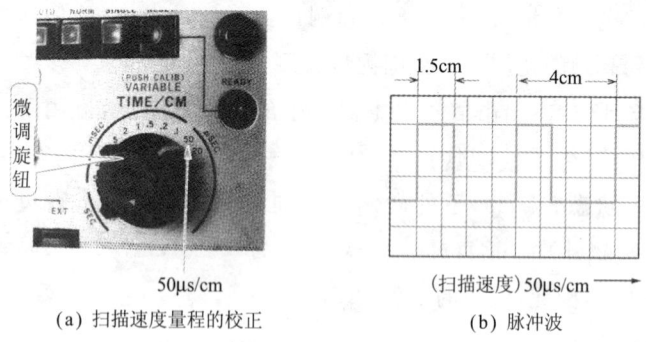

图 3.45　脉冲波频率、周期的测量

图 3.45(a)中的扫描速度量程(时间/cm)可根据显示的脉冲波形适当选择合适的挡位,将扫描速度调整旋钮(Variable)向右旋至满刻度以进行刻度校正。在扫描速度为 $50\mu s/cm$ 时,由图 3.45(b)可知脉冲周期长度为 4cm,这时的脉冲周期可用下式求出:

$$T = 50 \times 10^{-6} \times 4 = 200 \times 10^{-6} = 200 \ (\mu s)$$

则脉冲频率为

$$f = \frac{1}{T} = \frac{1}{200 \times 10^{-6}} = \frac{10^6}{200} = 5 \ (kHz)$$

测量脉冲宽度的时间 T_w 时,可根据图 3.45(b)测得脉冲宽度为 1.5cm,由于扫描时间为 $50\mu s/cm$,则计算求得脉冲宽度时间为 $T_w = 50 \times 1.5 = 75(\mu s)$。

3.2.3 用双线示波器观测波形

1. 双线示波器

在电子束管的荧光屏上能够同时显示两组图像的示波器称为双线示波器或双线同步示波器。这时,可分为电子束管的内部具有两支电子枪的双电子束方式和采用一支电子枪的电子束管的电子开关切换方式,一般采用电子开关切换方式。这种切换方式中又有 ALT(交互)方

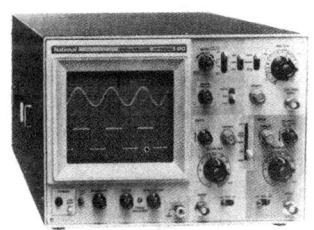

图 3.46 一种双线示波器的外观

式和 CHOP(斩波)方式两种,按被测频率切换并进行测量。图 3.46 示出了一种双线示波器的外观。图 3.47 所示为双线示波器的构成图。

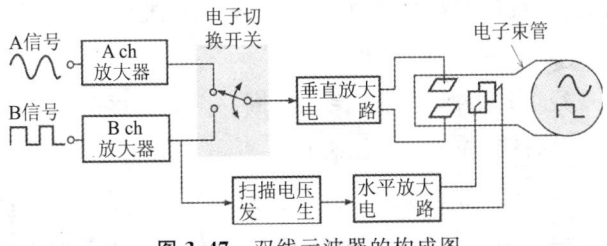

图 3.47 双线示波器的构成图

扫描电压如图 3.48(a)所示，ALT 方式如图 3.48(b)所示。在扫描电压的 $t_1 \sim t_2$ 时间内，电子开关接通 A 信号，则荧光屏显示 A 信号。然后在扫描电压的 $t_3 \sim t_4$ 时间内切换到 B 信号接通，使荧光屏显示 B 信号。由于 A、B 信号交替显示，使 ALT 方式下的扫描时间变长（低频信号），可以看到画面闪烁。因此，ALT 方式适合于高频信号的测试。

CHOP 方式时，电子切换开关的斩波频率为 100kHz。当 A 信号和 B 信号的频率远低于斩波频率时，二路信号波形将交互显示，如图 3.48(c)所示。如果 A、B 信号频率小于斩波频率的 1/100，则画面上可以看到连续波形。因此，CHOP 方式适合于低频信号的测试。

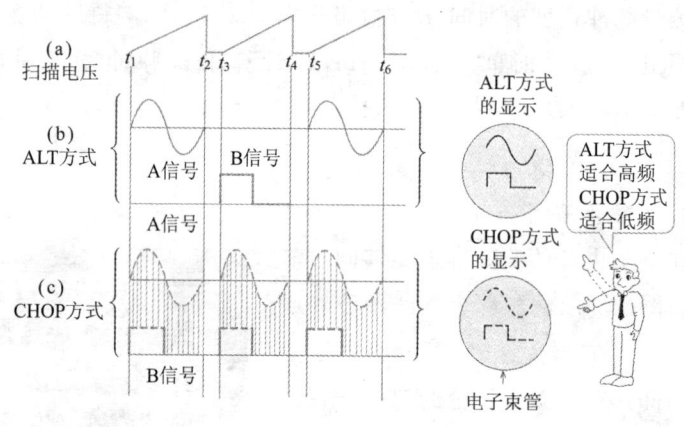

图 3.48　双线之间的切换

2. 用双线示波器测量相位

测量低频信号相位时，可以采用相位计法和记录仪法，也可以采用示波器法进行从低频波到高频波的相位测试。采用示波器进行相位测试时，有双线法和李萨育(Lissajou)法等方法。

1) 双线法

所谓双线法是指把两个图像放在同一个荧光屏的同一时间轴上进行波形比较，从画面上读取二者相位差。

图 3.49 所示为低频放大器的相位测试电路。低频放大器的输入端与低频振荡器相连接，加正弦交流信号。低频放大器的负载采用了

一个扬声器的模拟电阻。在双线示波器的输入端子 1(ch1)上加上放大器的输入电压,输入端子 2(ch2)上加输出电压。两个信号波形采用 ALT 方式或者 CHOP 方式显示画面。测量相位差时,旋转 ch1、ch2 的垂直灵敏度旋钮,使两个波形的振幅大致相等后再观测相位差。

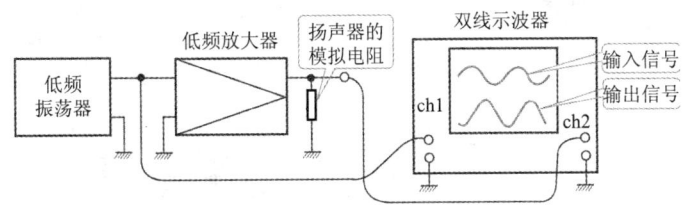

图 3.49　低频放大器的相位测量

2) 李萨育法

把同一频率但有相位差的两个信号分别加到示波器的纵轴(垂直轴)和横轴(水平轴),荧光屏上将描绘出两个波形的合成波形,这就是李萨育图。根据李萨育图求取相位差的方法叫做李萨育法。

图 3.50 中,振荡器的输出作为被测电路的输入并与示波器的水平轴端子相连,被测电路的输出与示波器的垂直轴端子相连。示波器的扫描速度旋钮切换到外部水平轴信号(H.EXT 或 X-Y)状态。进行垂直轴与水平轴的位置调节及灵敏度调节,则荧光屏上将显现图 3.51 所示的直线形、椭圆形和圆形的李萨育图。输入与输出信号的相位差可由下式求出:

$$\theta = \arcsin \frac{B}{A}$$

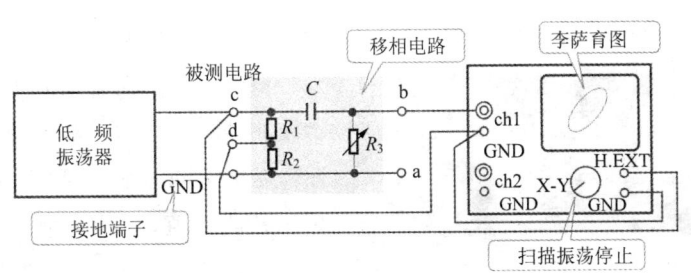

图 3.50　李萨育法的相位测量电路

用实验确定图 3.51 所示的李萨育图时,可以根据图 3.52(a)所示的移相电路来进行。以 V_{R1} 作为基准电压连接到水平轴端子,把相位可变的电压 V_{bd} 连接到垂直轴端子,则该电路就是一个相位可变的电路。调节可变电阻 R_3 时,V_{R1} 与 V_{bd} 之间的相位[图 3.52(b)中的 θ 角]将在 $0°\sim180°$ 范围内变化。

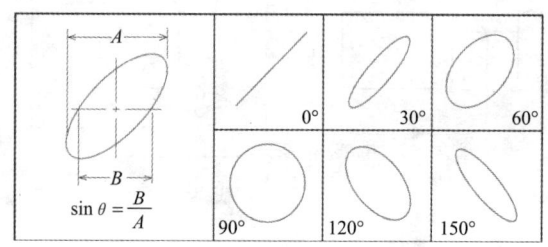

图 3.51　根据李萨育图计算相位角

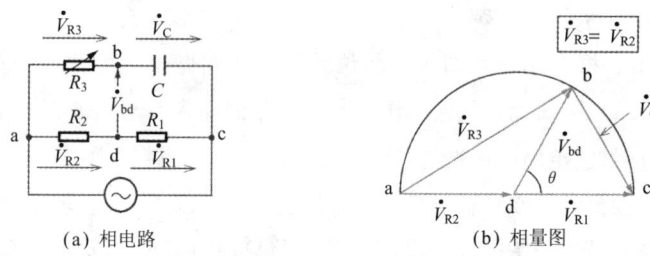

图 3.52　移相电路及其相量图

3.2.4　高性能示波器

1. 具有引导输出功能的示波器

示波器能够显示信号波形,但不能直接测量电压值和周期时间等。最近出现了装有微处理器的示波器,除显示波形以外,还可以在荧光屏上同时显示电压、周期、频率等被测值,这种示波器称为具有引导输出功能的示波器,如图 3.53 所示。

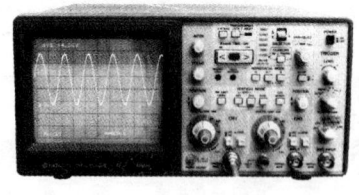

图 5.53　具有引导输出功能的示波器

3.2 电信号的波形观测

示波器的引导输出功能中,垂直轴的电压灵敏度量程(V/div)和水平轴的扫描速度量程(时间/div)的位置可以用数值显示。图 3.55 中,荧光屏的下侧显示出 P_{10x} 50mV 和 $A=20\mu s$,表示使用 10∶1 的探测器,电压灵敏度为 50mV/div 时,扫描速度为 $20\mu s$/div。当电压灵敏度量程未作刻度校正时,则显示 $P_{10x}>$ 50mV。

示波器的测试功能中,有波形的电压、时间、周期和频率等的测量,依靠荧光屏上的指针移动可以对上述各量进行测量。测量电压时,在波形的峰值到峰值之间设置了指针,则屏幕显示出该电压 ΔV 为 216.0mV。$\Delta V1$ 中的"1"表示用 1 波道测量的波形,如图 3.54 所示。

图 3.55 所示为测量周期的波形。将指针移动为一个周期时,屏幕显示 $\Delta T=66.6\mu s$。在该状态下求取频率时,由图 3.56 的 SELECTOR(选择器)选择 MEASURE(度量),则屏幕显示 $1/\Delta T$,如图 3.57 中显示的 15.01kHz。

ch1 的 $V_{pp}=\Delta V=216.0$mV

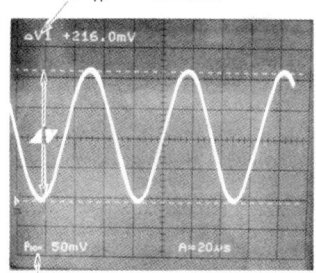

使用10∶1探头时
50mV/div

图 3.54 电压的测量

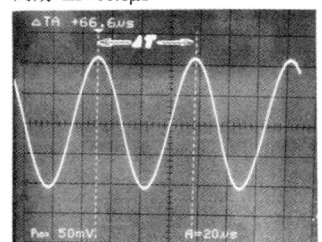

周期=$\Delta T=66.6\mu s$

扫描时间20μs/div

图 3.55 周期的测量

图 3.53 所示的示波器中,有扫描的自动量程变换功能。把图 3.57 中的 AUTO 键按下,则基于被测信号频率的扫描速度量程自动变换,使荧光屏上能够显示 1.6~4 个波形,是一种十分便利的功能。

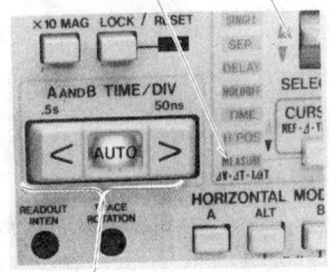

中间自动扫描
左右手动扫描

图 3.56　自动扫描

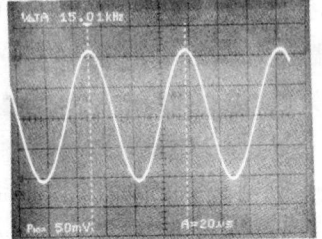

A：ch1信号的扫描时间20μs

图 3.57　频率的测量

2. 数字存储示波器

用示波器观测雷电波和地震波一类突发性的单个波形时,可以使用应用存储管原理制成的存储示波器。近年来,数字存储示波器(图 3.58)应用日渐广泛。这种示波器可以把模拟量的输入信号经 A/D 变换转换成数字量,暂时存放在半导体存储器中,需要时再经 D/A 转换,使模拟波形再现。图 3.59 所示为数字存储示波器的构成图,是由普通示波器中再附加 A/D 转换器、存储器、D/A 转换器等部分而构成。

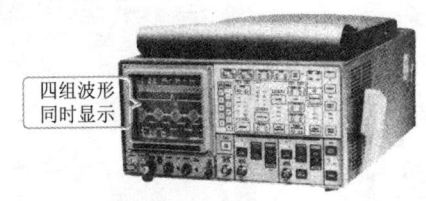

图 3.58　数字存储示波器(2ch 用)

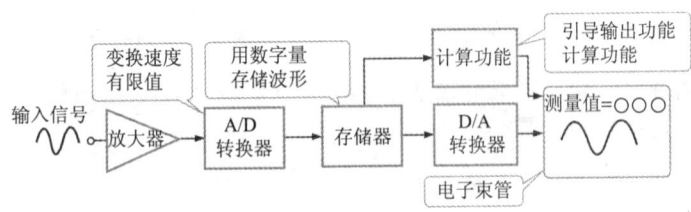

图 3.59　数字存储示波器的构成图

示波器性能的主要指标是可测量的最高频率,这一频率达 100~200MHz 的示波器属于高性能示波器,当然,这一高性能的频率范围只是目前的一个界限。

3.2.5 记录波形的仪器

1. 各种记录仪

一些大楼和工厂的电控室中有很多电工仪表,同时也有记录仪在工作。记录仪记录的数据一般作为存档资料保存,一旦有事故发生时,这些资料是查明原因所必需的。

记录仪也称为记录器,可根据工作原理或用法对各种记录仪进行分类。记录仪中,有依靠电压或电流的能量使指针(记录笔)偏转的直动式记录仪(图 3.60);有与直动式原理相同,但用小镜代替指针偏转,由光线来记录波形的电磁式记录仪;有将电信号经差动放大器放大,用伺服电机带动记录笔工作的自动平衡记录仪;有在 X 轴和 Y 轴上设置伺服机构的 X-Y 记录仪等。另外,作为计算机输出装置的打印机和 X-Y 绘图仪(图 3.61)等也进入了记录仪的领域。

图 3.60 直动式记录仪

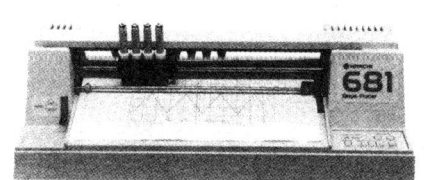

图 3.61 X-Y 绘图仪

2. 直动式记录仪

直动式记录仪如图 3.62(a)所示,应用了动圈式仪表的原理,可安装内盛墨水的笔杆来取代指针。直动式记录仪中,记录纸与记录笔之间的摩擦较大,需要较大的驱动力矩,记录精度难以提高。图 3.62(a)中,由于记录笔以轴为中心偏转,故笔端以圆弧状运动,描绘出的波形若不作振幅补偿则不能反映正确波形。因此,设置图 3.62(b)所示的连杆机构,使笔端变为直线运动。

要避免记录笔与记录纸之间的摩擦可采用打点式记录仪,这种记录仪还可以在同一记录纸上记录多个被测量。通常,让笔端从记录纸离开,落架以一定间隔压下笔杆,由笔端在打字机用纸带上记录。

使用打点式记录仪时,为了同时记录多个被测量,打点时可改变纸带颜色,以不同颜色区分记录的量。目前,直动式记录仪主要用作配电盘用记录仪。

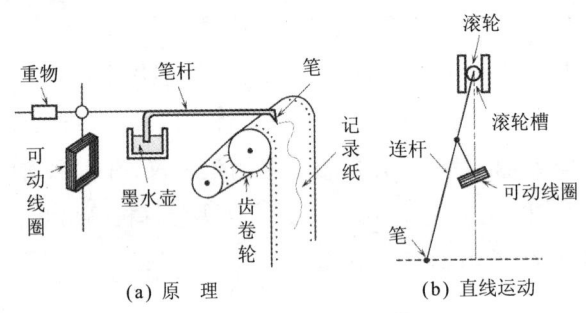

图 3.62　直动式记录仪

3. 自动平衡记录仪

直动式记录仪依靠输入信号的能量使记录笔偏转来进行记录。与它不同的是,自动平衡记录仪采用了高输入阻抗的放大器,因此,不需要来自输入信号的能量。

自动平衡记录仪的电路有电位差计式和电桥式等方式。前者把输入信号变换成电压后进行测量,后者则把输入信号变换成阻抗(例如,电阻温度计)后进行测量。

图 3.63 所示为电位差计式记录仪的原理图。在电位差计的输入端子加被测信号 V_x 并与电压 V_f 比较,它们的偏差电压 V_e 经伺服放大器放大后驱动伺服电动机旋转,带动与电机连动的滑动电阻器的滑动端子向偏差电压 V_e 为零的方向移动,直至信号消失,伺服电机停

3.2 电信号的波形观测

止。记录笔与滑动电阻器的滑动端子直接连接,与输入的被测信号相应移动并进行记录。这里的伺服电动机可以采用直流伺服机,也可采用交流伺服机。近年来主要使用性能优良的无刷直流伺服电机。

自动平衡式记录仪也称为笔式记录仪,其外观示于图 3.64。

4. X-Y 记录仪

X-Y 记录仪是一种记录两个变量之间相互关系的记录仪,其外观如图 3.65 所示,图 3.66 为其原理图。在 X 轴和 Y 轴分别设置自动平衡记录机构(伺服机构),X 轴的伺服电机可使移动臂左右运动,Y 轴的伺服电机可使装配于移动臂上的笔夹前后运动。

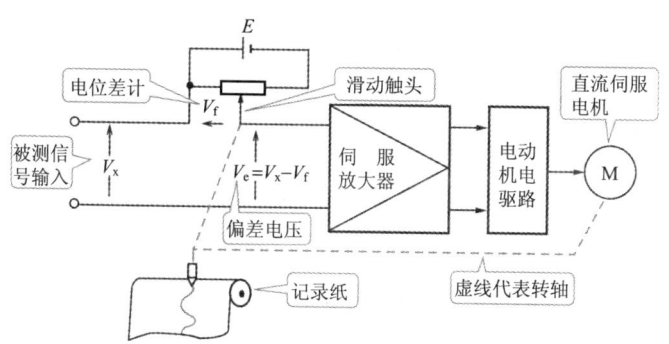

图 3.63 电位差计式自动平衡记录仪的原理

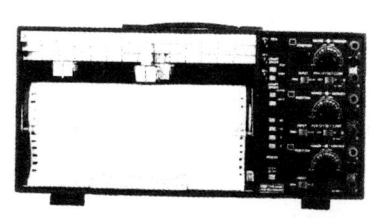

图 3.64 自动平衡记录仪(3 笔式)

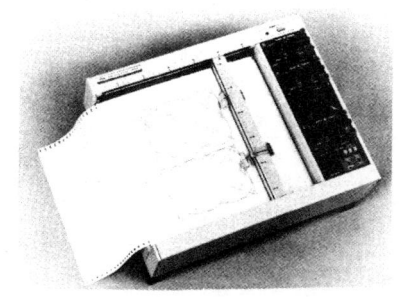

图 3.65 X-Y 记录仪(2 笔式)

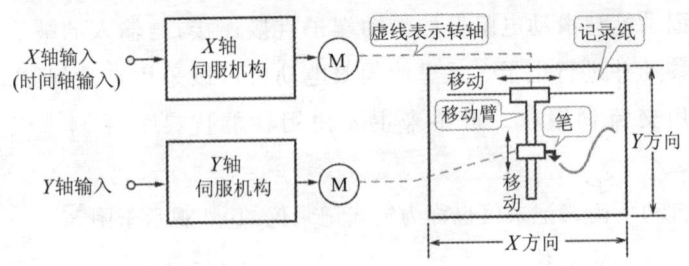

图 3.66 X-Y 记录仪的原理

把相互关联的两个输入信号分别加到 X 端子和 Y 端子,则记录笔将记录下 X-Y 的相互关系。应用 X-Y 记录仪可以对晶体管的电压-电流特性、磁性材料的 B-H 曲线以及机械材料的应力-应变特性等进行自动记录。

5. 多笔式记录仪的相位补偿机构

具有多支笔的自动平衡记录仪称为多笔式记录仪,其外观如图 3.67 所示。为了使每支笔都能在整个记录纸的宽度内偏转,笔与笔之间相对时间轴均为先后配置。因此,在记录同一时间的信号时,在相位上要移开一个角度,如图 3.68(a)所示。可以在笔 A 的电路中设置一个延迟电路,对笔 A 超前的相位进行补偿,则可得到图 3.68(b)所示的记录波形。

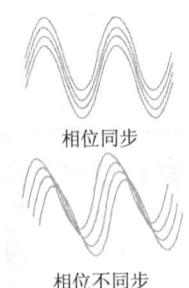

图 3.67 多笔式记录仪

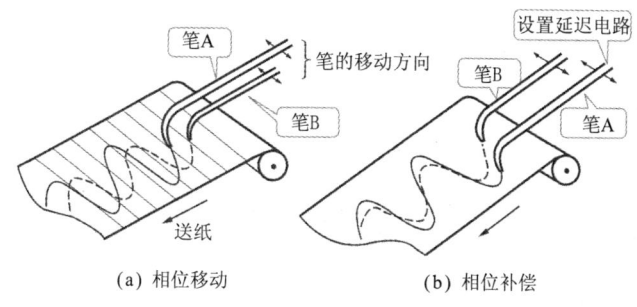

图 3.68 用延迟电路作相位补偿

为了进行相位补偿,在 A 信号电路中,应在伺服机构之前设置延迟电路,如图 3.69 所示。与数字存储示波器一样,由 A/D 转换、存储器、D/A 转换等电路构成。相位补偿的延迟时间由笔端的间隔和送纸速度等决定,由微处理器自动算出。

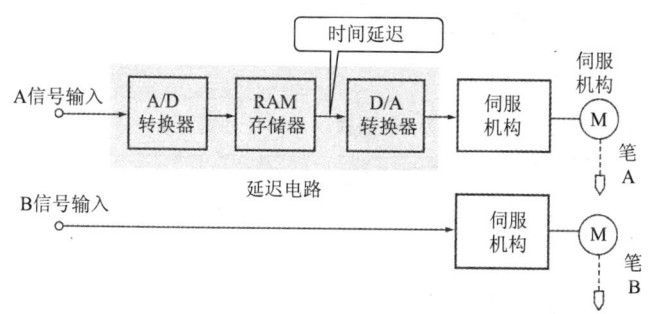

图 3.69 具有相位补偿的伺服机构

3.3 电量的测量

3.3.1 直流电流、电压的测量

1. 动圈式仪表是直流仪表的主流

要测量从直流电源(例如,电池)流出的直流电流,可以使用动圈式直流电流表,如图 3.70 所示。

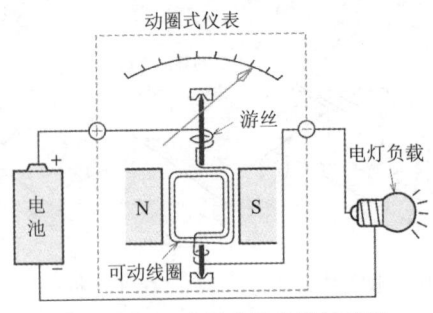

图 3.70 用动圈式仪表测量电流

指示式电工仪表中,直流仪表可分为动圈式◠、热电式⊻(交直两用)和静电式╪(交、直两用)等几种类型。热电式仪表主要用于高频电量的测量,静电式仪表则用来测量高电压。

动圈式仪表有很高的电流灵敏度(10^{-6} A),见表 3.5,使用时的限制条件也较少,适用于直流测量仪表。图 3.71 所示为动圈式仪表的可动部分。

表 3.5 动圈式仪表的使用范围

种 类	电流/A	电压/V	频率/Hz
动圈式	$10^{-6} \sim 10^2$	$10^{-2} \sim 10^3$	DC

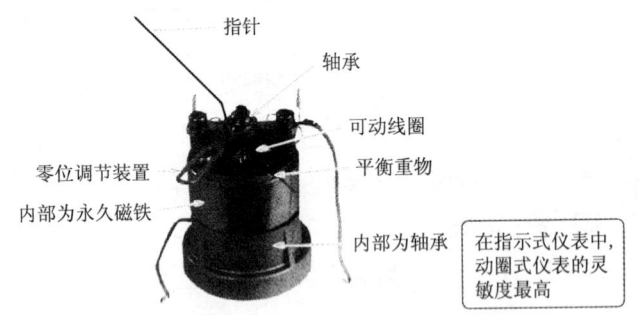

图 3.71 动圈式仪表的可动部分

2. 电流表串联连接

有一个直流电路如图 3.72(a)所示。用动圈式电流表测量电流时,应把所测电路断开,并把电流表串联在断开处,电流应从电流表的⊕极流入,⊖极侧有 0.3A、1A、3A 三个端子。根据欧姆定律可以计算出电路电流为

$$I = \frac{V}{R} = \frac{3(V)}{5(\Omega)} = 0.6 (A)$$

因此,⊖极侧应与 1A 相连接。如果误接到 0.3A 上,会由于电流过大而使指针断裂,动圈烧坏;若误接到 3A 上,会由于指针偏转过小而使测量误差变大。

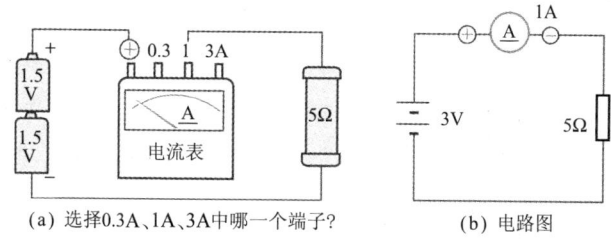

(a) 选择0.3A、1A、3A中哪一个端子?　　　　(b) 电路图

图 3.72　电流表与电路串联

3. 电流表量程的扩大

用小量程电流表能否测量较大的电流呢?

有一块电流表,满刻度电流(指针最大偏转时的电流)I_a 为 10mA,内电阻 R_a 为 2Ω,欲改为满刻度电流 I_a 为 1A 的电流表,请看图 3.73。只要与电流表(10mA)并联一个 990mA 的分流电路,就变成了一块 1A 的电流表了。分流电路中使用了分流器 R_s。

若流过电路的总电流 I 与电流表内部流过的电流 I_a 之比为 m,则

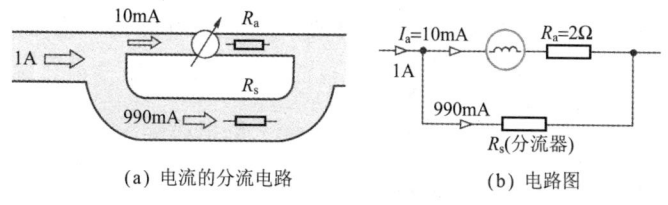

(a) 电流的分流电路　　　　(b) 电路图

图 3.73　电流表与分流器的连接

$$I = \frac{R_a + R_s}{R_s} I_a = m I_a \quad (A)$$

式中，m 称为分流器的倍率。利用上式，可以计算图 3.73 中分流器 R_s 的值为

$$R_s = \frac{R_a}{m-1} = \frac{2}{100-1} = 0.02 \quad (\Omega)$$

由计算结果可知，分流器 R_s 是一个非常小的电阻。由于电流表的合成内阻很小，使用时应十分注意电流表的过电流。

一般常用的便携式电流表有多个分流器，使电流表有较宽的测量范围，如图 3.74 所示。

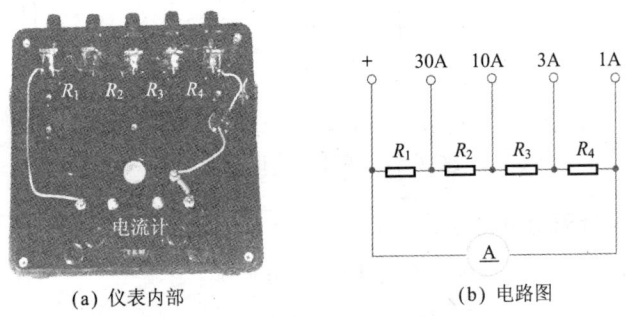

(a) 仪表内部　　　　　　(b) 电路图

图 3.74　电流表的内部

4. 电压的测量

测量直流电压时，可采用与电流表一样的动圈式仪表。那么怎样使一块电流表变成一块电压表呢？研究一下电流表的等效电路就可以找到答案了。

图 3.75 中，内阻 2Ω、满刻度电流 10mA 的电流表中假定实际流过电流为 10mA，则电流表的⊕、⊖极间将产生 0.02V 的电压降，如果把电流表 10mA 的电流标尺盘改为 0.02V 的电压标尺盘，那么电流表就被改成了电压表。

3.3 电量的测量

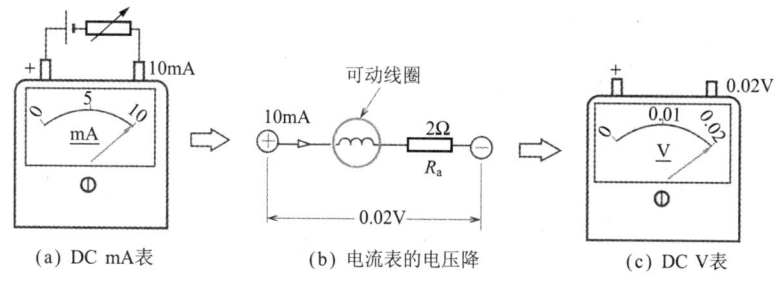

(a) DC mA表　　(b) 电流表的电压降　　(c) DC V表

图 3.75　把电流表改成电压表

使用图 3.75(c)所示的电压表也能测量的电压大小。为此，与电压表串联连接一个电阻 R_p，电阻 R_p 称为分压器。如果电压表指针最大偏转时的指示电压为 V_v，则电路总电压 V 可表示成下式：

$$V = \frac{R_a + R_p}{R_a} V_v = m V_v$$

$$R_p = (m-1) R_a$$

即总电压 V 是电压表指示值 V_v 的 m 倍，m 称为分压器的倍率。

实际的电压表一般由多个分压器与电压表串联连接，各分压器的引出端作为电压表的⊖极，以便扩大电压表的测量范围。这种电压表称为多量程式电压表。图 3.76 所示为电压表与分压器的连接图，图 3.77 所示为电压表的内部示意图。

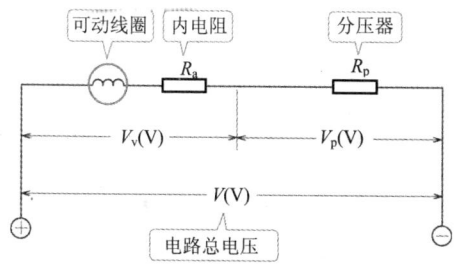

图 3.76　电压表与分压器的连接

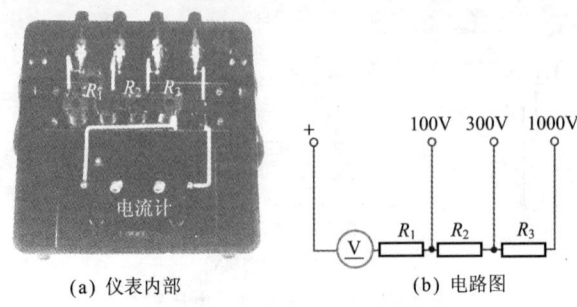

(a) 仪表内部　　　　　　(b) 电路图

图 3.77　电压表的内部

3.3.2　交流电流、电压的测量

1. 交流电流、电压测量仪表

交流电源的频率可分为低频和高频,低频包括 50Hz、60Hz 的工频及人耳能够听到的音频带。20kHz 或者 100kHz 以上的频率称为高频。交流电流、电压测量仪表一般也区分为低频用仪表和高频用仪表。表 3.6 示出了各种交流仪表的使用频率范围。

表 3.6　交流仪表的频率测定范围

	(工频)			(音频)		高频		
10	50	100	500	1k	10k	100k	1M	10M(Hz)
——— 动铁式仪表 ———▶
◀— 感应式仪表 —▶
——— 电动式仪表 ———▶
——— 整流式仪表 ———————————————▶
——— 热电式仪表 ———————————————————▶
◀——— 电子电压表 ———————————————▶

本节主要讨论低频电流、电压的测量,采用动铁式和整流式测量仪表。

2. 动铁式仪表的结构

动铁式仪表具有结构简单、过载能力强等优点,在测量工频电源的交流电流、电压时,动铁式仪表的应用最为广泛。其工作原理如图

3.78 所示。

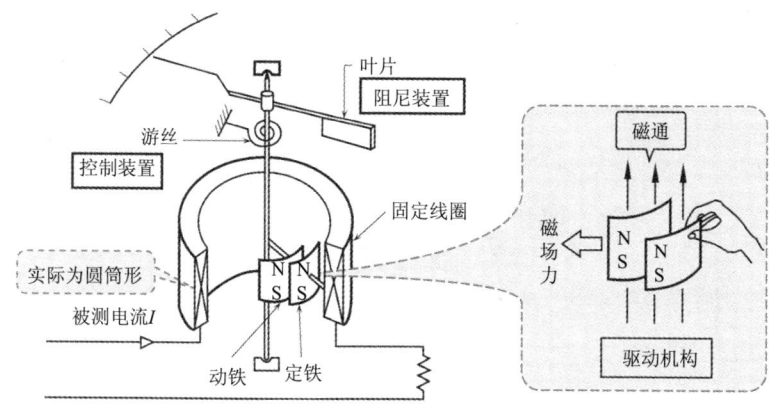

图 3.78 动铁式仪表的原理图

电流在圆筒形的固定线圈中流过并产生磁场,在磁场中放置两个铁片。在磁场的作用下,两个铁片被磁化并产生相同方向的 N、S 极。将一个铁片固定而另一个铁片可动。两个铁片的 N 极和

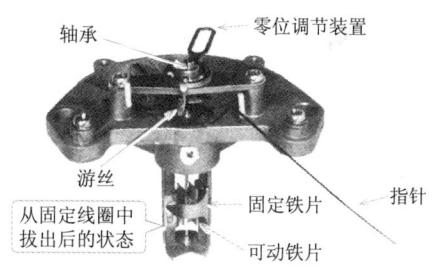

图 3.79 动铁式仪表的内部示意图

N 极之间,S 极和 S 极之间相互排斥,这样就产生了使指针偏转的驱动力矩,同时使转轴偏转。弹簧产生的制动力矩与上述驱动力矩反向作用,使指针停止并指向某一数值。阻尼装置中,使用了叶片(空气阻尼)。对于动铁式仪表,其产生的驱动力矩与电流的平方成比例,因此,应仔细研究铁片的形状以及使标尺刻度尽可能均匀。图 3.79 所示为动铁式仪表的内部示意图。

3. 整流式仪表的结构

整流式仪表中,首先将被测交流电经二极管整流,变换成直流电,然后再用动圈式仪表测量并显示。这样,在交流电的测量中,动圈式仪表高灵敏度的优点得到了利用。图 3.80 所示为整流式电压表。用

4个二极管接成桥式电路,交流电经全波整流变换成直流电流后,再流入动圈式仪表。

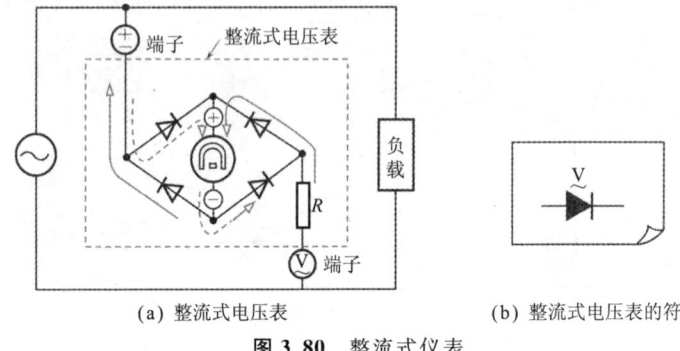

(a) 整流式电压表　　　　　(b) 整流式电压表的符号

图 3.80　整流式仪表

整流式仪表的指针指示的是电流变化的平均值,而一般情况下,交流电流、电压的大小用有效值来表示。因此,仪表的标尺刻度应变换成有效值。这样一来当被测交流波形为非正弦时就会产生误差。

在对畸变了的正弦交流电进行测量时,可以采用热电式仪表,以便测取真正的有效值。

4. 理想电流表与理想电压表

图 3.81 所示是一个测定负荷电流和电压的电路。假定电流表的内阻 R_i 为 0Ω,电流表的电压降则为 $0V$,这样的电流表称为理想电流表。假定电压表的电阻为 $\infty\Omega$,则通过电压表的电流为 $0A$,这样的电压表称为理想电压表。用理想仪表测量时,不会打乱电路的测量环境。实际的指示式仪表中,要使指针摆动,必须消耗掉一部分电能。因此,只要仪表连接到电路上,就会产生由仪表自身损耗而引起的测量误差。因此,仪表都规定了允许误差(准确度)。显然,理想仪表一定要具有很高的准确度。

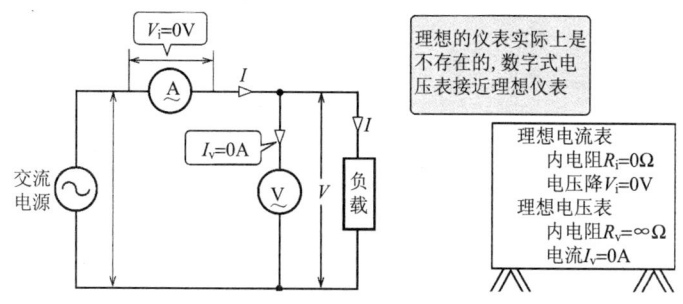

图 3.81 用理想电流表和理想电压表测量

表 3.7 中对不同类型电压表的内阻作了比较(估算值)。电子电压表和数字电压表的内阻很高,这是因为电压表内设置了具有高输入电阻的高灵敏度放大器。

表 3.7 各种电压表的内阻(估算值)

仪表种类	动圈式直流电压表 0.5级	动铁式交流电压表 0.5级	模拟式万用表的直流电压表	模拟式万用表的交流电压表	电子电压表	数字万用表的直流电压表
内阻	2kΩ/V	1kΩ/V	20kΩ/V	10kΩ/V	1~10MΩ	10MΩ 以上

3.3.3 电功率与电能的测量

1. 电动式功率表的结构

电动式仪表中,可动线圈悬挂在固定线圈之内,当线圈中分别流过电流时,两个线圈之间将产生电动力,电动式仪表就是利用这种电动力工作的。如果把固定线圈作为电流线圈,把可动线圈作为电压线圈,就构成电动式功率表。电动式功率表的接线如图3.82(b)所示。电流线圈与被测负载串联连接,而电压线圈与负载并联连接。电流线圈中流过负载电流,而电压线圈中流过与负载电压成比例的电流。由这两个电流所产生的驱动力矩与负载的电功率成比例。

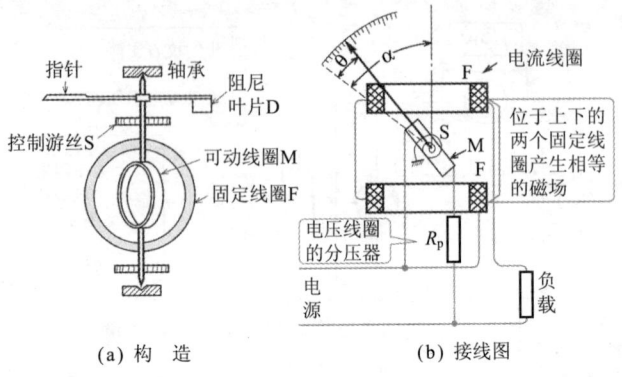

(a) 构 造　　　　　　(b) 接线图

图 3.82　电动式功率表

2. 交流功率测量

测量交流功率时,可以采用电动式功率表、热电式功率表、变换器式功率表,以及图 3.83 所示的数字功率仪等。这里主要介绍电动式功率表。

若负载电流为 I(A),负载电压为 V(V),则单相交流功率为

$$P = VI\cos\varphi \text{（W）}$$

式中,φ 为电压与电流的相位差角;$\cos\varphi$ 为功率因数。

图 3.84 所示为对电灯负载施加交流电压,测取电灯所消耗的交流电功率的测量电路,电路中使用了电动式功率表。

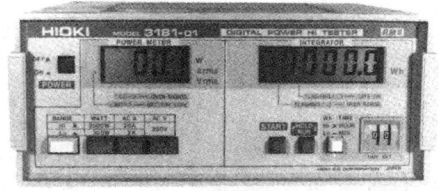

图 3.83　数字功率仪的外观

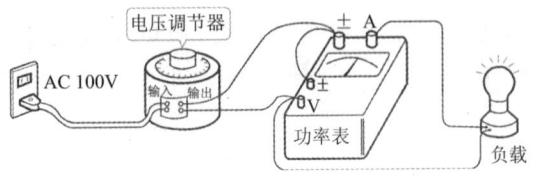

图 3.84　电灯负载的电功率测量

功率表的可动线圈的接线可以有图 3.85 所示的两种方法。为了减小各线圈产生的误差，图 3.85(a)适用于负载阻抗值较小的情况，而图 3.85(b)则适用于负载阻抗值较大的场合。

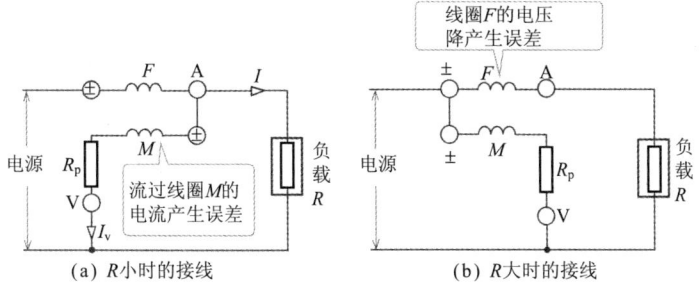

图 3.85　功率表的接线

测量三相电路功率时，可以使用三相电动式功率表（图 3.86）。当使用单相功率表测量三相功率时，应该根据福伦特定理（n 相时，需要 $n-1$ 块单相功率表）来确定单相功率表的数量。对于三相电路，则需要两块功率表，接线图如图 3.87 所示。测量时，如果两个单相功率表的读数分别为 P_1、P_2，则三相功率 P 为它们的代数和，即

$$P = P_1 + P_2$$

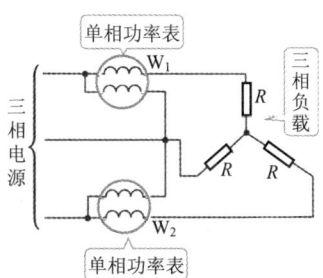

图 3.86　三相功率表的外观　　图 3.87　二功率表法（三相三线制）

3. 感应式电度表的结构

家庭中安装的电度表是用来计量所用电能的仪表，以便用户根据用电量的多少支付电费。电度表与负载的连接如图 3.88 所示。由于电度表用于电能的买卖，因此，其指示值必须准确。

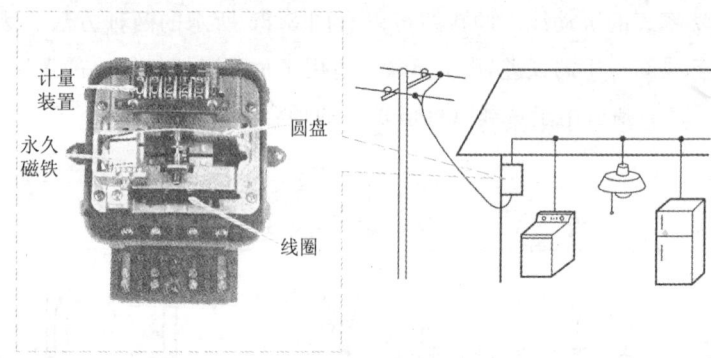

图 3.88 电度表与负载

感应式电度表广泛应用于累计电能的测定。感应式电度表的原理是在铝制的旋转圆盘上产生与功率 P 成比例的旋转力矩,将该功率对使用时间的累计值用圆盘的转数来表示。

感应式电度表的构成如图 3.89 所示。在铝圆盘上方的铁心中卷绕电压线圈,在圆盘下方的铁心中卷绕电流线圈。电压线圈中流过与负载电压 V 成比例的励磁电流 I_p 时,就会产生穿过图 3.90(a)所示的圆盘的磁通量 ϕ_p。电压线圈的匝数很多,磁通量 ϕ_p 比电压 V 相位上大约滞后 $90°$。另一方面,电流线圈中流过负载电流 I 时,产生磁通量 ϕ_c 也穿过圆盘。由于电流线圈的匝数很少,ϕ_c 与 I 接近同相位,如图

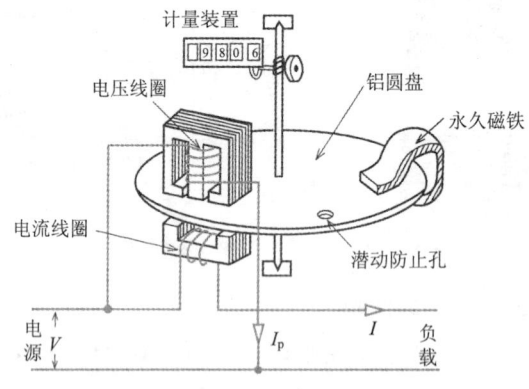

图 3.89 感应式电度表的构成

3.90所示。两个磁通量 ϕ_p 和 ϕ_c 合成产生旋转磁场,作用于圆盘上产生电磁力并使圆盘转动,该电磁力产生的驱动力矩 T_d 为

$$T_d = k_1 \phi_p \phi_c \cos\varphi = k_2 VI \cos\varphi = k_2 P \quad (k_1, k_2 \text{ 为常数})$$

由上式可知,驱动力矩 T_d 与电功率 P 成比例。

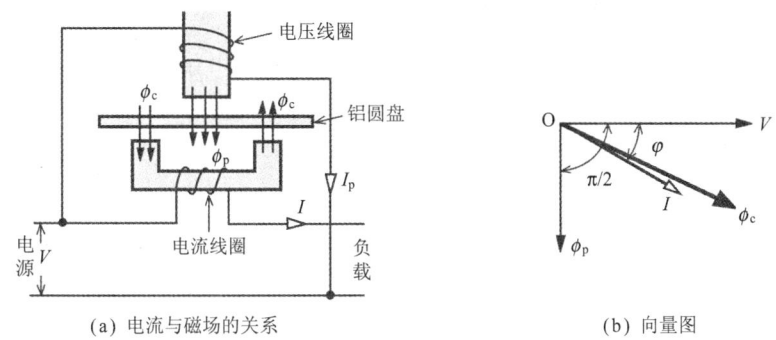

图 3.90 感应式电度表的原理

3.3.4 微小电流和电动势的测量

1. 蛙腿的验电器

意大利动物学家伽伐尼在解剖蛙的过程中,用两种金属(手术刀)去接触蛙腿时,蛙腿发生抖动,从而发现了生物电,如图 3.91 所示。这一发现引出了后来伏特电池的发明。

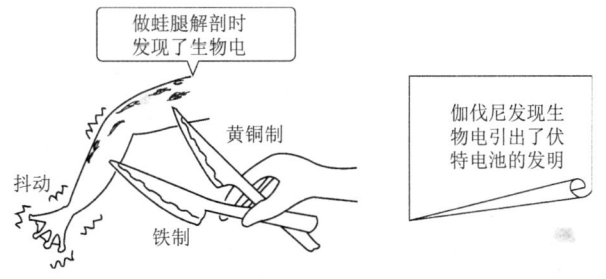

图 3.91 伽伐尼实验

惠斯登电桥可以检验出直流电位差是否平衡(电位差平衡即为无电流状态)。像这样能够检验出微小电流的仪器,称为检流计。由于检流

计与伽伐尼有关,故称为伽伐尼测试仪,电路图中用符号 G 来表示。

检流计可分为直流检流计、冲击检流计及交流检流计等。这里介绍直流检流计。

2. 反射式检流计

直流检流计有动圈式检流计和电子式检流计等类型。动圈式检流计的动作原理与反射式电流表相同,为了提高电流灵敏度,其可动部分很轻。动圈式检流计中,在其可动部分配置小镜就是反射式检流计,配置指针即为指针式检流计(图 3.92)。图 3.93 示出了反射式检流计的构成。被测微小电流 I 通过吊线流入可动线圈,电流与磁场作用使可动线圈随电流大小作相应转动。引起小镜偏转,使标尺上的光点随电流作相应偏转。由于反射式检流计的可动部分制作得非常轻,轻微的振动就会引起光点的固有振动,要使振动停止或持表移动时,应将测量端子短路。

图 3.92 指针式检流计

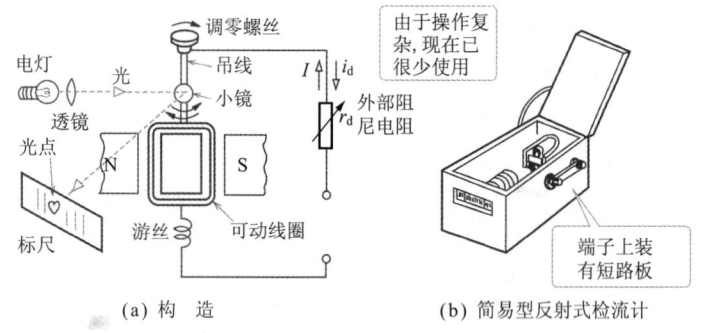

(a) 构　造　　　　　　　(b) 简易型反射式检流计

图 3.93 反射式检流计

检流计的电流灵敏度用 A/div 表示,即指针偏转一格时所表示的安培数。指针式检流计灵敏度为 10^{-6} A/div,反射式检流计灵敏度为 $10^{-7} \sim 10^{-10}$ A/div。反射式检流计测量操作较为复杂,因此,目前已很少使用。

3. 实用电子检流计

由于电子检流计灵敏度高,操作简单,已经逐渐取代指针式检流计和反射式检流计,得到了广泛应用。图 3.94(a)所示为电子检流计的原理框图。输入的直流微小电流由交流变换器变换成交流,经交流放大后由整流器变换成直流,然后由零点在中心的动圈式仪表指示。电子检流计的电流灵敏度为 $10^{-6} \sim 10^{-10}\,\mathrm{A/div}$,电压灵敏度为 $10^{-5} \sim 10^{-7}\,\mathrm{V/div}$。图 3.95 所示为一种电子式检流计的外观。

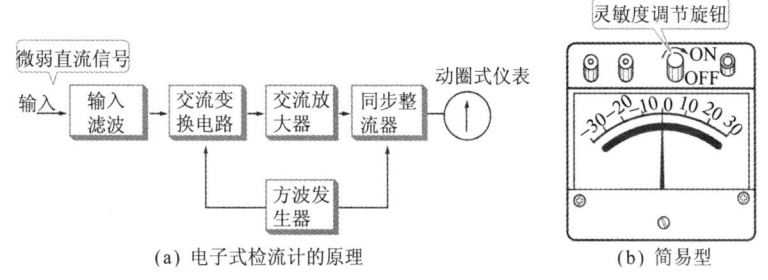

图 3.94　电子式检流计的原理框图

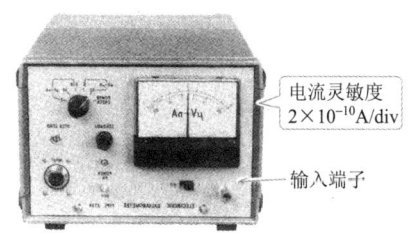

图 3.95　电子式检流计

4. 电动势测量

电池中存在着由于化学作用而产生的电动势 E,同时还存在内阻 r。测量电池电动势时,采用指针式电压表是不能准确测量的。这是因为电压表的内阻较低,当被测电流 I_v 流过时,电池内阻将引起电压降 $I_v r$,使电压表的指示值变为 $V = E - I_v r$,如图 3.96(a)所示。图 3.96(b)中使用了数字电压表,数字电压表的内阻为 $10\mathrm{M}\Omega$,从电池流出的电流可看作为零。因此,电压表指示的电压 V 就是所测电动势 E。可以说数字电压表是简易型的电动势测量仪表。

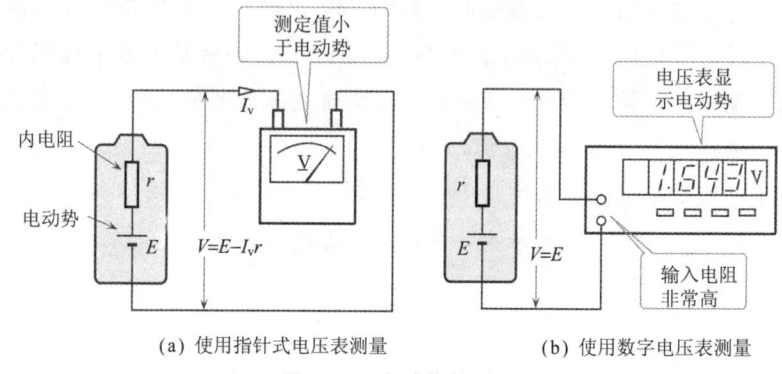

(a) 使用指针式电压表测量　　　(b) 使用数字电压表测量

图 3.96　电动势的测量

精密的电动势测量方法有电位差计法。直流电位差计用标准电池的电动势来校正电位(电压)标尺,是一种用准确值与未知的电池电动势比较来进行测量的仪表。

直流电位差计的原理如图 3.97(a)所示。图 3.97(a)中,a～b 间为具有准确电阻值的滑动变阻器。当电流 I 流过时,首先将转换开关倒向 S_1,滑动变阻器的滑动触点 P 将向标准电池的电压 E_s(20℃时为 1.018 64V)的电位刻度 c 点移动。在这种状态下,假如改变 R_h 使检流计为零,则滑动变阻器的电位刻度就被校正到与标准电池的电压准确度(约$\pm 10^{-5}$)相近的数值。

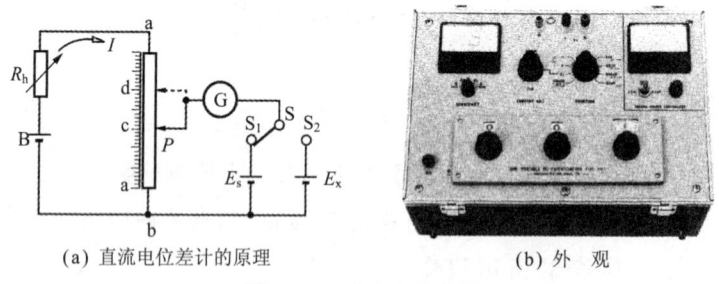

(a) 直流电位差计的原理　　　　(b) 外　观

图 3.97　直流电位差计

然后,为测取未知电动势要将开关倒向 S_2。移动滑动触点 P 使检流计为零,读取对应点 d 的电位刻度,即为被测电动势 E_x。图 3.97(b)所示电位差计的测量准确度为 $\pm 5\times10^{-5}$。

5. 仪表的标尺校正

检查电流表、电压表等仪表的误差是否在允许误差之内称为仪表的标尺校正。仪表标尺的校正方法有电位差计法、标准电压电流发生器(输出值准确的电源)法、准确度高的数字电压表法等。

利用电位差计校正法进行校正过程复杂,操作难度大。一般多采用操作方法简单易行的标准电压电流发生器测定法。图 3.98 所示为采用标准电压电流发生器的仪表标尺刻度校正电路。旋转发生器的标度盘,发生器将产生准确的电压、电流,该电压、电流施加于被校仪表,使仪表指针偏转,以确定其误差是否在允许误差之内。

3.3.5 高电压、大电流的测量

1. 生活中的直流高电压

取下电视机的后盖子,就可以看到显像管右下方的"高压注意"的提示。行输出变压器的二次线圈会产生交流高电压,用二极管整流后,将直流电压加于显像管。由于会有超过 20kV 的高电压,因此,测量时必须特别注意防止触电和仪表的耐压等。图 3.99 所示为使用高压探测器(具有高阻抗倍率器的探测器)测量直流高电压的实验。高达 30kV 的高电压也可以很容易地用万用表的电压表测量。

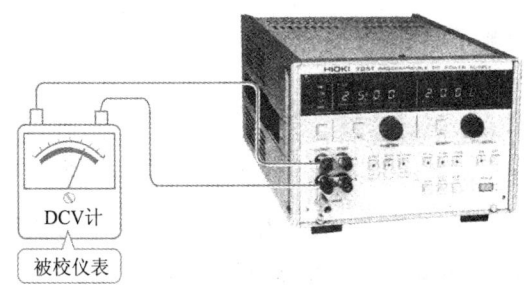

图 3.98 采用标准电压电流发生器的电压表标尺校正

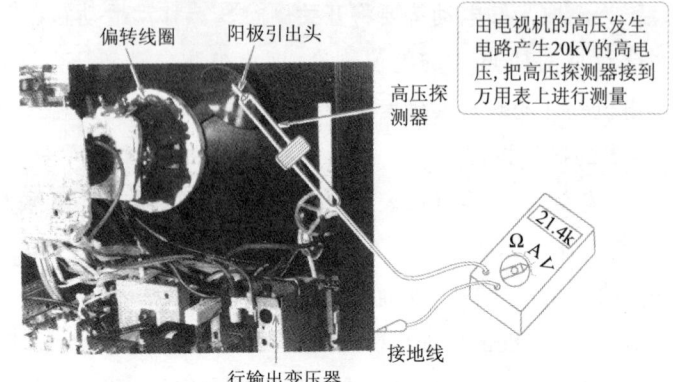

图 3.99　使用高压探测器测量直流高电压

2. 用静电电压表测量高电压

与磁铁的 N、S 极具有吸引力一样，在电极板上加电压，也会产生静电力，利用静电力制成的测量器称为静电电压表。

图 3.100(a)所示为静电电压表的原理图，被测电压 V 加到固定极板和可动极板上。两个极板由于分别带 ⊕、⊖ 电荷而产生吸引力，使可动极板向固定极板移动，直至吸引力 F 与弹簧力平衡。将可动极板的移动量变换成指针的偏转，即测得了电压。被测电压 V 与吸引力 F 的关系为

$$F = kV^2 \text{ (N)}$$

即极板间的吸引力与被测电压的平方成比例。静电电压表可以用来测量直流电压，也可以测量交流电压(有效值)。图 3.100(b)所示的静电电压表可以测量 50kV 以下的电压。高于 50kV 时，应使用高压用倍率器。

3. 直流大电流测量

便携式直流电流表最大测量电流为 100A，要测量 100A～几千 A 的大电流时，由于分流器的发热增大，一般采用外装分流器。测量时，采用把分流器的电压降变换成电流值的毫伏表。

3.3 电量的测量

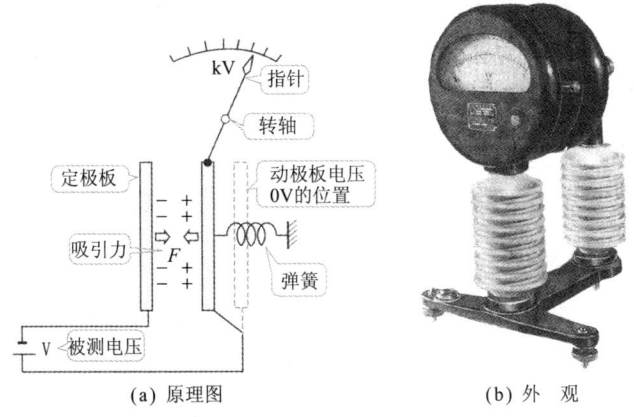

(a) 原理图　　　　　　　　　(b) 外　观

图 3.100　静电式电压表

图 3.101(a)示出了把毫伏表接于板状电阻做成的分流器来测量大电流的测量电路。制造 10kA 以上的分流器是困难的。对于1kA～数十 kA 的大电流,可以采用直流互感器来测量。与分流器相比,直流互感器方式的测量精度要差些,但是测量仪表与高电压隔离,能够做到安全测量是这种方法的优点。

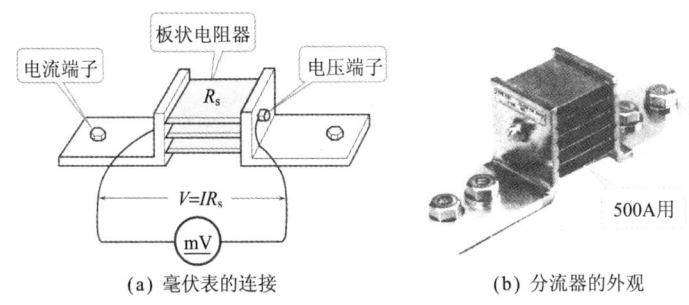

(a) 毫伏表的连接　　　　　　　(b) 分流器的外观

图 3.101　采用外接分流器测量大电流

4. 交流高电压、大电流测量

在发电厂和变电所中,有数十 kV 的高电压和数百 A 的大电流。直接测量这些高电压和大电流是危险的,因此需要将其变换成安全易测的 110V 低电压和 5A 小电流,再用配电盘上的电压表和电流表进行测量。变换器采用仪器用互感器,根据变压器的原理制成。仪器用互感器中,用于电流测量的是电流互感器(CT),用于电压测量的是电

171

压互感器(PT)。电流互感器如图 3.102 所示。一次线圈 n_1 匝数很少(最小时导线直接穿过铁心,$n_1=1$),二次线圈 n_2 匝数很多。二次回路中连接交流电流表。一、二次电流与匝数 n_1、n_2 的关系为

$$I_1 = \frac{n_2}{n_1} I_2 = k I_2 \quad (k \text{ 称为变流比})$$

即一次电流 I_1 为二次电流的测量值 I_2 与变流比 k 的乘积。

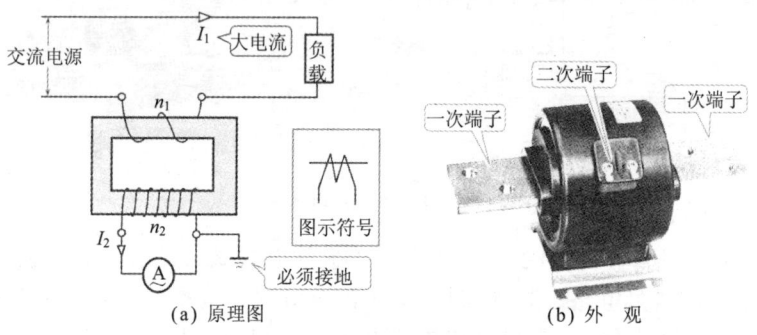

图 3.102 电流互感器(CT)

使用电流互感器时应注意,二次回路绝对不能开路。通电时一旦二次回路开路,二次端子间将产生高电压,引起线圈绝缘损坏以及发生铁心发热,烧毁线圈的情况。

电压互感器如图 3.103 所示。一次侧接被测高电压,二次侧连接交流电压表(110V用)。当一次线圈匝数为 n_1,二次线圈匝数为 n_2 时,以下的关系式成立:

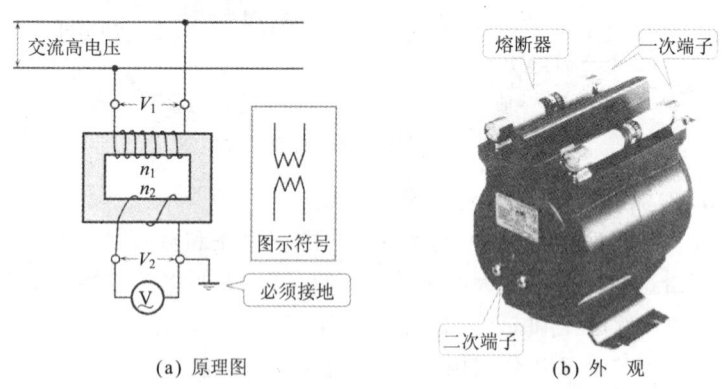

图 3.103 仪器用电压互感器(PT)

$$V_1 = \frac{n_1}{n_2} V_2 = kV_2 \qquad (k \text{ 称为变压比})$$

即一次电压 V_1 为二次电压 V_2 与变压比 k 的乘积。因此,将电压表 V 的标尺改变为 k 倍的电压值,就可以直接读取一次电压。

5. 不切断电路时电流的测量

测量交流电流时,一般先将被测电路断开,然后串接电流表来测量。当诸如配电线路那样的电路不能断开的情况下进行交流电流测量时,常使用装有钳式电流互感器的电流表。

图 3.104(a) 所示为装有钳式电流互感器的电流表原理图。按紧把柄,将被测导体置入钳式铁心中,这样互感器一次线圈的匝数为 $n_1 = 1$,经互感器变换后的电流由整流式电流表测量。

不切断电路测量直流电流时,可采用霍尔元件代替电流互感器的钳式电流表。图 3.105(a) 所示为钳式电流表的原理图。由被测电流产生的磁通量 ϕ_1 穿过霍尔元件产生霍尔电压,经放大后变换为流过线圈的电流 I_2。I_2 所产生的磁通量 ϕ_2 与 ϕ_1 大小相等、方向相反而相互抵消。因此,只要测出 I_2,就可以据此求得被测电流 I_1。由于这种钳式电流表采用了霍尔元件,因此是一种交、直两用电流表。

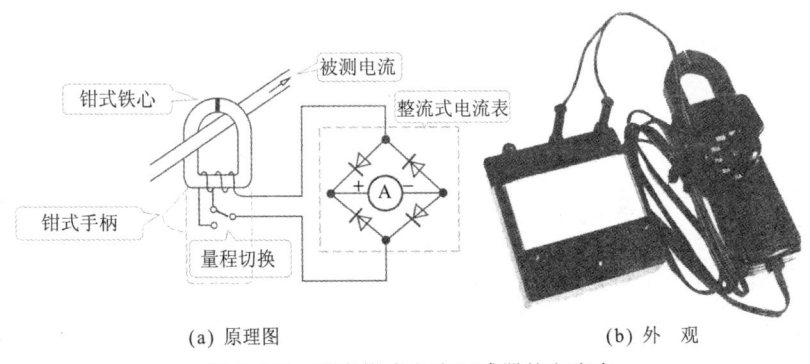

(a) 原理图　　　　　　　　　　(b) 外　观

图 3.104　配有钳式电流互感器的电流表

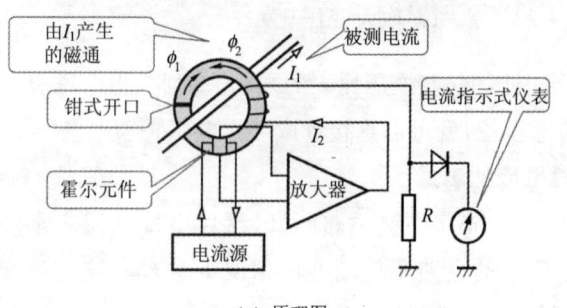

(a) 原理图　　　　　　　　　(b) 外　观

图 3.105　钳式电流表

第4章 焊接方法与技巧

4.1 焊接工具的使用方法

4.1.1 电烙铁的选用

电烙铁是用来焊接电子线路及元器件的专用工具,分内热式和外热式两种,如图4.1所示。常用的是内热式电烙铁,有多种规格。

电烙铁的功率应选用适当,钎焊弱电元件用20~40W以内的;钎焊强电元件要选用45W以上的。若用大功率电烙铁钎焊弱电元件不但浪费电力,还会烧坏元件;用小功率电烙铁钎焊强电元件,则会因热量不够而影响焊接质量。

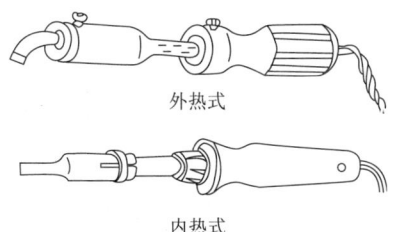

图4.1 电烙铁

4.1.2 电烙铁的使用方法

① 对新购的电烙铁,应用细钢锉将其铜头端面(对大容量的铜头,还包括其端部的两个斜侧面)打出铜面,然后通电加热并将铜头端部深入到焊剂(焊剂一般有松香、松香酒精溶液和焊膏)中,待加热到能熔锡时,将铜头压在锡块上来回推拉,或用焊锡丝压在铜头端部,使铜

头端部全面均匀地涂上一层锡。经过这一过程后,在焊接时铜头才能"叨"上锡来,上述过程如图4.2所示。

② 用电工刀或砂布先清除连接线端或待焊部位的氧化层,使之露出内部金属。对于细导线,应避免因用力过大使导线断线。

③ 在待焊接处均匀地涂上一层焊剂,松香焊剂适用于所有电子器件和小线径线头的焊接;松香酒精溶液适用于小线径线头和强电领域小容量元件的焊接;焊膏适用于大线径线头焊接和大截面导体表面或连接处的焊接。各种焊剂都有不同程度的腐蚀作用,所以焊接完毕后必须清除残留的焊剂(松香焊剂除外)。

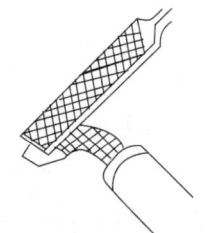  

(a) 用细钢锉锉铜头端部　　(b) 铜头端部深入焊剂　　(c) 铜头端部均匀涂上焊锡

图 4.2　电烙铁铜头上锡过程

④ 焊接时,将烙铁焊头先蘸一些焊锡轻压在待焊部位,让锡慢慢流入待焊部位的缝隙中。也可将焊锡丝抵在铜头端与待焊件接触处,使之熔化流入焊接部位。焊头停留时间要根据焊件的大小而决定。为防止因过热损伤被焊的晶体管等元件,可用镊子钳等工具夹在焊接部位上方散热。待焊锡在焊接处均匀地熔化并覆盖好预定焊面时,则应将烙铁提起。为防止提起后焊点出现"小尾巴"或与附近焊点粘连,焊接时锡的用量要适当,提起烙铁应迅速或沿侧向移出。

4.1.3　电烙铁的使用注意事项

使用电烙铁时应注意以下几点:

① 在金属工作台、金属容器内或潮湿导电地面上使用电烙铁时,

其金属外壳应妥善接地,以防触电。

② 电烙铁不能在易爆场所或腐蚀性气体中使用。

③ 电烙铁不可长时间通电。长期通电产生高温会"烧死"烙铁头,即烙铁头表面会产生一层氧化层。氧化层起阻热作用,被氧化了的烙铁头不能迅速地将其热量传导到被焊接物体表面,使得电烙铁挂不上锡,焊接不能正常进行。这时要用刀片或细锉将氧化层清除,挂上锡后继续使用。

④ 使用烙铁时,不准甩动焊头,以免锡珠溅出灼伤人体。

⑤ 对于小型电子元件(如晶体管等)及印制电路板,焊接温度要适当,加温时间要短,一般焊接时间为 2~3s。

⑥ 对于截面在 $2.5mm^2$ 以上的导线、电器元件的底盘焊片及金属制品,加热时间要充分,以免引起"虚焊"。

⑦ 各种焊剂都有不同程度的腐蚀作用,所以焊接完毕后必须清除残留的焊剂(松香焊剂除外)。

⑧ 焊接完后,要及时清理焊接过程中掉下来的锡渣。

4.1.4 判断电烙铁温度的技巧

焊接过程中,烙铁的温度和焊接质量有着密切关系,温度太高时,不但会损坏元件(如电容、晶体管),还能导致金属的氧化,降低焊接的质量;温度太低时,焊锡流动性差、易凝固,严重影响焊接质量。电烙铁的温度可从烙铁刃口处的焊锡看出,如焊锡光亮呈圆球状说明温度合适;如焊锡出现褶皱,表明烙铁刃口处焊锡表面已被氧化,说明温度太高了;如烙铁刃口处的焊锡表面有麻点,说明温度太低,此时如将烙铁头在其他物体上推一下,焊锡不呈光亮的球状,而是不光滑的片状。

4.1.5 防止电烙铁烙铁头"烧死"的方法

烙铁头被"烧死"的最直接现象就是烙铁头挂不上锡,用这种烙铁头接触焊接表面时热量传导慢或传不出去。造成烙铁头"烧死"的主要原因是烙铁头温度过高,表面严重氧化所致。防止这种现象的发生,一般有以下两种方法。

1) 间歇通电法

根据电烙铁新旧程度不同,一般一支电烙铁连续通电 15～30min 后即开始出现"烧死"现象,所以电烙铁若连续通电 15min 后要断开电源 3～5min,再接通电源。

2) 冷却法

用一种自制的冷却支架给烙铁头降温可以防止出现"烧死"现象。冷却支架如图 4.3 所示。

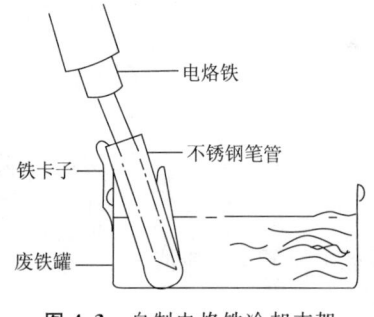

图 4.3　自制电烙铁冷却支架

冷却支架的制作方法是,取一支废金属钢笔管,一个空易拉罐(金属外壳),用剪刀剪去三分之二的易拉罐,将废钢笔管用铁卡子卡在易拉罐里,再向易拉罐内注入三分之二容量的水,一个电烙铁冷却支架就做好了。把电烙铁的烙铁头插入钢笔管,可以长时间保持烙铁通电而不会发生"烧死"现象。

4.1.6　电烙铁烙铁头"烧死"后的处理方法

电烙铁用久了烙铁头常常不沾锡。这是由于电烙铁使用时间长了,电烙铁铜头表面就会氧化,生成一层氧化铜,妨碍沾上焊锡。一般常用的处理办法是用小刀刮去氧化铜的薄膜,透出里面没有被空气氧化的铜。然后,放进松香盒里蘸一下,再粘上锡,就可正常使用了。但这种方法清除得慢而且不彻底,同时,长期刮下去,铜头会变细从而影响传热,导致温度下降,甚至损坏铜头。快速高效的处理办法是手握电烙铁木柄,把氧化了的铜头浸入盛有酒精的容器中,经 1～2min 取出,氧化物就彻底、干净地除掉了,铜头焕然一新。这是因为氧化铜

(CuO)和酒精(C_2H_5OH)加热产生化学反应后,又还原出了铜,对电烙铁头没有腐蚀作用。

 4.2 焊接前的准备

4.2.1 焊料、焊剂的选用

1. 焊料的选用

焊料的作用是将被焊物连接在一起。焊料的熔点比被焊物熔点低,且易于与被焊物连为一体。焊料按其组成成分可分为锡铅焊料、银焊料、铜焊料等。锡铅焊料受热后很容易成为液态,而将被焊点的接合处填满,冷却后便凝固起来,完成焊接。电气工程中大部分使用锡铅合金作为焊料。

焊料可根据需要加工成线状或带状等形状。目前在印制电路板上焊接元件时,都选用低温焊锡丝,这种焊锡丝为空心,内部装有松香焊剂,熔点为140℃,使用较为方便。

2. 焊剂的选用

金属在空气中加热的情况下,表面会生成氧化膜薄层。在焊接时,它会阻碍焊锡的浸润和接点合金的形成,采用焊剂能改善焊接性能。焊剂能破坏金属氧化物,使氧化物漂浮在焊锡表面上,有利于焊接;又能覆盖在焊料表面,防止焊料或金属继续氧化;还能增强焊料与金属表面的活性,增加浸润能力。焊剂的种类较多,一般有强酸性焊剂、弱酸性焊剂、中性焊剂和以松香为主的焊剂等。电工常用的焊剂有松香、松香酒精溶液(松香40%、酒精60%)、焊膏和盐酸(加入适当的锌经化学反应后方可使用)等,应根据不同的焊接工件选用,常用焊剂的适用范围见表4.1。

表 4.1 各种常用焊剂适用范围

名 称	适用范围
松 香	・印制电路板、集成电路块的焊接 ・各种电子器材的组合焊接 ・小线径线头的焊接
松香混合剂	・小线径线头的焊接 ・强电领域小容量元件的组合焊接
焊 膏	・大线径绕组线头的焊接 ・强电领域大容量元件的组合焊接 ・大截面积导体连接表面或连接处的加固搪锡
盐 酸	・钢铸件电连接处表面搪锡 ・钢铸件的连接焊接

各种焊剂均有不同程度的腐蚀作用,所以焊接完毕后必须清除残留的焊剂。特别注意焊接电子元件时,不能选用具有酸性的焊剂,盐酸只能用来焊接(或搪镀)钢铁工件。

4.2.2 焊接点的质量要求

焊接时,必须把焊点焊透、焊牢,以减小连接点的接触电阻;焊点上的锡液必须充分渗透,锡结晶颗粒要细而光滑并有光泽,最关键的是要避免虚假焊点和夹生焊点。

虚假焊是指焊件表面没有充分镀上锡,焊件之间没有被锡固定,其原因是焊件表面的氧化层未清除干净或焊剂用得过少。夹生焊是指锡未充分熔化,焊件表面的锡晶粗糙,焊点强度低,其原因是烙铁温度不够和烙铁焊头在焊点停留时间太短。

假焊使电路完全不通、虚焊使焊点成为有接触电阻的连接状态,从而使电路工作时噪声增加,产生不稳定状态,电路的工作状态时好时坏没有规律,给电路检修工作带来很大的困难。所以,虚焊是电路可靠性的一大隐患,必须尽力避免。几种典型的不良焊接示例如图 4.4 所示。

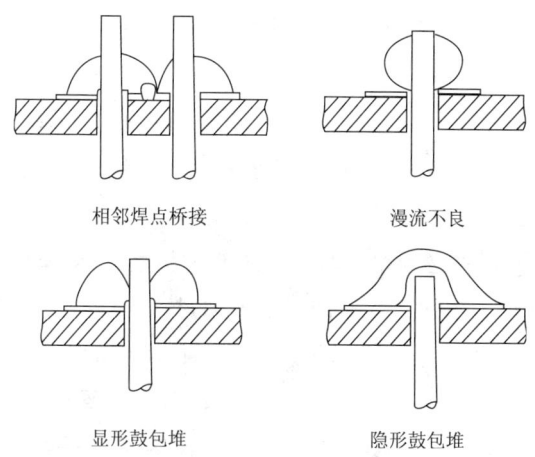

图 4.4 不良焊接示例

4.2.3 焊接前的准备

焊接前应做如下准备工作：

① 熟悉所焊电路板的装配图，检查元器件型号、规格及数量是否合乎图纸要求，做好有关准备工作。

② 视被焊器件的大小，准备好电烙铁以及镊子、剪刀、斜口钳、尖嘴钳、焊料、焊剂等辅助工具。

③ 焊前要将被焊元器件引线等表面用电工刀或砂布刮净，清理干净，在焊接处涂上适量的焊剂。

 元器件的焊接方法

4.3.1 电子分立元器件的焊接方法

电子分立元器件的焊接方法如下：

① 清除元器件焊脚表面的氧化层，并对焊脚进行搪镀锡层。锡缸内的锡液温度宜保持在 350℃ 左右，不宜过高或过低。过高时，锡液表

面因氧化过剧而悬浮的氧化物大量增加，容易沾污镀层；过低时，容易造成镀层锡结晶粗糙。

② 安装元器件的印制电路板（或空心铆钉板），如果表面没有镀过银或虽镀过银但已经发黑的，应清除表面氧化层后，涂上一层松香酒精溶液，以防继续氧化。

③ 有的元器件必须检查其引出线头的极性，在焊脚的位置确认无误时，方可下焊。每次下焊时间一般不超过 2s。

④ 使用的电烙铁以 25W 较为适宜，焊头要稍尖。焊接时，焊头的含锡量要适当，每次满足一个焊点需要即可，不可太多，否则会造成落锡过多而焊点粗大的情况，如图 4.5 所示。要注意，在焊点较密集的印制电路板上，焊点过大就容易造成搭焊短路。

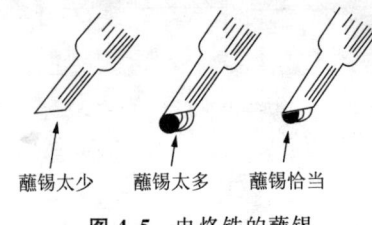

图 4.5　电烙铁的蘸锡

⑤ 焊接时，焊头先粘附一些焊剂，接着将蘸了锡的烙铁头沿元器件引脚环绕一圈，使焊锡与元器件引脚和铜箔线条充分接触。烙铁头在焊点处再稍停留一下，待锡液在焊点四周充分熔开后，快速收起焊头（要垂直向上提起焊头），使留在焊点上的锡液自然收缩成半圆粒状。焊接完毕，要用纱布蘸适量纯酒精后揩擦焊接处，把残留的焊剂清除干净。

⑥ 焊接电子元器件时，要避免受热时间过长，并切忌采用酸性焊剂，以防降低其介质性能和加剧腐蚀。

4.3.2　集成电路块的焊接方法

焊接集成电路块时，除了需掌握分立元器件焊接方法外，还需掌握以下几点：

① 为了避免周围带电器具存在的电场对集成电路块的影响，工作台面必须有金属薄板覆盖，并进行妥善的接地。同时，置于台面上的集成电路块要避免经常摩擦，以防形成静电场。暂时不进行加工的集

成电路块,要放置在有屏蔽外壳的盒内。

② 所用电烙铁的金属外壳要进行可靠的接地,因为,电烙铁的焊头存在感应电动势,如果电源电压采用 220V,电烙铁焊头的感应电动势对地的电位往往达 70V 左右,而集成电路块的耐压一般在 20～45V,因而容易被击穿。电烙铁若存在漏电,则焊头的对地电位还会更高。如果采用电源电压为 36V 的电烙铁,其金属外壳仍需进行接地,以防电烙铁漏电。

③ 集成电路块管脚因焊接需要弯曲时,应避免用力过猛而损伤其内部结构。下焊时要防止落锡过多和焊点过大,过大焊点容易出现搭接。

4.3.3 绕组线端的焊接方法

中小型电动机和变压器等绕组线端或导线的连接,通常都需用钎焊加固,以减小其接触电阻。

① 焊接前清除连线头的绝缘层和导线表面的氧化层,按连接要求进行接头,涂焊剂。

② 焊接时在接头处与绕组间要用纸板隔开,防止锡液流入绕组隙缝。

③ 将线头连接处置于水平状态再下焊,这样锡液就能充分填满接头上所有空隙。焊接后的接头两端焊锡要丰满光滑,不可有毛刺。

④ 焊接后要清除残留的焊剂,恢复绝缘。

4.3.4 线端与接线耳连接的焊接方法

各种电机或电器的进出线端,大多数采用接线耳(即线鼻子)进行连接,一般在接线耳与线端之间允许用钎焊固定。接线耳中填锡较多,要用较大功率的电烙铁以使锡能充分熔化,有效地渗入所有空隙。

① 焊接时,剥去线端的绝缘层并清除芯线表面的氧化层,多股芯线清除氧化层后要拧紧。

② 清除接线耳内的污物和氧化层,涂焊剂。

③ 将线头镀锡后塞进涂有焊剂的接线耳套管中然后下焊。焊接后接线耳端口含锡要丰满光滑。

④ 焊接后,为避免出现焊锡夹生现象,在焊锡未充分凝固时,不要摇动接线耳、线头或清除残留焊剂。

4.4 焊接实践

4.4.1 焊接物表面处理

电子制作中的焊接,是将元器件用导线连接起来或将元器件用焊接的方式固定在电路板上。为了保证制作成功,焊接之前首先要对所焊的材料进行适当的处理,对包有绝缘层的导线要把两端焊接部分的绝缘层剥掉;对元器件的引线及电路板都要进行适当的处理。处理时主要是消除焊接部位金属表面的氧化物、油污或绝缘漆,使金属露出来。对引线可用细砂纸擦或用小刀轻刮,清洁后在焊接部位涂少量的助焊剂以保证焊接的可靠性。常用的助焊剂有松香、氯化锌水溶液、焊油等。现在还有一种免清洗助焊剂,效果很好,焊接后无残渣。松香的特点是没有腐蚀性,有一定的绝缘作用,其不足之处是焊接时冒出大量的烟,且使用过量有残渣。氯化锌水溶液的特点是被焊物着锡能力强,腐蚀性强,只能焊接大型器件,不能用于电子制作。焊油有一定的腐蚀作用,一般不用于电子制作。

4.4.2 元器件的安装方式

根据制作的需要,元器件在电路板上有不同的安装方式,最常用的是立式安装法和卧式安装法。电容器、三极管常用立式安装法,电阻可用立式安装或卧式安装法。安装电容器、三极管时,元器件的引线要留5mm左右,引线太长了稳定性差,太短了对散热不利,焊接时元器件易损坏。

安装元器件时，应使元器件排列整齐、美观。除三极管外，其他元件应尽量紧贴电路板，同一电路板上有多个三极管时，应使其高度相同。

安装元器件时，有些元件的引线需要弯成一定的角度，弯折时应使引线成活弯，不要从元件的根部硬掰，以防止将引线从根部折断。对同一种元件，要尽量使引线的弯一致，这样看起来美观。

4.4.3 带锡焊接法

焊接时先使烙铁刃口挂上适量的焊锡，然后将烙铁刃口准确接触焊点，时间在3s以内，焊点形成后迅速移走电烙铁。这种焊接方法，烙铁挂锡的量应恰好足够一个焊点用，锡太多了焊点太大，锡太少了焊点的焊锡量又不够。用此法焊接时，焊点上必须涂有助焊剂，否则易出现焊点不挂锡现象。因为挂锡时，焊丝中的大部分助焊剂（松香）挥发在挂锡的过程中。

为了克服带锡焊接时助焊剂损失的情况，可将焊丝一端对在焊点上，在适当的部位用烙铁头刃口接触焊丝，这样在烙铁头刃口接触焊点之前，焊丝中助焊剂受热全部从焊丝的端点喷出，并喷在焊点上，此时烙铁头刃口粘的锡正好和焊点接触，焊接过程完成后，可迅速移走电烙铁。

4.4.4 点锡焊接法

点锡焊接法也叫双手焊接法，焊接时右手握着电烙铁，左手捏着焊锡丝，在焊接时两手要相互配合、协调一致。不仅如此，还要掌握正确的操作方法及焊接要领，这样才能做到焊点光亮圆滑、大小均匀，杜绝出现虚焊、假焊。该种焊接方法具有焊接速度快、焊点质量高等特点，适用于多元件快速焊接，具体焊接过程可分为如下4个过程：

① 加热过程。将达到预定温度的烙铁刃口前端从右侧顶在元件引脚处，并与电路板接触，电烙铁与电路板平面成45°左右夹角，加热1～2s，如图4.6(a)所示。

② 送丝过程。左手将焊锡线从左侧送入元件引线根部。当焊锡丝开始熔化后,焊点很快形成。这个过程时间的长短决定了焊点的大小,因此,一定要控制好送丝的数量,使焊点大小均匀。送丝过程如图 4.6(b)所示。要特别注意送丝位置在刃口、焊孔、元件引线三者交汇处。

③ 去丝过程。当形成大小适中的焊点时,将左手捏着的焊锡丝迅速撤去,并保持烙铁的加热状态,如图 4.6(c)所示。

④ 去热过程。在去丝后继续保持加热状态 1s 左右,以便使焊锡与被焊物进行充分的热接触,从而提高焊接的可靠性。这个过程完成后迅速将电烙铁从斜上方 45°方向脱开,留下一个光亮圆滑的焊点,至此全过程结束,如图 4.6(d)所示。注意:焊点是靠焊锡完全熔化后自身的流动性形成的,因此焊点不理想时不要用烙铁抹来抹去。

用点锡焊接法焊接时,所用焊锡丝的中间应有松香,否则不但焊接困难,并且难以保证焊接的质量。

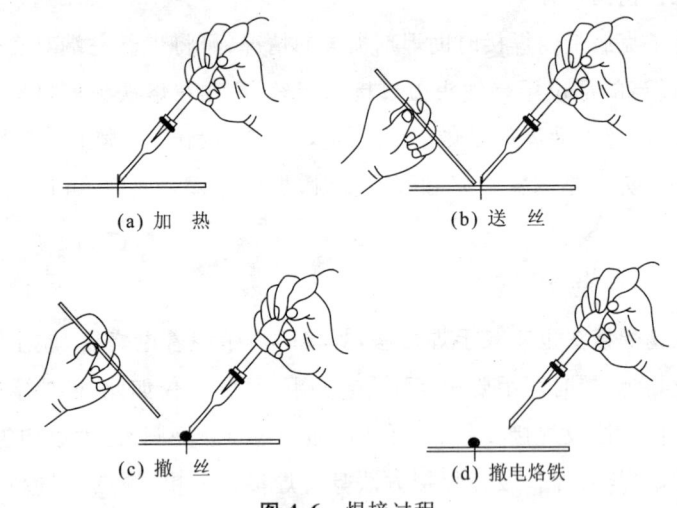

图 4.6　焊接过程

4.4.5　焊接的注意事项

焊接时应注意以下几点:

① 被焊元件和电路板如果氧化严重应预先处理。

② 电烙铁撤走后,因焊锡冷却凝固需要有一段时间,这期间要保持元件引脚的稳定,不能晃动,否则易出现虚焊。

③ 在进行点锡焊的过程中,可利用松香助焊。即焊过几个点之后,用烙铁头在松香上蘸一下。

4.5 元器件的拆焊方法

4.5.1 拆焊方法

印制线路板上焊接元件的拆焊与焊接一样,动作要快,对焊盘加热时间要短,否则将烫坏元器件或导致印制线路铜箔起泡剥离。根据被拆对象的不同,常用的拆焊方法有分点拆焊法、集中拆焊法和间断加热拆焊法三种。

① 分点拆焊法。印制线路板的电阻、电容器、普通电感、连接导线等只有两个焊点,可用分点拆焊法拆焊,先拆除一端焊接点的引线,再拆除另一端焊接点的引线,并将元件(或导线)取出。

② 集中拆焊法。集成电路、中频变压器、多引线接插件等的焊点多而密,转换开关、晶体管及立式装置的元件等的焊点距离很近。对上述元器件可采用集中拆焊法拆焊,先用电烙铁和吸锡工具逐个将焊接点上的焊锡吸去,再用排锡管将元器件引线逐个与焊盘分离,最后将元器件拔下。

③ 间断加热拆焊法。对于有塑料骨架的元器件,如中频变压器、线圈、行输出变压器等,它们的骨架不耐高温,且引线多而密集,宜采用间接加热拆焊法拆焊。拆焊时,先用烙铁加热,吸去焊接点焊锡,露出元器件引线轮廓,再用镊子或捅针挑开焊盘与引线间的残留焊料,最后用烙铁头对引线未挑开的个别焊接点加热,待焊锡熔化时,趁热拔下元器件。

4.5.2 拆焊操作过程中的注意事项

拆焊是一件细致的工作,不能马虎从事,否则将造成元器件损坏或印制导线的断裂及焊盘脱落等不应有的故障产生。为保证拆焊顺利进行,应注意以下两点:

① 烙铁头加热被拆焊点时,焊料一熔化,就应及时按垂直印制电路板方向拔出元器件的引线,不论元器件安装位置如何,是否容易取出,都不要强拉或扭转元器件,以免损伤印制电路板或其他元器件。

② 在插装新元器件之前,必须把焊盘插线孔中的焊锡清除,以便插装元器件引脚及焊接。其方法是用电烙铁对焊盘加热,待锡熔化时,用一直径略小于插线孔的缝衣针或元器件引脚,插穿插线孔即可。

4.6 集成电路的拆除和安插

4.6.1 集成电路(IC)的拆除

一旦已经识别出故障元件,则必须将其更换掉。在老式数字系统中,电路几乎无一例外地都制造成双列直插封装的集成电路。事实上,每一个元件可能会有40个甚至更多的引脚被焊接在电路板上,给拆除这些元件带来挑战。进一步讲,许多器件需要专门的处理过程或工具将所有的引脚对齐,以便重新插入。

由于管座一般比集成电路还贵,而且比较容易带来接触不良问题,所以在大多数情况下,制造商不使用管座。在许多应用中,由于涉及低电平模拟信号、振动、环境多尘等问题,管座也不实用。

当从管座中移除一片集成电路芯片时,最好是使用为完成该工作而制造的专门工具。图4.7所示的工具可用于大多数集成电路的拆

4.6 集成电路的拆除和安插

除。即使当其他元件妨碍用其他撬动工具(如螺丝刀)进入时,该工具仍可以从两边抓住集成电路。

如果必须使用螺丝刀,注意一定要从各边非常轻地撬动,否则,当 IC 取下来时,所有的引脚都会弯曲。由于较大 IC 的引脚数目比较多,所以要取下来就比较困难。图 4.8 给出了用于拔出 0.300in 集成电路的抽出器。千万不要尝试用手指或指甲从管座中拔出一个芯片。首先,芯片的一边将失去控制,使暴露的引脚猛扎到与之相对的手指中,这一般会非常疼痛。另外,这么做还会将引脚弄弯,很难再将芯片插入到管座中。当所使用的是如 PLCC 封装的小引脚间距的集成电路时,要求更加

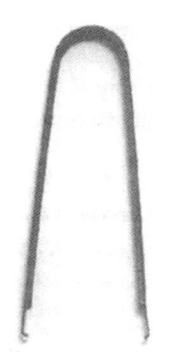

图 4.7 集成电路拆卸工具

严格。图 4.9 所示为一个专门工具,该工具是为从管座中直接取出芯片而设计的,只要简单地用手抓住工具即可。无论使用什么方法将芯片的拐角处拔出,都会造成一些精细引脚的弯曲,使其比其他引脚短或不能与管座正常接触。

图 4.8 DIP 芯片拔出器

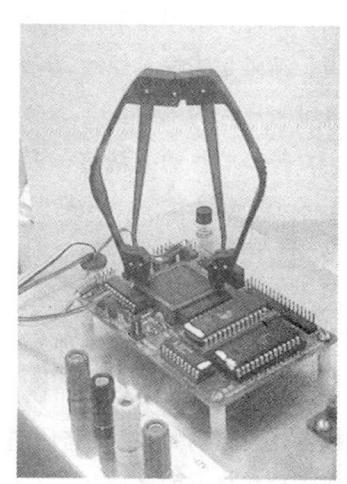

图 4.9 PLCC 芯片拔出器

如果一片双列直插集成电路是焊在板子上的,那么在移除它时就要更加细心,以防损坏电路板。当今,大多数电路板都至少是双面板,也就是印制电路板的两面都有布线。有些甚至是多层板,布线被压在电路板的各层之间。所有这些类型的板子都有金属孔。换句话说,电路板上的这些孔实际上是使管子与板子各面的焊盘相导通。

当板子制成以后,焊锡流过引脚、焊盘进入孔中,一般会流到位于板子另一面的元件的焊盘上。在能将元件拔出之前,必须将每一只引脚上的焊锡都清除掉,或者必须将所有的焊点都同时加热。

毁坏电路板的最主要的原因就是加高热的时间过长。千万不能用超过25W的烙铁在电路板上工作。对于IC的焊接来说,最好使用12W的有细尖的笔状烙铁。这种烙铁看起来功率好像非常小,但却很实用。关键是要保持尖端清洁,并适当镀锡。无论何时看到烙铁的尖端有黑壳,都要用螺丝刀柄或类似工具将其敲打掉。要在潮湿的海绵上擦烙铁,然后在尖端加一薄层新焊锡,这是使传递到焊点的热量最少的唯一方法。

毁坏电路板的第二个主要原因是在清除掉所有焊锡之前,就试图拔下元件。铜焊盘是粘在纤维板上的,但是它不如焊锡和铜结合得牢固。结果是当拔元件时,把焊盘从板子上扯了下来,这将给后面的维修带来更大的困难。

拔出芯片的方法之一是用一个小斜口钳将各个引脚都剪断,如图4.10所示。然后,用尖头镊子夹住引脚,再将焊点加热,将引脚拔出。当用斜口钳剪各引脚时,由于向各引脚施加的力过大,因此该方法一般会损坏焊盘。

另一种方法是将一种专门的附件用于烙铁,这是专门为同时加热一个芯片上的所有引脚而设计的,同时在电路板的另一面使用芯片起拔器。可惜的是,很难将附件适当地贴在电路板上进行良好的热传递。导热良好的区域马上就熔化了,但是导热不好的区域则不能完全熔化。这就需要功率更大的烙铁进行加热,结果是烙铁必须在板子上停留更长的时间,过多的热量使焊盘从电路板上脱落下来。

可能对 IC 去焊锡的最好方法就是在拔芯片之前,将所有的焊锡从各引脚上清除掉。现在已经有具有内装真空泵的专用去焊锡烙铁,其中一种如图 4.11 所示。将空心尖端放在 IC 的引脚上,直至焊锡彻底熔化。然后触动真空泵,将焊锡通过烙铁的尖端吸入收集器中。这种装置的主要问题包括保持尖端镀锡以便良好导热,保证真空管线不被焊锡堵塞。

图 4.10 用斜口钳取下 IC

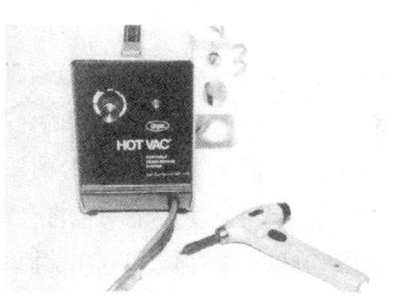

图 4.11 去焊装置

可取得相似结果的另一种方法是使用图 4.12 所示的去焊工具。该装置有一个带弹簧的活塞,利用一个触发按钮释放该活塞。用一个笔状烙铁将 IC 引脚周围的焊锡充分加热,然后将吸锡器的尖端放到引脚上,并触发扳机,将焊锡从电路板的金属孔中吸出来。多进行一点练习,多一些耐心,该方法可以很有效。当已经用任何一种方法对元件进行移除之后,这些工具对于清除孔中的剩余焊锡非常有用。

当用上述真空法拔除芯片后,在元件面还会保留一些焊锡残留,将芯片引脚与位于芯片下面的焊盘焊接到一起。清除该焊锡的最好方法就是用吸锡编织带。吸锡编织带是一种经过编制的铜或合金带子,将其放到需要清除焊锡的点上。用一个烙铁对编织带和焊锡进行加热,使焊锡流入编织带上,如图 4.13 所示。使用这种方法时,应当避免使用较大功率的烙铁来加快加热速度。编织带也可用于从一个孔中吸出剩余的焊锡,但只适用于每次吸出少量焊锡的情况。当编织带浸满焊锡时,将其剪掉可再继续使用。

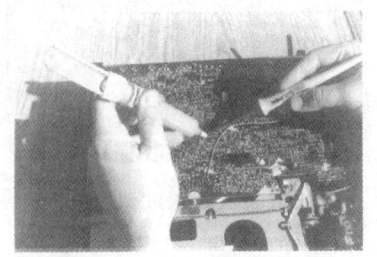 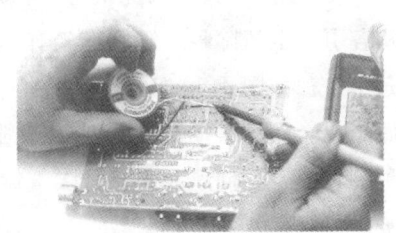

图 4.12　吸锡器　　　　　　　图 4.13　使用吸锡编织带

当所有焊锡都被清除掉以后,用一个尖头镊子,从电路板的焊界面将每一个引脚在其孔中扭动,确保其松动。当所有的引脚都松动之后,用前面所述的从管座拔出芯片的任何一种芯片拔出方法,轻轻地将芯片拔出。如果用力过大,很可能将会毁坏板上的敷铜。如果只有一个或两个引脚难以去焊,那么可以用前面所述的方法将其剪断,以免毁坏板子。

4.6.2　集成电路的安插

大部分 IC 芯片的引脚都略微张开,比一般管座的宽度稍微宽一点。因此,最好用图 4.14 所示的专用 IC 插入工具将芯片插入。试图用手弯曲引脚并插入芯片会对芯片产生静态损坏。但更常见的是,在插入 IC 期间,会使一到两个引脚弯曲到 IC 下面。从芯片上面看,要检查出该错误几乎是不可能的,经常会带来难以定位的问题。

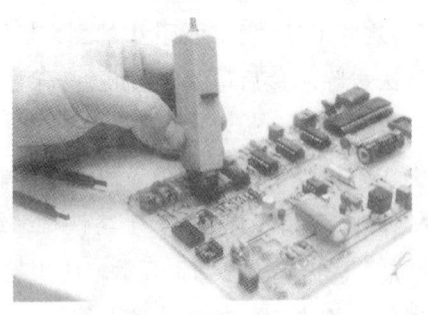

图 4.14　使用 IC 插入工具

如果一片换下来的芯片被焊在了板子上，那么就要用一片新芯片将其更换，并考虑使用一个管座。管座有优点也有缺点。

当要将一片芯片或其管座焊下来时，要确保电路板上的所有故障都已经修理好。如果金属孔的套筒已经被拉出来了，则有必要将引脚焊到板子的两面上。使用低温烙铁，将烙铁放到引脚上的时间不要超过几秒。用焊锡不要过多，注意引脚之间不要跨接。

第 5 章 电子制作方法与技巧

5.1 安全规程

电子制作中可能引发的事故,主要来自三个方面:电、生物学、化学。下面介绍与它们相关的安全规程。

5.1.1 电

在项目制作过程中用到的均是低功率电路,并不是很危险。原因是它们可以安装在盒子里面或在低电压下操作。但是下面这些安全措施还是需要考虑的:

① 对高压的地方进行安全防护,避免在高压电路中使用金属部件或金属外壳。

② 必须通过变压器给电路供电,特别是对与人体作用的电路(生物反馈等)。

③ 为避免短路,在敏感电路上应加保险丝或限流电路。

④ 不要将高压电路或由交流电供电的电路与人体相连。

5.1.2 生物学

与生物体作用的电路(例如,人体)是非常危险的。因为它们可以改变我们对自己身体的控制。例如,如果不能正确使用生物反馈,那么它会引起催眠或暂时的混乱。以下建议可以避免此类事故的发生:

① 不要对实验中使用的生物体造成任何伤害,确保在尽量舒适的条件下对生物体进行实验。

② 观察实验是否会引起生物体或人体不适。如果有,马上停止实验。

③ 涉及人体的实验一定要在成人的监督下完成。

5.1.3 化 学

一些实验中使用的化学物质会产生一些附加的危害。如果使用方法不当,实验过程中产生的物质会引发事故。为了避免化学物质引发事故,要遵守以下规则:

① 如果在实验过程中会产生气体,那么应该提供一个安全的排气装置。

② 如果会产生曝光或与人的皮肤有接触,一定要保证实验中使用的样品不会对人体或者待实验物造成伤害。

③ 避免在封闭或不通风的房间里使用化学物质。

5.2 组装方法

电子产品的生产厂利用工具和特殊的方法,甚至机器将一些小的元器件粘贴到电子产品上去,这种方法叫做表面贴装技术(SMT),它可以组装非常小的元器件,这些元器件被称为表面贴装元器件(SMD)。如果不使用特殊的工具和机器,很难处理这些小元器件,当然也很难用它们来组装成产品了。这些工具和机器与传统的组装电子管及电子元器件(灯、开关、保险丝等)等老式元器件的基本技术是不同的。

对于大多数读者来说,最好从一种中等难度的技术开始。制作项目使用到的元器件较大,不方便用特殊的工具来处理,只能通过手工来组装。但是这些元器件的功能与 SMD 元器件是一样的。只不过在电路板上需要更多的空间。另外,越小的元器件,越需要特殊的工具,

5.2 组装方法

并且需要读者熟悉这些工具的操作方法。初学者可能没有这些工具或者技巧来处理非常小的元器件。

因此,在选择独自或者跟朋友一起完成一个项目制作,以及进行一项科学实验时,第一件要做的事情就是学会使用工具,了解需要组装的元器件,掌握最主要的组装手段,即焊接。

5.2.1 接线条搭建方法

小型电子元器件需要支撑固定并连接成电路。有很多技术方法可以让这些元器件处于工作状态。最简单的方法就是使用接线条将元器件连接到电路中,如图 5.1 所示。

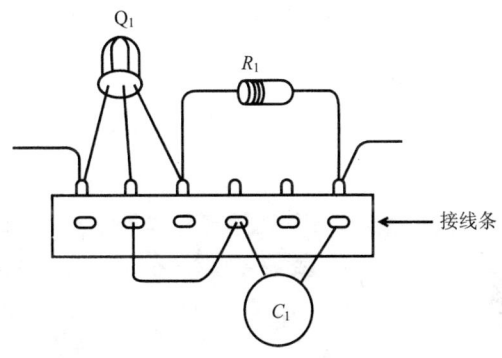

图 5.1 简易项目中使用接线条作为底盘

元器件焊接在相应的接线条上。元器件的放置及导线的连接方式决定了电路的功能。如今这已不是最好的搭接电路的方法了,但这种方法的优点是比较简单,且不需要特殊的工具或资源。

另外一种连接电路的方式是使用带螺钉的接线条,如图 5.2 所示。这种搭接电路方法的优点是元器件不需要焊接,缺点是必须特别小心才能使电路连接稳固。任何的接触不良都会影响电路的性能,甚至会使电路不工作。另外,这种搭接方法只适合简单的电路。

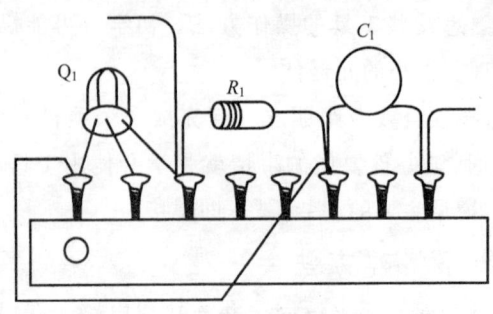

图 5.2 用带螺钉的接线条连接电路

许多实验项目还可以搭建在面包板上,如图 5.3 所示。元器件的引脚插入到插孔里,通过里面的金属电线按照预先设定好的连接方式连接在一起。这种技术的优点是不需要焊接元器件,元器件可以在其他的项目中重复使用。另外,元器件也很容易被替换,使得实验可以按照需要的性能达到最佳的效果。

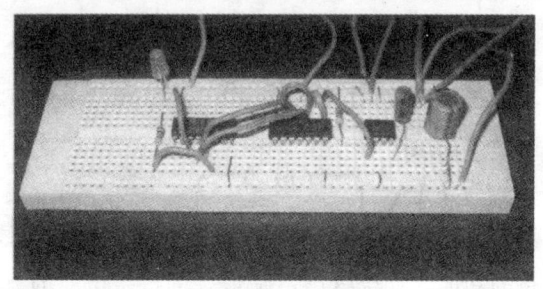

图 5.3 面包板

5.2.2 印制电路板(PCB)的搭建方法

电路设备中使用的小元器件不能在没有物理支撑下单独使用。它们需要某些介质来使它们固定在工作位置上,并同时与电路其他部分保持电气连接。

通过观察电子设备,读者会发现小型电子元器件安装在一种特殊的纤维板或其他绝缘材料板上。这种用来支撑安装元器件的底板叫做印制电路板(PCB)。图 5.4 示出的就是用绝缘材料做成的,单面或双面印制了铜材料的电路板。

铜条带是将电流从一个元器件传输到另一个元器件的导线,铜条带的层铺样式是由电路功能决定的。在电路板制作前,所有的铜条带应根据元器件的连接方式及电路的功能设计好。这就意味着一块用来安装收音机元器件的 PCB 是不可以用来搭建电视或其他设备的。

小型元器件是通过将引脚插入到 PCB 上来固定的。在板的另外一面,引脚被焊接到铜线上,如图 5.5 所示。

图 5.4 普通 PCB

组装消费类电子产品或专业设备的过程中使用了非常小的元器件。这个过程采用的是自动化机器(如表面贴装机),它由根据电路功能编写的程序进行控制,能自动地将元器件焊接到 PCB 上。元器件被安装或焊接在铜层的同一侧,如图 5.6 所示。

在 PCB 上安装元器件是一项很精细的操作,这是想使用 PCB 设计电路的读者必须掌握的。这个工作需要特殊的技术,因为元器件体积很小且很脆弱。

图 5.5　将元器件引脚焊接在印制电路板

图 5.6　直接焊在印制电路板上的 SMD 元件

5.2.3　焊　接

元器件一般焊接在接线条及 PCB 的铜条带上。电子组装过程中使用的焊料是由 60％的锡和 40％的铅组成的合金，并混有一定数量的松香。一般称这种焊料为晶体管焊料、收音机电视焊料，或者 60-40 焊料。

当加热到 273℃（523℉）时，焊料在元器件的引线端熔化成一个小球，将元器件固定在电路板上，同时使电路跟铜条带及其他元器件连通起来。在焊接或替换元器件时，读者需要一些焊料和一把烙铁。可以购买少量的焊料，如图 5.7 所示。烙铁结构如图 5.8 所示。

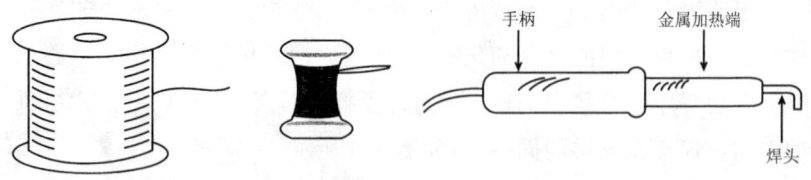

图 5.7　普通焊料　　　　　图 5.8　电烙铁

5.2 组装方法

焊接是一种很简单的操作,有过电路制作经验的人对此都比较熟悉。电子设备是非常脆弱的,焊接时一定要十分谨慎,以免造成破坏。许多电子设备焊接时由于过热或采用不正确的焊接方式而被损坏。焊接电子元器件(安装或者移除 PCB 上的元器件)的基本步骤如下:

① 烙铁通电后,至少预热 5min。这可以让电烙铁的焊头达到一个适合焊接的温度。

② 将烙铁接触一会儿元器件,让元器件(或连接点)受热。然后将焊料接触连接点,而不是烙铁,如图 5.9 所示。你会发现焊料熔化时会渗透到焊点的每一部分。

③ 移开烙铁,但不要动焊点,直至它冷却。焊点是否已经凝固很容易用肉眼观察到。焊点表面升起一种特殊的薄雾之后,焊点就冷却了,再去碰焊点也不会有问题了。

图 5.10 给出了一个完美的焊点和一些有问题的焊点。电子设备

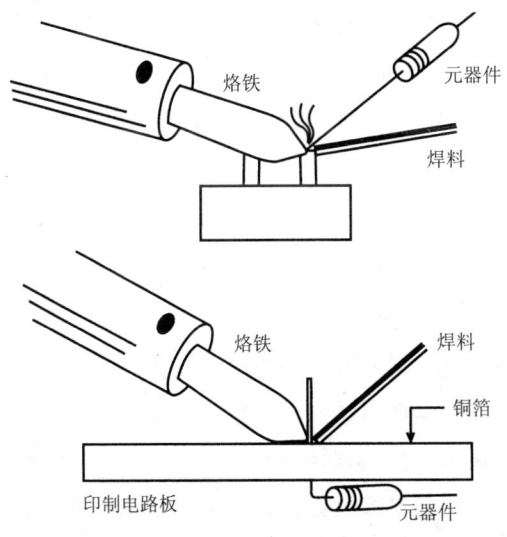

图 5.9　在接线条上焊接元器件

出现问题的一个主要原因是"虚焊"。焊料看上去跟元器件连在一块，实际上并没有形成电的通路。原因是连接处没有充分加热，焊料没有渗入到金属焊盘，在焊盘与元器件之间形成了一个水分或氧化物绝缘层。

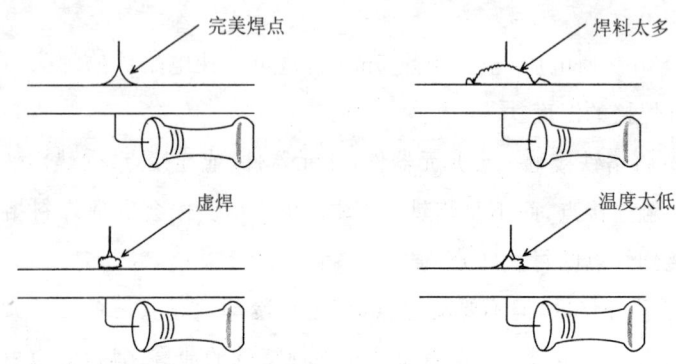

图 5.10　完美的焊接点和一些有问题的焊点

5.2.4　其他工具

烙铁并不是制作项目电路设计中所需要的唯一工具。在涉及电的部分时，许多安装电路的工具也是需要的。在家里读者可能有许多这样的工具，但是许多电子元器件是非常小且很脆弱的，需要特殊的工具和细心的操作。

在使用这些电子元器件时，如果工具不合适将会造成电路的损坏。如果读者想开发电路，我们建议至少拥有以下工具：

- 剪线钳，长 4～6in(1in＝2.54cm)。
- 链嘴钳或前端很尖的尖嘴钳，长 4～5in。
- 两个以上的改锥，长 2～8in。
- 压线钳卷边工具，剥线钳和刀具，适于 10～22 的线规。
- 精密的成套小改锥，包括六角的、普通的等类型。
- 焊接或卸焊的辅助用具，如卸焊球、烙铁支座及清洁器。
- 其他起到支撑作用的工具，比如一个小型真空吸盘或一个支架。

- 小型手电钻。

在电子元器件和工具的目录中还可以找到许多其他的工具。

5.3 原理图和符号的含义

原理图或示意图是用来表示许多元器件是如何连接在一起的。制作项目的实施者必须能够使用原理图来表示出元器件以及它们之间的连接方式。在原理图中,元器件并不是按照它们真正的形状或规格来表示的,而是用符号表示。

对那些不熟悉电子学但又想使用这种技术进行制作的读者来说,如何解释好原理图是入门的基础。理解各个元器件符号的含义,以及它们在电路中的作用是熟悉原理图的重要一步。

让我们通过一个示例来学习怎样读懂原理图。图 5.11 是一个简单电子装置的原理图,这是一个用来进行动物训练的音频振荡器。该原理图中的所有元器件都是用符号表示的。许多情况下,标识符、数值及其他一些重要信息也一并在图中给出。

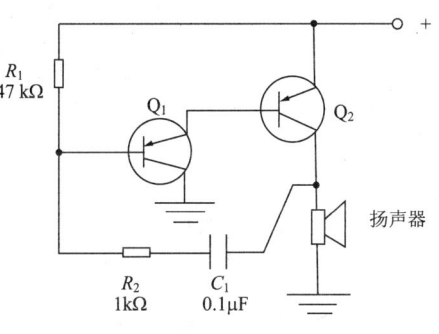

图 5.11 通过符号表达电路原理

每个元器件符号的旁边是标识符及数值。这很重要,因为它可以帮助制作者在 PCB 上、接线条或装置的内部找到相应的元器件。

按照一般的习惯,所有电阻都用字母 R 标示,下角标是元器件的编号。这就是说,如果在一个装置中有许多电阻时,它们会被标成 R_1、R_2、R_3,依此类推。电容器一般用字母 C 表示,一个电路上的电容

器也是从 C_1、C_2、C_3 开始标记。晶体管用 Q、T 或者 TR 表示,可以用 Q_1、T_1 或 TR_1 进行编号。

许多情况下,字母下角标的多位数字可以表示出元器件所在的区域。第一个区域中的电阻从 R_{101} 开始标记,第二个区域中的电阻从 R_{201} 开始标记。在符号和标识符的旁边,我们可以找到元器件的类型和值。

电阻的旁边标着阻值,比如 R_1,1000Ω 或者 1kΩ。如果是晶体管,你可能会看到 BC548 的标志,意思是使用时必须用 BC548 替代,安装时必须把 BC548 装在那个位置。晶体管一般以 2N 开头作为标识符,但是许多生产商以一组字母来表示它们的名字,如 TIP[德州仪器(Texas Instruments)]和 MPS 或 MM[摩托罗拉(Motorola)]。按照欧洲的编码习惯,使用 BC 或 BD 作为设备的标志,而日本则使用 2SB、2SC 或者 2SD 来表示晶体管。

本书中,低功率设备上通用的晶体管一般使用 BC548 和 BC558,中等功率的晶体管用 TIP31、TIP32、TIP115、BD135 或者 BD136,高功率的晶体管用 TIP41、TIP42 或 2N3055。

根据电路,其他一些重要信息也可以在原理图中找到,如电路不同节点的电压值。如图 5.12 所示,A 点和地(一般指参考地或 0V)之间用万用表测得电压是 6V。在原理图上也可以看出安装的步骤、诊断的问题、等价电路等。

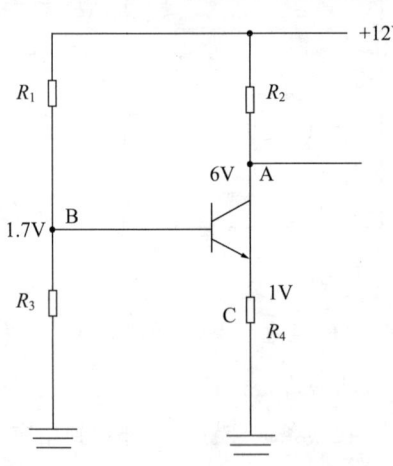

图 5.12 原理图中标出某些节点的电压值

第6章 实用电子制作

6.1 晶体管闪烁灯

在这一节我们用两个晶体管制作一个简单的脉冲振荡电路,它让 LED(发光二极管)闪烁,取名叫双晶体管闪烁灯(图 6.1),再把它装入模型中。

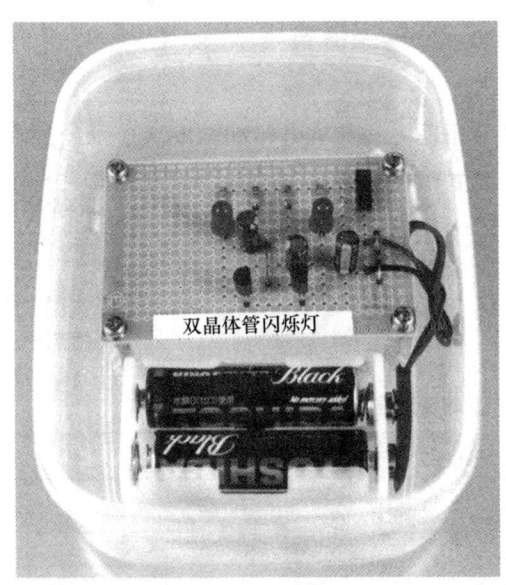

图 6.1 双晶体管闪烁灯

6.1.1 电路工作原理

1. 单稳态多谐振荡器

若有输入信号(触发器),该振荡器电路就按设定的时间输出脉冲,其作用是扩大脉冲的振幅。所谓触发器,其功能类似于扣动手枪的扳机。

2. 双稳态多谐振荡器

随着每次触发信号的到来,双稳态多谐振荡器一侧从高电平变化到低电平,另一侧从低电平变化到高电平,然后将这个状态保持到下一个触发信号出现,一旦下一个触发信号到来,各状态再次反相。

3. 非稳态多谐振荡器

非稳态多谐振荡电路即使没有触发信号,振荡仍能持续下去(图6.2)。它的输出按设定的 H 电平→L 电平→H 电平→L 电平……的周期循环振荡。

非稳态多谐振荡器的基本电路如图 6.2 所示。如果接入电源,其中的一个晶体管首先通电为 ON。我们假设 Tr_1 先为 ON 的情形,得到图 6.3 所示的动作波形。

① $t=0$ 时,晶体管 Tr_1 的状态为 ON($V_{BE1}>0$),Tr_2 为 OFF($V_{BE2}<0$)。

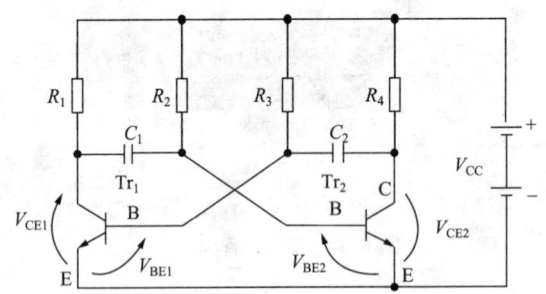

图 6.2 非稳态多谐振荡器的基本电路

6.1 晶体管闪烁灯

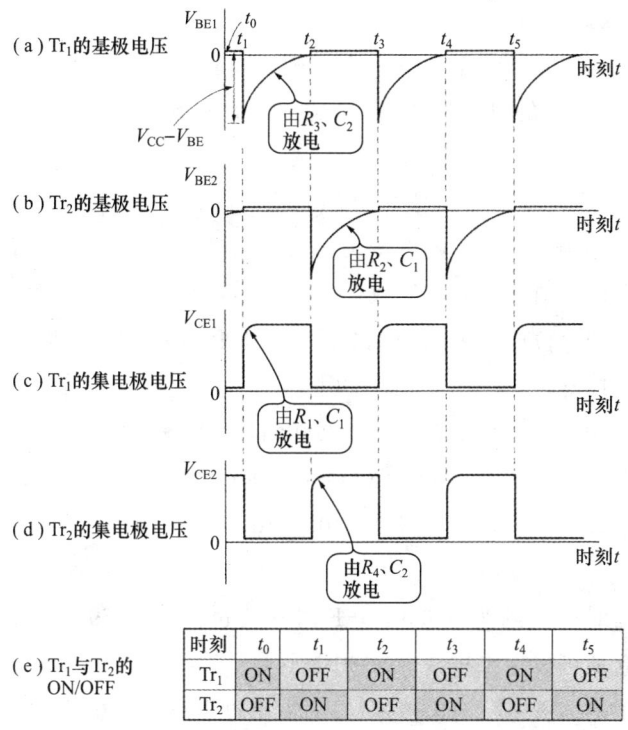

图 6.3 非稳态多谐振荡器各部分的波形

② $V_{BE2}<0$ 可以认为是 C_1 的充电电压造成的。随着时间的变化它将逐渐接近于 0，$t=t_1$ 时，$V_{BE2}=0$。

③ 若经过时间 t_1，由 R_2 知，$V_{BE2}>0$，Tr_2 从 OFF 切换为 ON。

④ 若 Tr_2 变为 ON，由于在 OFF 期间 C_2 经由 R_2 被充电至已接近于 V_{CC}，因此这个充电压就是 Tr_1 的 V_{BE1}，而致使 Tr_1 置 OFF。

⑤ 由于 Tr_1 的 OFF 状态是由 C_2 的充电电压造成的，如通过 R_3 放电，在 $t=t_2$ 时，$V_{BE2}=0$，Tr_1 就从 OFF 切换为 ON。

⑥ 若 Tr_1 为 ON，在 OFF 期间 C_1 中充电的电压施加到 V_{BE2}，置 Tr_2 为 OFF。

⑦ 以上的动作重复进行。

4. 振荡周期

我们选 Tr_1、Tr_2 中的一个来分析。设晶体管处于 ON 的时间为 T_{ON}，处于 OFF 的时间为 T_{OFF}，那么周期 T 按下式计算：

$$T = T_{ON} + T_{OFF}$$
$$= 0.69R_2C_1 + 0.69R_3C_2$$
$$= 0.69(R_2C_1 + R_3C_2)$$

计算时电阻 R 的单位取 Ω（欧[姆]），电容 C 的单位取 F（法[拉]），周期单位取 s(秒)。例如，取 $10k\Omega$、$100\mu F$，则应先换算成

$$10k\Omega = 10 \times 10^3 = 10\,000\Omega$$
$$10\mu F = 100 \times 10^{-6}F = 0.000\,01F$$

若 $R_2C_1 = R_3C_2$，表明 ON 和 OFF 的时间段相同，这时可以计算出：

$$T = 0.69 \times (10 \times 10^3 \times 100 \times 10^{-6} + 10 \times 10^3 \times 100 \times 10^{-6})$$
$$= 1.38(s)$$

即 ON 的时间段约为 0.69s，OFF 时间段也约为 0.69s，合计 1.38s。这样的周期可以用来控制电珠的闪烁。

由于晶体管基极有电流流动，当发生电阻增大或电容减小的现象时，实际的周期值都会或多或少地偏离计算值。如果选用电阻的阻值太大，以致让晶体管切换成 ON，而基极电流停止，就会出现不再振荡的后果。

6.1.2　让电珠闪烁

通过以上内容，我们理解了如何利用非稳态多谐振荡器产生电珠闪烁的信号。在此基础上再追加一个或两个晶体管用于驱动电灯，电珠就一闪一闪地闪烁起来。

不过电珠消耗的电能比较大，所以在本章我们决定使用 LED(发光二极管)。而且 LED 还有各种颜色，如果选红色 LED，几毫安大小的电流就可以得到非常醒目的效果，因此，红色 LED 是我们最终的方案。

再回到图 6.2，若很顺利地选择 R_2、R_3、C_1、C_2 的设计值，那么在

R_1 和 R_4 中流过的电流就足以点亮 LED。

图 6.4 标出电路中元器件具体的参数值,区别仅仅在于多了 LED,它与图 6.2 电路中的电阻 R_1、R_4 串联连接。

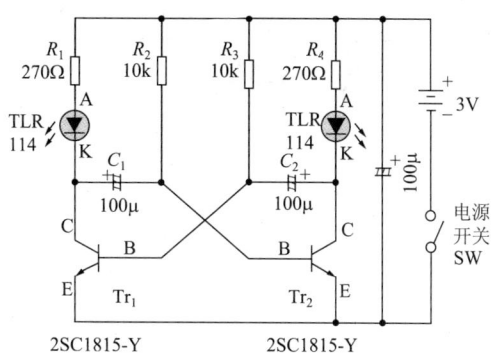

图 6.4 双晶体管电灯闪烁电路

6.1.3 元器件与电路图形符号

元器件列表见表 6.1。

表 6.1 双晶体管闪烁灯/闪烁胸花元器件列表

品 名	型号/规格	数 量
双晶体闪烁灯		
晶体管	2SC1815-Y	2
红色发光二极管	TLR114	2
碳膜电阻	270Ω,±5% 1/4W	2
	10kΩ,±5% 1/4W	2
铝电解电容器	100μF,10V	3
实验电路板	1CB-88	1
金属套管	长 15mm 两端 M3 孔	4
螺栓(螺钉)	M3×6mm	9
电池盒	5号×2	1
电池搭扣	0.06P 用	1
滑动开关	3P 或 6P	1

续表 6.1

品　名	型号/规格	数　量
食品盒	Keeper B-803	1
其　他	尼龙线、φ0.6 镀锡金属线等	少　许
缓慢闪烁的胸花		
晶体管	2SC1815-Y	3
红色发光二极管	TLR114	1
碳膜电阻	270Ω, ±5% 1/4W	1
	1kΩ, ±5% 1/4W	3
	10kΩ, ±5% 1/4W	1
	51kΩ, ±5% 1/4W	2
铝电解电容器	100μF, 10V	3
实验电路板	1CB-88	1
滑动开关	3P 或 6P	1
胸　花		1
Z 形卡具	用于固定纽扣电池	少　许
绝缘管		少　许
其　他	尼龙被覆导线/φ0.6 镀锡金属线等	少　许

6.1.4　制　作

下面我们来制作两种形式的闪烁电路,一种与电路图的布局相同,另一种的尺寸尽可能小。实际上,为了让电子电路按照我们的要求动作,重要的是元器件布置,而非单纯地追求把元器件挤进预想的尺寸空间内,因为这样做的结果往往会产生噪声,引起电路的故障。

在这一节,如果我们能够按照电路图的要求连接的话,电路工作会基本正常,不出现问题。理由是因为电路中用晶体管完成开关动作

（ON/OFF），即使多少有些噪声也不会出现误动作。

我们来看图 6.5，会发现它基本上与电路图元器件的布局相同，要注意各元器件在电路板上所占据的孔数。

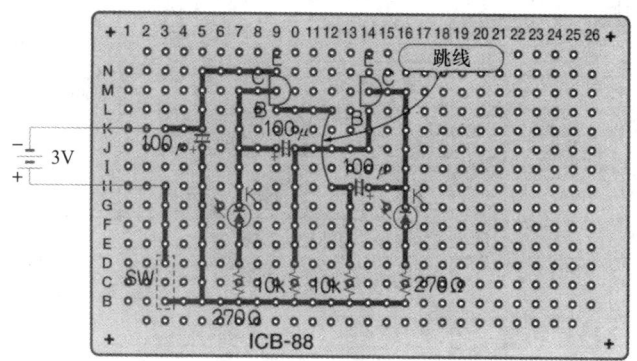

图 6.5　双晶体管闪烁灯的元器件布置与布线

在用实验电路板制作电路的时候，连接元器件的原则是尽量顺着孔的走向在焊接面一侧排列镀锡金属线。

如果实在无法按照上述原则排列，那么只有改到元器件面一侧，用尼龙被覆导线或镀锡金属线连接，称之为"跳线"。

6.1.5　动作确认

在电池盒中放入两只 5 号干电池，把电源开关置 ON。

若两个 LED 交互闪烁，表示电路正常。如果不闪烁，就需要检查焊点、元器件的极性、电阻值等是否有误。

经过以上步骤后即可结束动作确认，再将电路装入机壳中（图 6.1），那么制作就算完成了。新品 5 号干电池的连续使用寿命在一年以上。

6.1.6　闪烁电路

1. 电路的变更

图 6.6 示出了闪烁电路，它的非稳态多谐振荡器部分与图 6.2 的基本电路相同，不同之处在于追加了驱动 LED 的晶体管，并在基极上

添加了 22kΩ 的电阻和 100μF 的电容。让基极电压慢慢地变化，LED 就会像萤火虫那样闪烁发光。

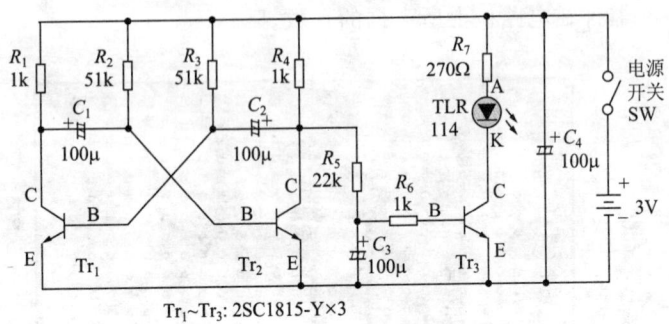

图 6.6　闪烁电路

2. 元器件布置

图 6.7 给出元器件布局。这一次还有一处变更，是电池从 5 号换成了纽扣电池（LR44），同时需要更换电池座。纽扣电池的电池座在市面上虽有出售，不过类型少，与我们的安装孔不符，所以需要我们制作图 6.8 所示的电池座。

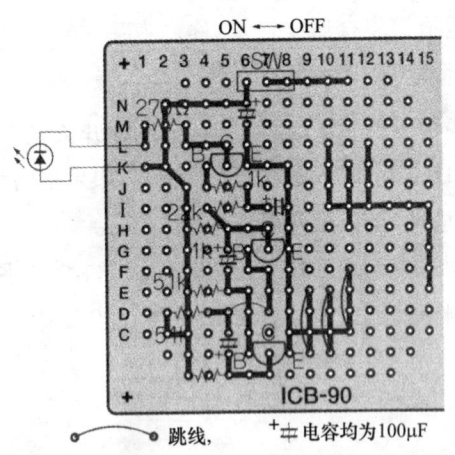

图 6.7　闪烁电路套件

6.1 晶体管闪烁灯

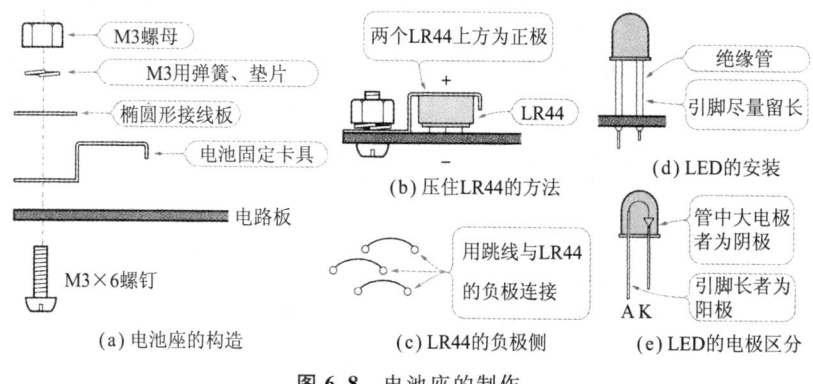

图 6.8　电池座的制作

注意,一定要让电池座与纽扣电池的正极接触,反之有时可能会使正负极短路。

3. 布线与组装

用镀锡金属线连接元器件往往会有不便之处。面对这种情况可以改用尼龙被覆导线,剥掉它的表皮,选其中的一根芯线来焊接元器件即可。

图 6.9、图 6.10 给出电路板完成后的情况。我们能看出 LED 套上了绝缘管,留出了长长的引脚。

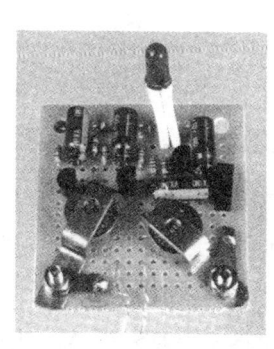

图 6.9　闪烁电路板的元器件面

图 6.10　闪烁电路板的焊接面

213

4. 动作确认

放入纽扣电池，将电源开关置为 ON，LED 就开始周而复始地闪烁。

要注意，LED 消耗的工作电流大约 25mA，所以不能点太长的时间。

最后要把电路板的焊接面全部贴上绝缘胶带。目的是防止元器件引脚把衣服相应部分刮坏。

6.1.7 元器件的互换

1. 晶体管

只要直流电流放大系数 h_{FE} 为 100 以上，引脚配置相同的任何型号弱信号 NPN 型晶体管均可以互换。

2. 电阻、电容器

只要电阻阻值或电容值与指定值相差不大均可选用，但是耐压必须在指定值以上。为了实现小型化，可以采用 φ5 以下的元器件。

3. LED

凡红色 LED 均可使用。

6.2 电子乐器

图 6.11 是我们所制作的电子乐器的外观，其构成如图 6.12 所示。振荡频率通过 VR 改变，VR 的轴与戴在一根手指尖的套环连接。演奏的时候，手指的位置决定音程。套环还有开关的作用，与套环下面放置铜线接触时，振荡器的输出就由扬声器发出声音。对这个开关进行 ON/OFF 操作就实现了音乐的节奏。

6.2 电子乐器

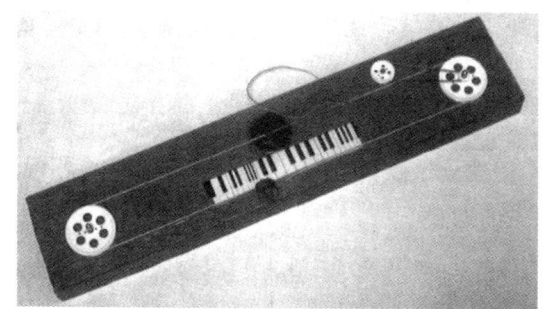

图 6.11 电子乐器的外观

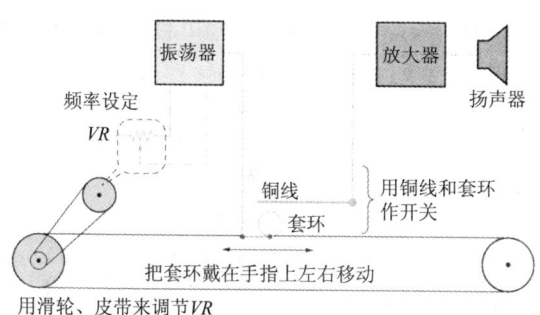

图 6.12 电子乐器的组成

6.2.1 电路原理

1. 双晶体管 AC 放大器

图 6.13 是用于振荡电路的放大器电路,它由两个晶体管构成非反相放大器。这个电路的特点是由 Tr_B 的发射极向 Tr_A 的基极提供电流。Tr_B 发射极电压的变化方向与 Tr_A 基极电压的变化方向相反。因此可以通过电阻向 Tr_A 的基极施加负反馈,并且该负反馈不对 AC 信号起作用,因为 Tr_B 发射极接入的

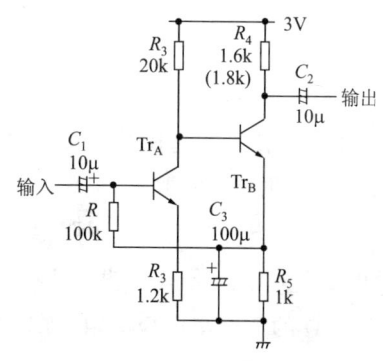

图 6.13 振荡器放大器电路

大容量电容器 C_3 能够吸收 AC 成分。对交流信号,Tr_B 发射极视同接地,因此 Tr_B 对 AC 有较高的放大系数。

另一方面,在 DC 范围内,电路处于较强的负反馈工作状态,这对克服晶体管的特性分散性、工作点温度漂移是非常有用的。

2. 工作点的确定

本装置的电源电压低(仅 3V),如果 Tr_B 的工作点选择不当,就无法得到足够的振幅信号。Tr_B 集电极电压的最大值为电源电压,最小值相当于 Tr_B 的发射极电压(实际上等于发射极电压加上 0.1V 左右)。

为了得到更大的振幅,无信号 Tr_B 集电极电压的值应该取电源电压与发射极电压之和的一半。为了达到这样的电压分配关系,怎么决定电阻值呢?下面来讨论这个问题,不过我们事先假设电流所造成的电压降很小,小到可以忽略不计。

Tr_B 的发射极电压必须给 Tr_A 的基极供给电流,所以,至少需要 0.7V。因此,集电极电压合理的浮动范围就是从发射极电压以上(稍高于 0.7V)到电源电压(3V)。如前所述,无信号集电极电压应该取其中间值,即

$$V_C = \frac{3+0.8}{2} = 1.9(\text{V})$$

如果发射极电阻取为 1kΩ,集电极电阻为 1.61kΩ,那么基本上能够满足这个条件。

Tr_A 的集电极电压等于 Tr_B 的发射极电压加上 0.6V,即约 1.3V。Tr_A 的发射极电压比基极电压低 0.6V,即 0.1V。如果集电极电阻取 20kΩ,发射极电阻取 1.2kΩ,那么就能实现这样的电压分配关系。

上述方法在确定电阻阻值时并未考虑基极电流的影响,因此实际电路的工作点会有一些不同。制作过程中经过调整,实际上将原 1.6kΩ 的 Tr_B 集电极电阻,改为 1.8kΩ。

3. 振荡电路的工作情况

图 6.14 所示是电子乐器电路布线。0.033μF 电容器与外置的 50kΩ

可变电阻 VR 构成的 CR 电路的作用是放大器的正反馈部分。输入与输出的相位差成为持续振荡的主要原因,振荡的频率由 C 和 R 确定。

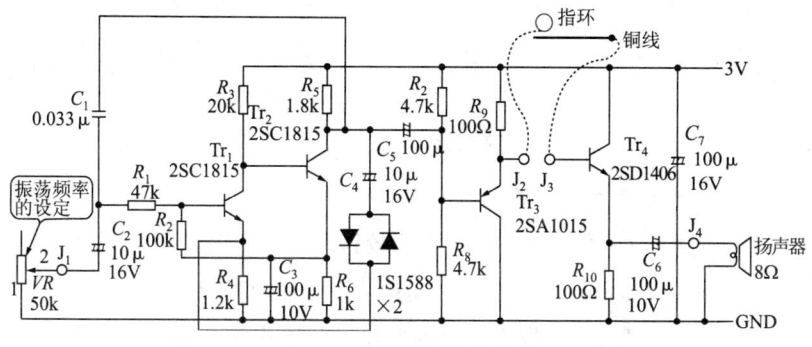

图 6.14 电子乐器电路

接入的两个二极管的作用是负反馈。在小振幅不加负反馈,输出振幅如果超过二极管的正向电压,就施加负反馈,以便抑制放大幅值,防止输出被中止。

图 6.15 所示是正反馈电路的阻值与振荡频率的关系。纵坐标从 200Hz 左右到听觉临界频率,即 20kHz 附近。当频率处于中间频段时,输出的整流波形如图 6.16(a) 所示,频率如果再升高,就会出现图 6.16(b) 所示的畸变。

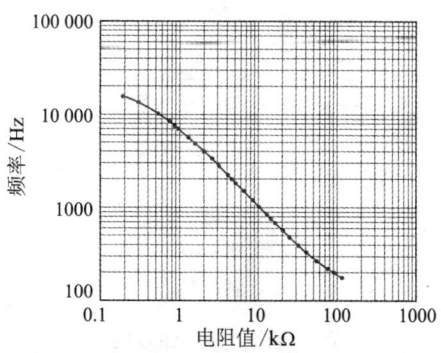

图 6.15 阻值与振荡频率的关系

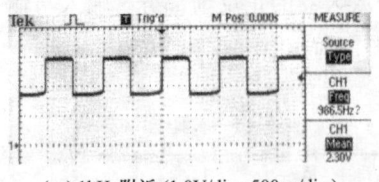 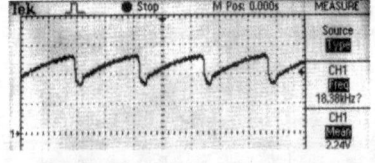

(a) 1kHz附近 (1.0V/div., 500μs/div.)　　(b) 20kHz附近 (1.0V/div., 25μs/div.)

图 6.16　振荡波形

4. 乐音与频率的关系

人类的听觉效果与频率的关系比较符合对数曲线。就是说,人类对音程高低的感觉不与频率成正比,而是与频率的对数成正比。音阶每上升一倍频程(8度),频率发生 2 倍的变化。按照广泛使用的所谓平均律的调律法,位于每个频程中间的音,每上升半个音节,频率发生 2 的 12 次根(约 1.059)的变化。因此,如果把频率取作对数,音名就如图 6.17 所示那样等间隔排列。表 6.2 表示出乐谱音名与频率的对应值。例如,"啦"在乐音国际上规定为 440Hz。NHK 报时的前几个音都是 440Hz,最后一个正点的音才是比它高出一个频程频率的 880Hz。

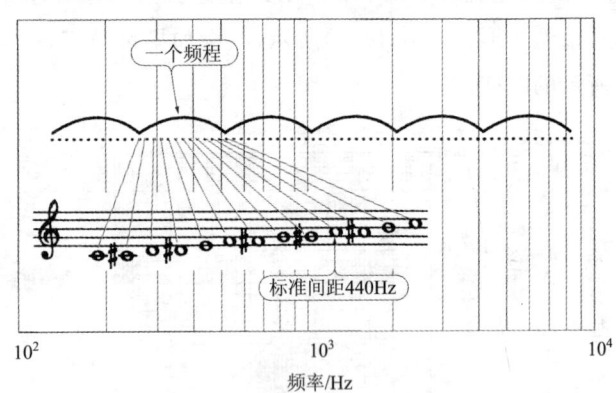

图 6.17　音名与频率的关系

表 6.2　音名与频率的对应表

音名	1	1#	2	2#	3	4	4#	5	5#	6	6#	7	i
频率/Hz	261.65	277.2	293.7	311.1	329.6	349.2	370	392	415.3	440	466.2	493.9	523.3

在图 6.17 中,纵轴等间隔排列的是音名。为取出音程方便,可以将横轴的电阻也按对数排列,这样半音的宽度不管在哪个音域都是相同的,用手演奏就变得比较容易了。按这样来要求可变电阻 VR,就有图 6.18 中的 A 曲线或 C 曲线这样的电阻变化曲线。例如,A 曲线的 VR 被用于音响装置的音量调整。由于人类感觉到的声音的大小与振幅的对数成正比,所以可变电阻转轴的转角与声音大小增加的关系被修正为线性关系。具有 A 曲线特性的 VR 应用在本装置中时,能够在高电阻区段缓慢地改变电阻,在低电阻区段快速地改变电阻。

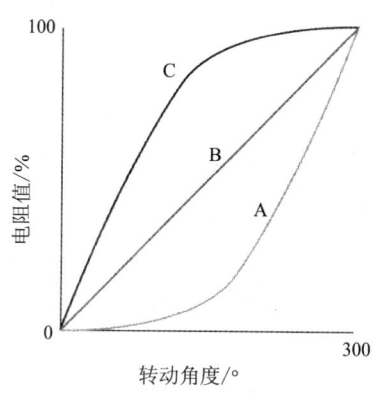

图 6.18　VR 的电阻变化曲线

6.2.2　扬声器的驱动

1. 两级发射极跟踪器功率放大

振荡器的输出只有 0.6V,电流也不大,如果它所连接的负载的电阻比较低(例如,扬声器的电阻仅 8Ω),放大器的增益就不高,会引起振荡频率的变化,甚至振荡停止。因此,需要在扬声器前面,加发射极跟踪器的电流放大电路,将振荡器信号放大后再输入扬声器。

需要两级发射极跟踪器叠加工作时,两个晶体管连接的形式很重要。在图 6.19(a)中,由于两个 NPN 晶体管基极-发射极电压的影响,输出的直流电平比输入低 1.2V。因为信号的平均电压偏离电源电压的1/2左右,所以电源电压无法得到有效的利用。装置的两个晶体管按照图 6.19(b)所示连接,第一级使用 PNP 晶体管,结果基极-发射极间的电压被抵消。

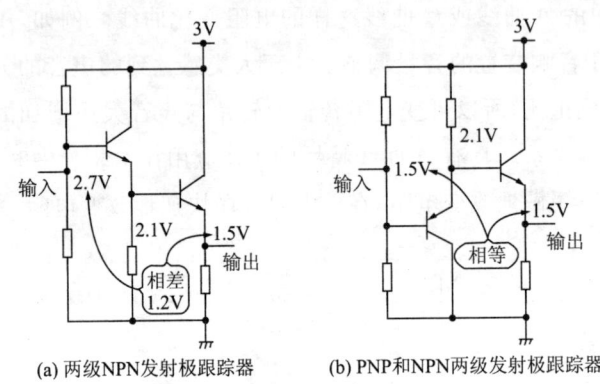

(a) 两级NPN发射极跟踪器　　(b) PNP和NPN两级发射极跟踪器

图 6.19　两级发射极跟踪器电路

2. 信号 ON/OFF 开关的位置

我们采用的发声方法是借助套在手指上的指环与铜线接触,与此同时也就弹出了节奏。这个开关的适当位置在第 1 级 Tr_3 和第 2 级 Tr_4 发射极跟踪器之间。反之,如果把它改在第 1 级之前,那么 ON/OFF 的时候,振荡器的负载就会大幅度地变化,音程受到影响。如果把它放在扬声器之前,因为扬声器的阻抗只有 8Ω,指环与铜线之间的接触电阻就不能忽略了,受到接触电阻的干扰,声音也会变得不稳定。

6.2.3　制　作

1. 用滑轮与皮带转动 VR

我们选用的组件中有直径 50mm、25mm、11mm 的三种滑轮各两个。制作时应该将直径 25mm 的滑轮套在 VR 轴中,将直径 11mm 的滑轮与皮带连接。直径 11mm、50mm 的滑轮固定连接一体转动。图 6.20 示出了滑轮组的安装方法。

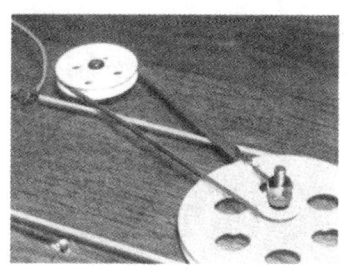

图 6.20 滑轮与皮带的安装方法

从图 6.20 可以看出,直径 50mm 的滑轮上也套有皮带,其上安装了指环,指环的作用当然是决定音程,我们需要事先算好指环的移动量与音程的关系。装在 VR 轴上的直径 25mm 的滑轮转动一圈,直径 11mm 的滑轮就转动 11/25 圈,那么直径 50mm 滑轮的圆周向运动量 d 为

$$d = 50\text{mm} \times \frac{25}{11} \times 3.14 \approx 357 \quad (\text{mm})$$

不过 VR 不能转动 360°整周,若取 270°,那么指环的运动行程大约为 268mm。实际上,由于指环上套着皮带,真实的减速比并非完全由滑轮直径来决定,会有误差,不过计算时我们忽略了它。

VR 的轴径有 3mm 和 6mm 两种。如果是 3mm,就与滑轮相匹配。遗憾的是大部分 VR 的轴径都是 6mm。如果找不到 3mm 轴径的 VR 时,那么可以用钻头把滑轮的孔扩大来与轴配合,再用黏着剂固定住。

2. 皮带的制作

如果在滑轮-皮带传动系统中出现滑动,那么音程的再现性就会变差。橡胶圈能防滑,但有伸缩,稳定性不大好。本装置决定采用图 6.21 所示的尼龙被覆导线,再用橡胶圈施加张力防止滑动。皮带制作的难点在于连接部分的耐久性。把皮带套在滑轮上的时候,注意不要让结合部进入转动弯曲弧段。

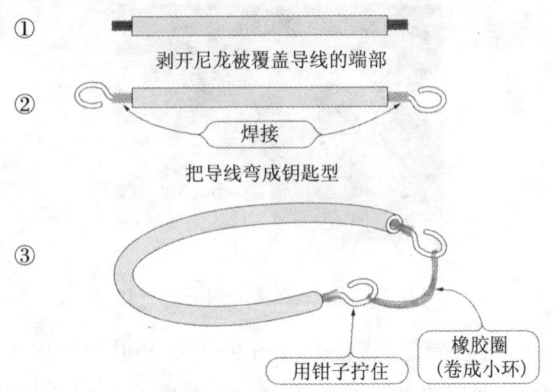

图 6.21　皮带的制作方法

3. 磷青铜指环的制作

把厚度为 0.2mm 的磷青铜板卷成圆环做成指环(图 6.22),并在接口处焊接导线,让焊点呈点状。再在指环上安装作为皮带的尼龙被覆导线,最后与振荡器连接。

图 6.22　指环的结构

4. 电路板的制作与安装

表 6.3 是制作电子乐器的元器件列表。图 6.23 是完成后的电路板。铜箔面的连接请参考图 6.24 及图 6.25。在本装置中用到的晶体管如图 6.26 所示。图 6.27 是安装在电子乐器本体上的情形。功率晶体管 2SD1406 立起来太高,所以把它折弯了。

6.2 电子乐器

表6.3 电子乐器的元件列表

品 名	型号/规格	数 量
晶体管	2SA1015	1
	2SC1815	2
	2SD1406	1
铝电解电容器	10μF,16V	3
	100μF,16V	2
	1000μF,10V	1
涤纶电容器	0.033μF	1
碳膜电阻	100Ω,±5%,1/4W(茶黑茶金)	2
	1kΩ,±5%,1/4W(茶黑红金)	1
	1.2 kΩ,±5%,1/4W(茶红红金)	1
	1.8 kΩ,±5%,1/4W(茶灰红金)	1
	4.7kΩ,±5%,1/4W(黄紫红金)	2
	20kΩ,±5%,1/4W(红黑橙金)	1
	47kΩ,±5%,1/4W(黄紫橙金)	1
	50kΩ,±5%,1/4W(茶黑黄金)	1
二极管	1S1588	2
实验电路板	1CB-288	1
扬声器	直径4cm,8Ω	1
半固定电阻	100kΩ,A曲线	1
电池座	5号×2只	1
滑 轮	大型滑轮组件	1
铜 线	直径1mm	50cm
磷青铜板	0.2mm厚	少 许
电路板支架	M3×5mm	4
其 他	尼龙被覆导线	少 量
	胶合板	少 量
	螺钉(M3×25mm)	2
	螺母(M3)	12
	弹簧垫圈(M3)	6

第6章 实用电子制作

图6.23 完成的电路板

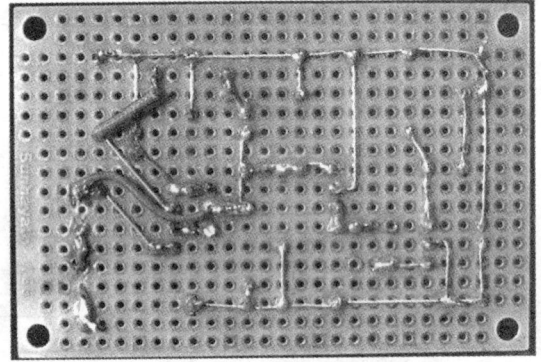

图6.24 电路板铜箔面

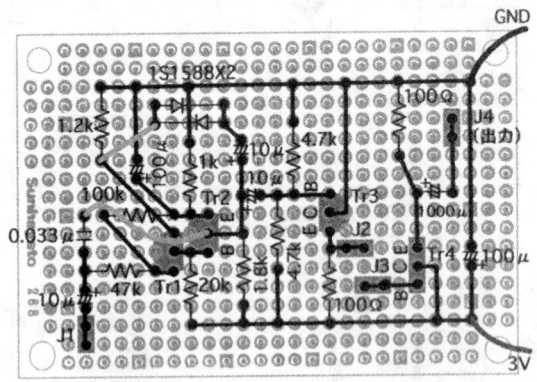

图6.25 电路板铜箔面连接

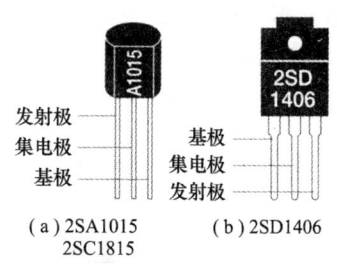
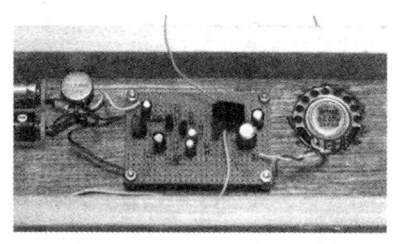

图 6.26　晶体管的外观　　　图 6.27　电路板安装到本体上

6.2.4　调音与演奏

1. 音程键盘

图 6.28 所示的键盘标记了指环的位置。如果在各个键的中央安装电触点，那么就能发出相应音程的声音。我们可以用示波器测量频率来决定这个位置。从低音上数，第 2 个是"6"，它应该对应 440Hz。用频率计或者音程准确的其他乐器帮助我们确定键盘标记的位置。我们看到键的宽度不一，这是因为 VR 的 A 曲线无法十分精确的缘故。由于 VR 或者电容器的值存在偏差，因此这个键盘的标记也不会特别地准确。

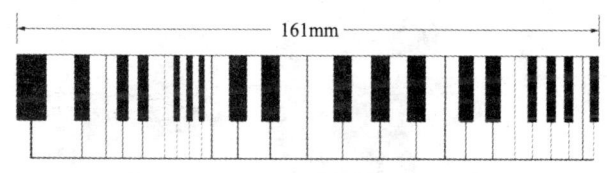

图 6.28　标记音程的键盘(1/2 大小)

2. 噪声与无触点化

我们这架电子乐器的频率能够连续变化，所以有助于展现滑音、颤音等演奏效果。但是，如果在铜线上滑动时，指环不能可靠地压在键盘上，就会发出"嘎嘎"的噪声。如果把它改造成光电开关，做成电子 ON/OFF 装置，那么噪声和寿命都会改善。

至于音色，我们可以利用各种各样的电路给原信号增添音色。甚至再加上压力传感器的话还能调节音量的大小。总之,如果不断地改进,那么它一定会给你带来更大的乐趣。

6.3 干电池检测器

干电池是单放机、无线电收发机、闪光灯、手电筒等日用品的必备装置,如果没有干电池提供的电能,这些电气用品可以说就是一堆废品,无法发挥其功能。

众所周知,单节干电池的电压一般为1.5V(锰电池),想要获得更高的电压,必须将2～10节电池串联。此时,只要其中一节是废电池,即使其他的电池都是新品,也无法获得所需的正确电压。

为了查明干电池的性状,可以制作图6.29所示的干电池检测器。

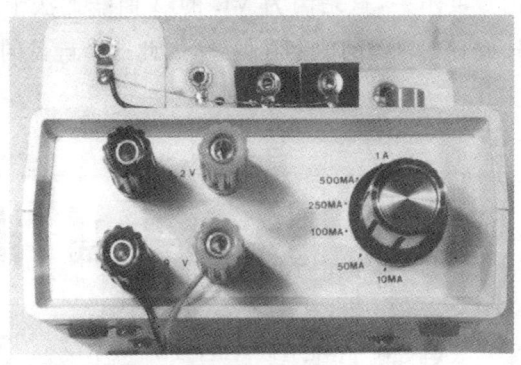

图6.29 干电池检测器面板

6.3.1 电 路

干电池的检测方法之一是用小型万用表测定电池两端的电压。对于锰电池,新品的电压值应为1.6V左右。如果测出两端的电压已经下降到1.4V,这表明电池的寿命将至,如果再把它们用于电气设备,则很难保证实现电压要求。如果电流过大,那么即使是新电池,电压也会下降得很快。但是对于收音机之类的电器,由于耗电量很小,所以即使是旧电池一般也能应付一阵。

干电池检测器的基本思路并不是判断被测电池是否是新的,或者是几成新的,而是检测它是否能够为所用的电器提供必要的电压。

具体说来,设电源电压为 9V 的无线电收发机发送信号时消耗的电流为 0.5A,显然 9V 电压就需要 6 节 5 号干电池。因此,当每一节干电池的输出电流为 0.5A 时,分别测量 6 节电池的电压,并将测量结果累加起来便得到收发机发送信号时所能提供的电压值。

钟表之类的电器,电流消耗很小(10mA 左右),其上的电压降几乎为零,所以即使到了寿命的末期也能保证足够的电压。

因此,对于某一节干电池,该检测系统选择适当的电阻值,让电池向电阻加载设定的额定电流值来检测电压的大小,并以此判断该电池是否具有确保工作所需的最低电压值。

能测试的电池种类包括 1、2、5、7 号电池,006P,纽扣电池等我们身边常见的电池。

6.3.2 元器件

本电路使用的元器件如下:

① 电池支架。1、2、5、7 号电池用支架 1 个,006P 电池扣,纽扣电池用红黑约翰逊端子。

② 电压表。DC 2V 满量程直流电压表,如果手头没有,可用 1mA 的电流表改造而成。

③ 按钮开关。即按下为 ON,放开为 OFF。由于最大电流约为 1A 左右,所以必须具有足够的裕量。实际上,微型按钮就足够。

④ 塑料盒。SY-110A,TAKACHI 电机公司生产。

⑤ 旋转开关。类似于按钮,其最大电流约为 1A。为了增加电流容量,采用了 4 组 6 触点小型旋转开关并联构成的 6 触点旋转开关。

⑥ 万能面包板。ICB-88,SUNHAYATO 公司生产。

⑦ 电阻。由 1.5V 的电压值可计算出电阻值的大小。有时额定

电流值为1A,阻值为1.5Ω的电阻并不好找,可用两只3Ω的电阻并联来代替。选择电阻时,必须特别注意其功耗($P=I^2R$)。

⑧ 其他。5mm底板垫片,贴字标签等。

6.3.3 制作方法

首先将电阻安装在底板上,由于大功耗的电阻引脚较粗,必须用钻头扩孔,并如图6.30所示保持电阻之间的间距均匀。

并联连接旋转开关时,如果各COM端弄不清楚,可用小型万用表检查其导通情况来判断。

若用量程为1mA的电流表改造成量程为2V的电压表,经计算其放大电阻的阻值为1.99kΩ,但是,由于误差比较大,需待修正后才能确定阻值的大小。

修正方法是先按图6.31所示的方法将连接了电阻的量程为1mA电流表、电池和小型万用表连接起来,然后通过调整电阻使万用表的指针与电流表的指针一致。在此,作者采用3个电阻串联以达到2V的满量程。

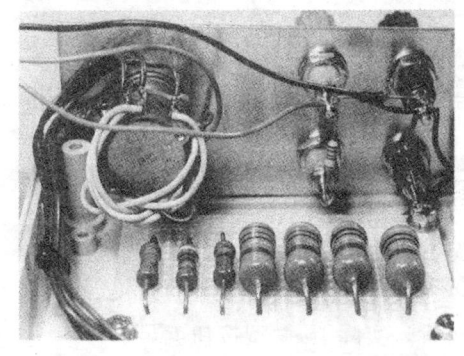

图6.30 旋转开关的并联连接和006P用的分值电阻

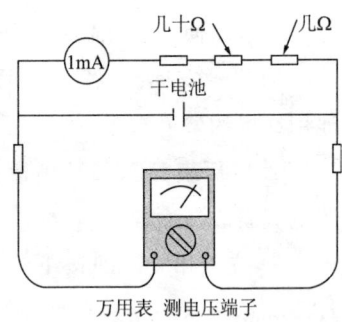

图6.31 计量表的改造方法

图6.32为该检测器的电路图。当各个单元备齐之后就可在盒子上开孔,但最好参考图6.33和图6.34后确定设计方案,以免造成按钮、旋转开关和底板发生碰撞。电池支架是用螺钉固定并焊接牢靠

的,在焊接时操作要快一点,以防焊接时产生的热使支架烧毁。

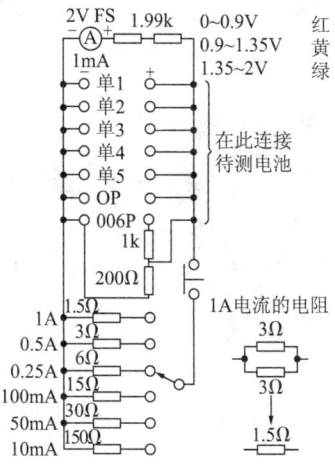

图 6.32　干电池检测器的电路图

由于 006P 电池的电压为 9V,所以不能直接将其与电压表相连,而应通过电阻,取其 1/6 的分值,即 1.5V 进行测量。为使表盘上的电压测定范围一目了然,分别采用红、黄、绿三种颜色区分仪表的量程。

图 6.33　干电池检测器的内部结构

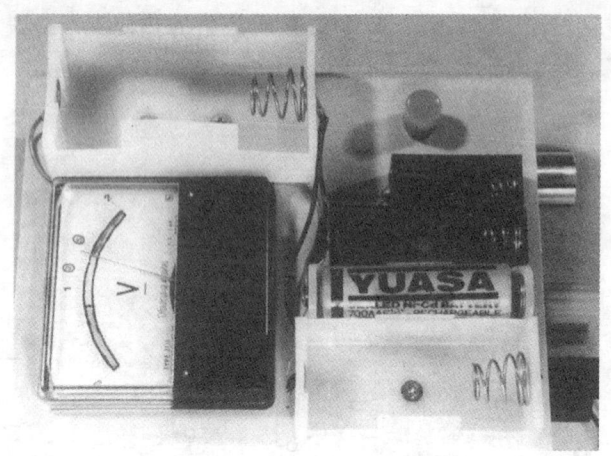

图 6.34 干电池检测器正面

6.3.4 故障检测

如果接上电池后电压表没有反应,应该借助万用表从电池开始依次检测电压值。特别要注意检查旋转开关周围的线路,其他应注意的检查事项是看看电压表及干电池的极性是否接反。

6.3.5 用 法

1. 动作确认

接上电池后表盘的指示约为 1.5V,当按钮开关处于接通(ON)状态时,电压表的指示值下降则表明检测器工作正常。

2. 使用方法

先通过操作说明书弄清用电器所使用的电池的电流消耗量(实际上,也可以大致推测一下电流值)。例如,无线电发送机的电流消耗量为 0.5A,采用 0.5A 的电流对 6 节电池逐一进行判别,确认它们是否可用。

作者认为像发送机、闪光灯之类的大电流用电器必须使用新电池,而此后用旧的电池仍然可以在收音机、计算器之类耗电量较小的用电器中使用。另外使用时要注意,如果将干电池串联,那么所有电池的电压必须相等。

6.4 镍镉电池容量计

与普通锰干电池（一次性）相比，镍镉电池的购买价格较高，但可以多次充电反复使用，所以在作为小型 CD 机之类的电池使用时，成本反而比较低。

另外，镍镉电池的内阻较干电池低，所以近年来大量将其用作便携式摄像机、手提电话等设备的电源，因为这些设备的电流消耗比较大。

不过，镍镉电池也并非可以无限制地用下去，一般经过数百次反复充放电后，其电池容量将相应减小（图 6.35），举例来说，新电池可用 3 小时，旧电池可能 2 小时也用不了。当然，有人会认为，既然还能凑合用，那就继续用吧。但遇到关键时刻还是需要高性能的电池。因此，弄清楚电池的容量还是一件挺要紧的事情。下面介绍一种镍镉电池容量计（图 6.36）。

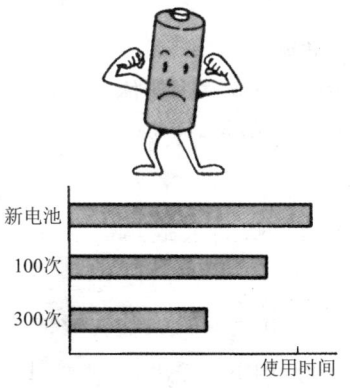

图 6.35 镍镉电池的退化及寿命

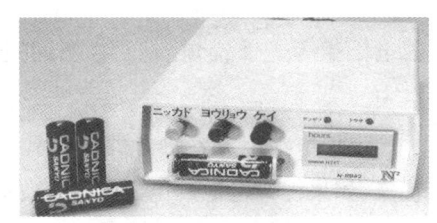

图 6.36 镍镉电池容量计的前面板

这里需要先说明一下电池容量的概念。容量450mA·h的电池，表示通以450mA的电流，其工作寿命是1h。那么，同样的电池容量，如果通以150mA的电流，可以使用的时间就是3h[电流容量（A·h）÷电流（A）＝时间（h）]。

6.4.1 电　路

镍镉电池的电流容量计量方法是让电池适当放电，通过对放电电流积分求得容量。但由于这样的方法将导致电路非常复杂，而且不同放电电流将导致不同的测量结果。因此，不大容易比较出优劣。如上所述，电流容量等于通电电流乘以时间，因此，我们就规定让镍镉电池在一定的电流值的条件下放电，通过测定至放电结束（例如，单3型1.0V为放电结束）所需的时间来计算的电池的容量。

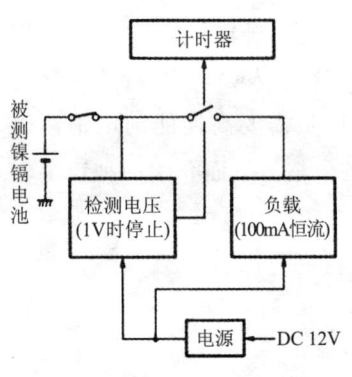

图6.37　镍镉电池容量计框图

电路结构如图6.37所示，可分为恒流电路（即使电池电压很低也按100mA的恒定电流放电）、电压比较电路（检测放电终止电压）、计时器单元以及电源。

图6.38所示为实际电路图。在该图中恒电流电路为吸电流型，由运算放大器IC_1构成。当晶体管Tr_1导通，电流就流过运算放大器，在电阻R_1上产生电压降。调整Tr_1使之与VR_1的电压相等。镍镉电池的电能通过Tr_1和R_1转换成热能散发到空中。

镍镉电池电流容量计的电压比较电路是由运算放大器构成的比较器，如果镍镉电池的电压比VR_2的电压低，则IC_2输出，晶体管Tr_2导通，复位线圈动作使放电过程结束。

6.4 镍镉电池容量计

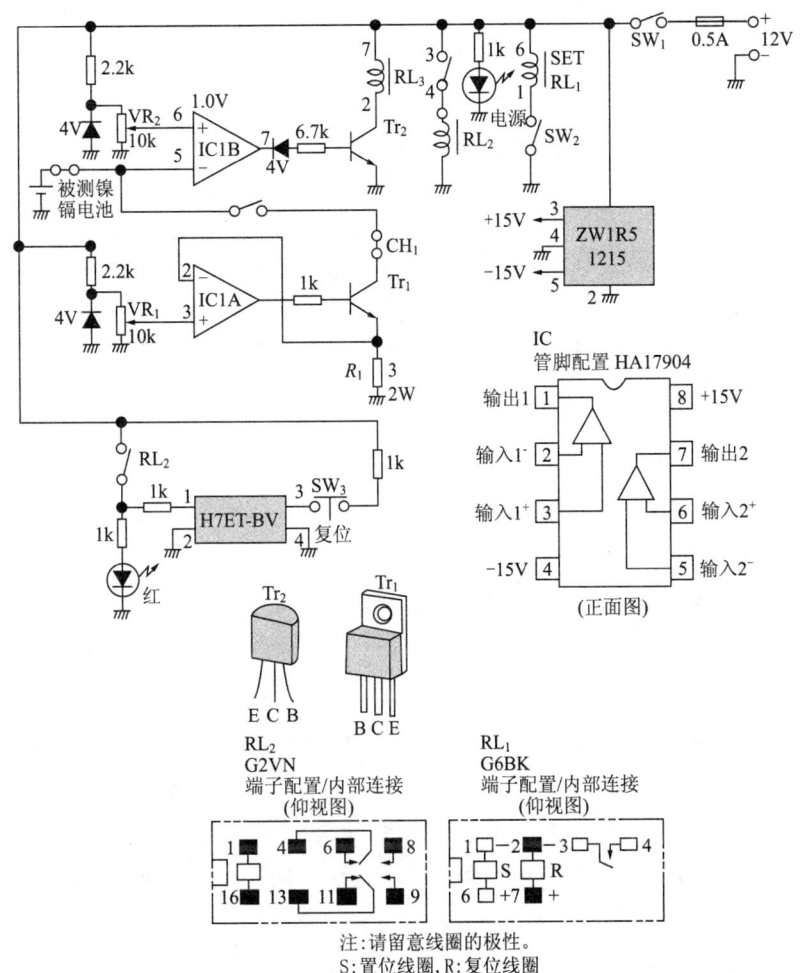

图 6.38 镍镉电池容量计电路图

整个电路的控制依赖于保持继电器。保持继电器有两组线圈,当复位线圈有电流时,保持继电器动作,即使电源被切断,触点也仍保持原有状态。触点的释放则通过流过复位线圈的电流实现。由于本例中需要两组触点,所以再添加一个 RL_2。

运算放大器需要±15V 的电源,本例中采用的是 DC 12V 电源,

233

然后采用 DC-DC 换流器获得±15V 电源。如果采用 AC 100V 电源，即可采用 3 端调压器制成图 6.39 所示的变压器电路。

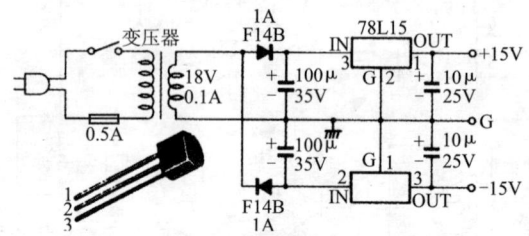

图 6.39　镍镉电池所需的±15V 电源电路

6.4.2　元器件

本电路使用的元器件如下：

① 运算放大器 IC_1。HA17904 一只（双重型），其他的运算放大器也可代替。

② 晶体管。Tr_1，2SD560；Tr_2，2SC1833。

③ 继电器。RL_1，G6BK，DC12V，保持继电器；RL_2，G2VN，DC12V，双触点。

④ 自给电源计时器。H7ET-BV，电压输入，7 位。

⑤ 可变电阻器。VR_1、VR_2，RJ-9 树脂 10 圈旋转型。

⑥ DC-DC 转换器。ZW1R51215，输入 12V，输出 DC ±15V。

⑦ 开关。SW_1，按钮式；SW_2、SW_3，按下即 ON，离开即 OFF。

⑧ 二极管。HZ4，稳压管，4V，3 只。

⑨ 发光二极管。TLR123（红）、TLG123（绿）。

⑩ 塑料盒。SY-150A。

⑪ 其他。保险座（柱型）、配线固定器、IC 面包板、T-220 型散热板、4 只 10mm 底板垫片、一节单三型电池盒、8 管脚 IC 座。

6.4.3　制作方法

首先，从底板的制作开始，切取规格为 65mm×115mm 的 IC 万能底板一块，参考电路图和图 6.40 进行零部件连接。

6.4 镍镉电池容量计

图 6.40 底板正面各部件的排布

由于 DC-DC 转换器的管脚很粗,可以将底板的孔适当扩大。晶体管 Tr_1 涂上散热硅脂后用螺丝固定于散热板上,然后安装到底板上。电阻 R_1 发热量大,安装时应适当高出底板数毫米(图 6.41),所有导线均布置在底板的反面。

在面板的正反面加工好安装孔,用贴字标签表示出开关等的位置,然后将计数器、按钮开关安

图 6.41 功率晶体管和电阻 R_1 的布置

装好。LED 可用胶黏剂粘在面板上,开孔的直径为 3.1mm。

接线完成后,先要进行调试。用一个电压可调的直流电源代替镍镉电池,将它的输出电压设定为 1.2V。一按电源按钮,绿色 LED 即被点亮。恒电流的调整方法是,切断检测点 CH_1 并接入直流电流计,按下开始按钮后有电流流过,调整 VR_1 使电流值为 100mA。当有电流流过时,红色的 LED 点亮,计时器开始工作。

接下来轮到电压比较电路的调整。通过调整 VR_2 使直流电源的电压达到 1.0V,此时继电器(RL_2)断开。继电器一断开,红色 LED 即熄灭,同时计时器停止工作。

调整完成后,用粗导线将 CH₁ 短路。如果有可能的话,建议接上镍镉电池,一边测量两端的电压,一边进行电量检测,若电压降至 1.0V 后电路认定放电终止,即说明整个电路的工作是正常的。

6.4.4 故障检测

如果镍镉电池容量计电路的动作不太正常,首先应该检查电源是否正常。电压测定点选在运算放大器的 8 脚为 +15V,4 脚为 -15V,继电器为 +12V。如果测量结果值的偏差较大,应重新检查布线情况。

如果电路没有恒定电流,按下 SW₂,确认 RL₂ 是否动作。若 RL₂ 不动作,则应检查继电器电路,若 RL₂ 动作,那么应检查镍镉电池的电压与 Tr₁ 的集电极电压是否相同,若不同则应该重新检查 IC₂ 的布线情况。如果镍镉电池的电压降至 1V 以下仍不停止时,应检查 IC₂ 的输出。若输出高于 +10V,则检查复位线圈和 Tr₂,低于 +10V,则再次确认 IC₂ 的接线情况。

6.4.5 用　法

在镍镉电池的使用过程中,若感到容量变低即可进行检测。首先,以数十毫安的电流对镍镉电池进行慢充电至饱和状态,然后装入镍镉电池容量计接受测试。假设计时器得到的放电时间为 3.1h,乘以 100mA 便得到电池的容量为 310mA·h。由于电池容量随温度变化而异,请定期对电池的容量进行检测。

 6.5　浴缸水位自动停止装置

大家知道,"浴缸水位报警器"很早就在市面上流行了。但是,在家庭自动化方面还有许多工作可以深化,浴缸水位自动停止装置就是例子。我们注意到,在浴缸水位报警器开发成功之后很少听到它被广

泛运用的好评。反馈的问题之一是蜂鸣器报警之后还必须赶到阀门旁边将它亲手关闭。有时家庭主妇心中想着其他的事情,稍不留神就可能注意不到报警器的响声,结果水溢出来满地都是。

因此,我们决定在此基础上进一步制作一个浴缸水位自动停止装置。

6.5.1 电　路

电路可分为水源自动停止执行器和水位检测传感器两部分,本书的制作过程中主要是在执行器的选型上费点工夫。

常用的关水方法是用手将水管上的龙头拧死,为了自动完成这一操作需要一套电机和齿轮的组合装置,但这种组合装置的体积太大,没有太大的实用价值。

我们制作的浴缸水位自动停止装置决定采用在机械设备、自动售货机中常用的电磁阀。电磁阀可以借助电信号成为空气、煤气、汽油和水等多种介质的管路开关。

电磁阀的原理如图 6.42 所示,电流流过线圈产生电磁力使柱塞(即阀)闭合或打开,达到控制流体介质流动的目的。

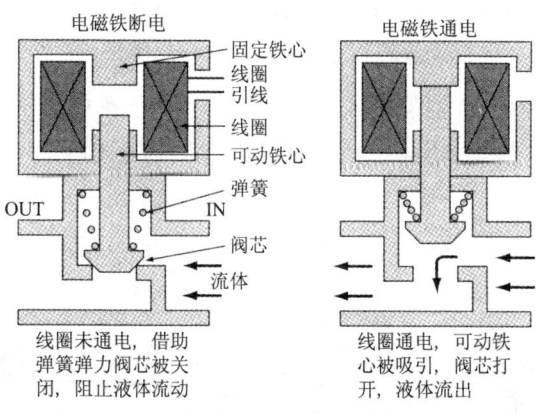

图 6.42　电磁阀的原理

本书采用的电磁阀为直动式结构,这是小型电磁阀常用的结构形式。这种阀的结构简单,动作可靠,当动作的压力稍比 0kgf/cm² 大即可动作。线圈电压为 AC 100V,当有电流从线圈流过电磁铁即动作,于是电磁阀被打开。电磁铁不动作则电磁阀关闭,停止加水。

水位传感器有电极(利用空气和水的阻值差别)型、浮子和水银开关等,本书采用图 6.43 所示的浮子先导开关,其特点是触点密闭可靠性好。传感器的构造为在浮子中植入环形永磁铁,另将一根带有先导开关的直管安装在浮子的中部。

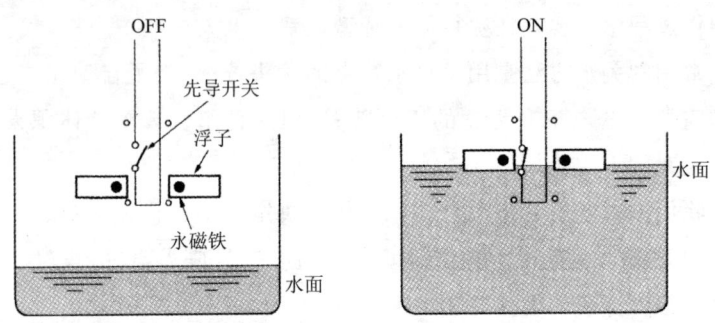

图 6.43　传感器的结构

当浮子处于直管下部的时候,先导开关断开。当水位上升的时候浮子随之上升,最终在浮子内磁铁磁力的作用下先导开关闭合。这种方法也常用于汽车制动液位报警装置等电路中。

水位自动停止装置方块图如图 6.44 所示,通过传感器输出使晶体管动作,再通过继电器的动作使电磁阀打开。图 6.45 所示为本系统的电路图。

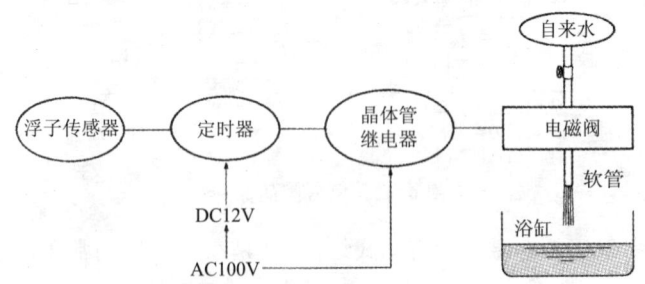

图 6.44　水位自动停止装置方块图

6.5 浴缸水位自动停止装置

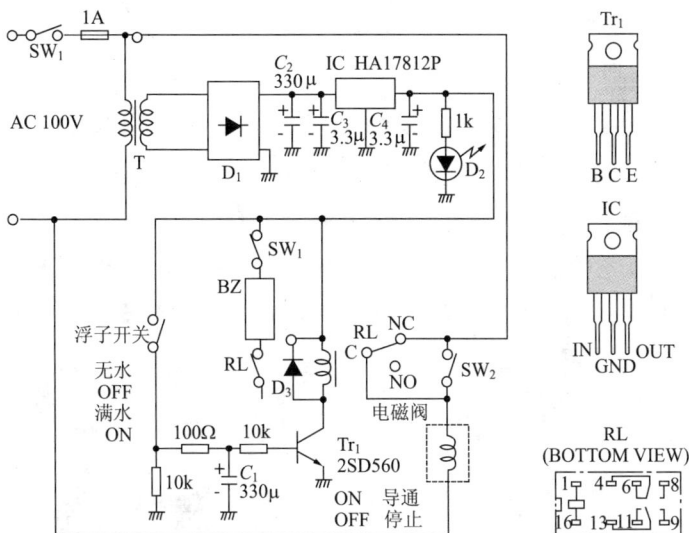

图 6.45 浴缸水位自动停止装置电路

6.5.2 元器件

本电路使用的元器件如下:

① 电磁阀。AB-41-0355,管径 PT3/8,额定电压 AC 100V。

② 浮子开关。FS061A,原理是浮子移动使先导开关动作。

③ IC。HA17812P,12V 三端稳压器。

④ 晶体管。Tr_1,2SD560。

⑤ 发光二极管。D_2,TLG123,绿色。

⑥ 电容器。C_1,电解电容或钽电容器;$C_2 \sim C_4$,电解电容器。

⑦ 继电器。RL,G2V,线圈电压 DC 12V。

⑧ 变压器。T,HTW1201,输入 100V,输出 12V。

⑨ 压电蜂鸣器。BZ,DC 12V。

⑩ 塑料盒。SS-160A。

⑪ IC 芯片万用电路板。ICB-88。

⑫ 拨动开关。SW_1,双通道双触点,中点断开;SW_2,单通道单触点。

⑬ 其他。生料带,10mm 垫,保险丝支架。

6.5.3 制作方法

如图 6.46 所示,利用塑料条带将浮子开关固定在吸盘上,改变吸盘的位置就可以自由地改变洗澡水的液位。为了不让小孩子将浮子当做玩具来玩,可以将整个传感器放在胶卷盒的塑料筒中。

电磁阀与管接头配合,与自来水龙头之间采用软管连接(图 6.47)。手动打开龙头,接通 AC 100V 电源,就有水流出,断开电源后水就停止。

图 6.46 浮子开关　　　图 6.47 电磁阀与水龙头间靠软管相连

制作电路时应一边参考电路图一边做,以免弄错。控制盒内部的布局如图 6.48 所示。电路连接完成后接通电源,并同时接通传感器部分的电源,此时浮子应该往上移动,再由开关接通继电器动作。

图 6.48 控制器内部布局,上方黑色长条物为保险丝支架

6.5.4 故障检测

若继电器没有动作,请确认电路电源是否得到了 12V 电压。若没有得到 12V 电压,则检查电源的变压器和 IC,若有 12V 电源输出,则确认 C_1、Tr_2、RL 的接线情况和极性。

6.5.5 用 法

安装完成的控制器如图 6.49 所示。

图 6.49 控制器外观

如果打算实现自动功能,应将 SW_1 合上。这样,往浴缸中加入水,当达到设定的水位后浮子开关动作,水流即自动停止注入。若不打算使用自动控制系统,则合上 SW_2 即可。

如果浴缸的水面产生些许波浪,那么浮子开关也会随之浮动,于是可能发生电力时断时续的现象,结果导致电磁阀也将时开时关。为了防止这种现象出现,可以通过电路中的 C_1 进行延时控制,延长时间的办法是减少 C_1 的容量。

6.6 迷你型电视台

在这一节我们将介绍一种不仅可以播放声音,而且可以同时播放图像的迷你型电视台。

6.6.1 电路

电视图像接收机的输入端子如图 6.50 所示,为了在天线端子(从天线接收 90~222MHz 的电视信号)和录像机之间分别传输声音和图像信号,需要各自对应专用的输入端子。本节制作的迷你电视台方块图如图 6.51 所示,录像机的图像信号和声音信号通过 RF 调制器变成高频信号,然后将它们的幅值放大,从天线转换成电磁波发射出去。这样虽然录像机的输出并未直接与电视接收机相连,但通过无线电波可以欣赏电视节目。

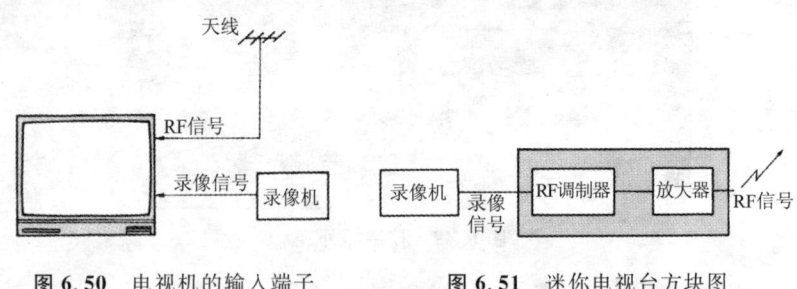

图 6.50　电视机的输入端子　　　　图 6.51　迷你电视台方块图

制作时,图像和声音的调制装置采用 RF 调制器,因而制作起来非常简单。图 6.52 所示为通用 RF 调制器的电路,仅供读者参考。

录像信号如图 6.53 所示,为 NTSC 合成信号。大致分类,其中有表现亮度的辉度信号,表现色彩的色彩信号,以及传递画面位置和时序信息的同步信号,显然要求这些信号在合成后彼此之间不相互影响。

这种方式的优点之一是可以同时传输彩色和黑白信号,因而不必进行彩色/黑白切换。

图 6.54 所示是迷你电视台的电路接线图。表 6.4 是电路的电气特性。由图 6.54 可知,首先借助 RF 调制器调制输入信号,然后经 IC_1 进行幅值放大。由于在 IC_1 中采用了 NEC 的 $\mu PC1651G$ 芯片,结果整个系统制作非常简单。该款单片机加上 5V 电源即具有 10~

1200MHz 的宽带放大功能，输入输出阻抗为 50Ω，μPC1651G 的特性如图 6.55 所示。

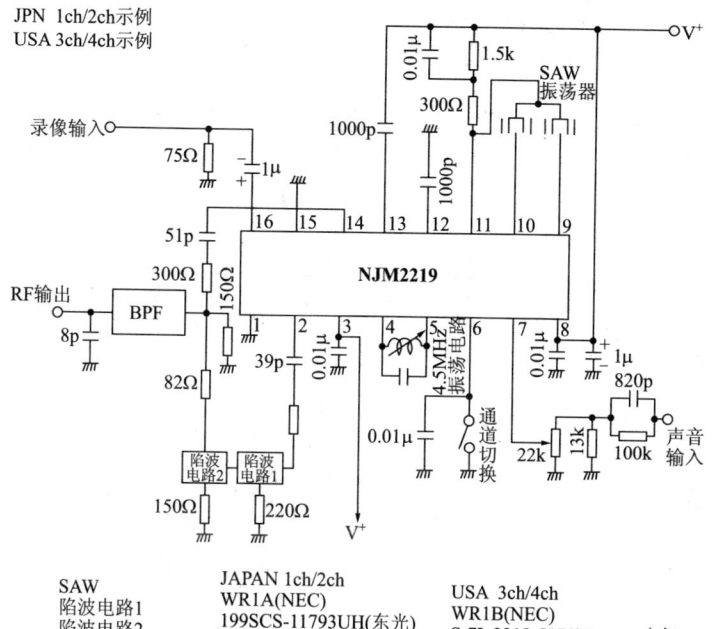

图 6.52 RF 调制器电路实例

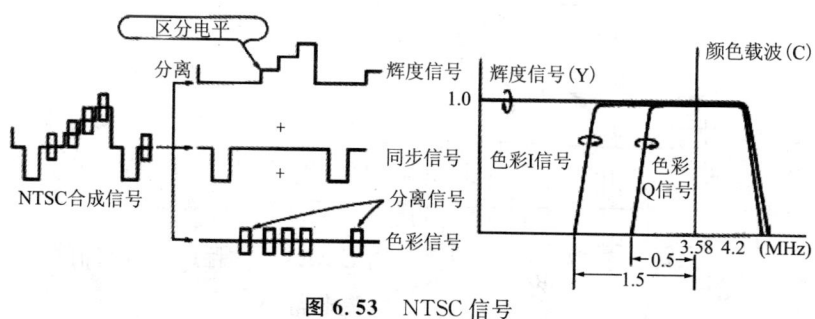

图 6.53 NTSC 信号

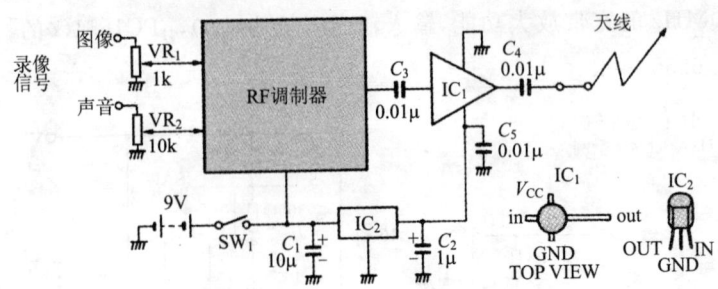

图 6.54 迷你电视台电路接线图

表 6.4 电气特性（$T_a = 25℃$）

项 目	记号	条 件	MIN.	TYP.	MAX.	单位
电路电流	I_{CC}	$V_{CC}=5V$，无信号时	15	20	25	mA
增 益	G_P	$V_{CC}=5V$, $f=500MHz$	16	19	21	dB
噪声指数	NF	$V_{CC}=5V$, $f=500MHz$		5.5	6.5	dB
频带宽	BW	$V_{CC}=5V$, $f=3dB$	1000	1200		MHz
绝缘特性	I_{SO}	$V_{CC}=5V$, $f=500MHz$	20	24		dB
输入失配衰减	$|S_{11}|$	$V_{CC}=5V$, $f=500MHz$	12	15		dB
输出失配衰减	$|S_{22}|$	$V_{CC}=5V$, $f=500MHz$	7	10		dB
最大输出功率	P_O	$V_{CC}=5V$, $f=500MHz$	3	5		dB

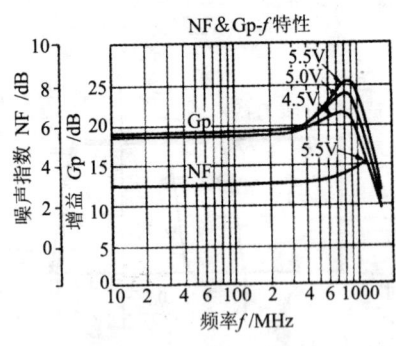

图 6.55 μPC1651G 的特性

本书选用的 RF 调制器的电源电压为 8～12V，放大器 IC_1 的电源电压为 5V，再考虑到摄像机供电的方便问题，最终决定电源采用 9V 干电池（006P）。IC_2 的作用是将 9V 转换成 5V，这里采用 C-MOS 3 端稳压器，它消耗的电流非常小。

但是，干电池的使用时间毕竟仅有数小时，所以应考虑输入 12V 电源，如果这样，那么 IC_2 的额定电压就应改为12V,这一点应特别注意。

6.6.2 元器件

本电路使用的元器件如下:

① IC。IC_1,μPC1651G;IC_2,S-81350AG,低陷波5V三端稳压器(若买不到可用78L053端稳压器代替)。

② 电容器。C_1、C_2,电解电容器;$C_3 \sim C_5$,陶瓷或纸质电容器。

③ 可变电阻器。VR_1、VR_2,板式半固定电位计(B型)。

④ 塑料盒。SS-125A。

⑤ 接线柱。录像信号用,带销插座两个;RF单元输出,带销插座一个。

⑥ 电池盒。A006。

⑦ 其他。拨动开关、印刷实验板。

⑧ RF调制器。若买不到可用录像机RF单元选件。

6.6.3 制作方法

放大器电路板的制作可使用切断刀,按照图6.56所示的图样模板制作。实验电路板完工后即可安装元器件,凡是高频电流流过的C_1、IC_2、C_2在连线时应尽量缩短管脚,图6.57所示为完成后的照片,请参考该图制作。

IC、电解电容器等具有极性,在焊接时应特别注意。

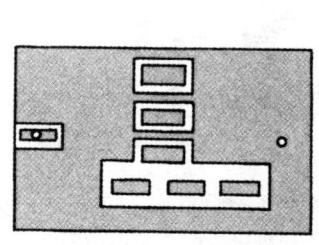
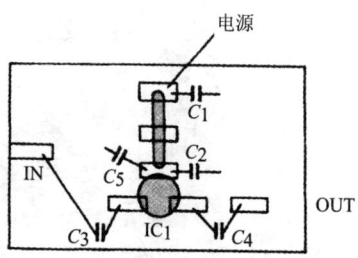

图6.56 放大器电路模板和元器件配置

图 6.57　放大器电路特写(注意 IC 和电容器管脚的长度)

实验电路板上的元器件安装完成后,接下来就是加工机盒,然后安装 RF 调制单元、电路板、电源开关、电池盒等。图 6.58 所示为机盒内部布局。

安好电池,合上开关,应首先确认 IC_1 是否加上 5V 电压,RF 调制器是否加上了约为 9V 的电压,然后将电视机的频道旋钮旋至 1 频道或 2 频道的接收状态,只要 VR_1、VR_2 处在中央位置,录像机一有输入信号,电视机就应该能放映出图像画面来。

如果图像太白或同步效果很差,可调整 VR_1,然后调整 VR_2 使输出的声音效果更好。

图 6.58　装置的内部布局(左上方为输入旋钮,右侧为自制电路板)

6.6.4　故障检测

若电视机图像不正常,可以将 RF 调制器的输出电缆直接与电视机的天线相连。如果这样连接后有图像显示,说明是放大电路存在问题,请检查 IC_1 的电源及周边情况,并检查元器件的安装和接线。

若没有图像显示,说明是 RF 调制器有问题,此时应检查录像信号的接线、电源、开关等节点。

6.6.5 用　法

在实际使用中,该系统不用将电缆与电视机直接相连,所以在玩电视游戏机、摄像机时就能发挥迷你电视台的优点。

该迷你电视台电波的传输距离与天线长度有关。长度大约 1m 的天线,传输的距离大约为 10m,如果接收天线的效果好,接收的范围还可以扩大。若在木结构的房屋中放置 1 台配有迷你电视台的录像机,那么各个房间都可以同时接收录像信号,这显然非常有趣。

扩大覆盖范围的可行方法之一是再添加一个 IC_1 芯片,构成二级放大电路,同时接收天线采用电视机的室内天线或偶极天线。不过要提醒大家,输出功率过大,又未申请许可证,这样做是不可取的。

6.7　硬币计数装置

本节制作一种数硬币的装置,该装置先称量全部硬币的质量,再用除以单个硬币质量的方法将硬币简单地数出来。

首先简单介绍一下图 6.59 所示的应变片的工作原理。众所周知,应变片利用了"金属件在外力作用下产生变形"的原理,当金属件受到拉伸时,金属件伸长变细,电阻增加。反之,受到压缩则变粗,电阻减小。

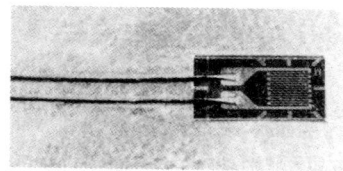

图 6.59　应变片

应变片就是根据尺寸变化——"应变"引起电阻阻值改变的原理

而制成的一种传感器,图 6.60 表示了它的结构,是在绝缘实验板上用粘接剂平行地固定着弯曲的铜镍两种细金属丝,两端连接引出导线,应变片通常靠粘接剂粘到被测物体上。

将橡胶板与应变片粘接在一起,在橡胶板变形的同时测量应变片导线两端的电阻阻值的变化,该变化量与所加重量成正比。这就是应变片测量重量的原理。

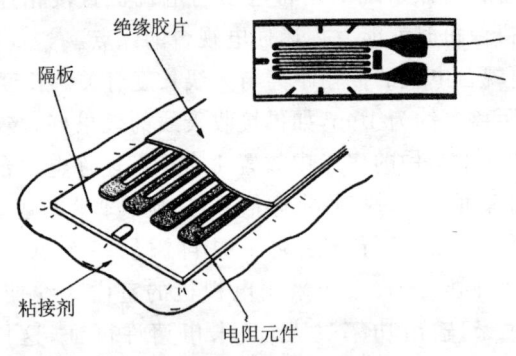

图 6.60 应变片的结构

6.7.1 电　路

实际上我们使用的材料并不是橡胶板,而是既可以变形又可以稳定恢复原状的钢板,也许你会说钢板那么硬怎么会弯曲呢?其实只要将板厚变薄就没问题了。

硬币重量测量传感器的结构如图 6.61 所示,在薄钢板的一端放置硬币,应变片捕捉到钢板的应变并通过电路放大。钢板越薄,变形量越大,灵敏度也就越好,但必须保证钢板不要产生永久变形,否则就无法恢复原状了。因为我们的应用场合是测量硬币的重量,必须提高灵敏度。为此我们在设计中同时使用 4 个应变片,将它们连接成桥式电路。桥式电路的输出电压为 20～30mV,该电压经上百倍的放大后达到数 V 的量级。

6.7 硬币计数装置

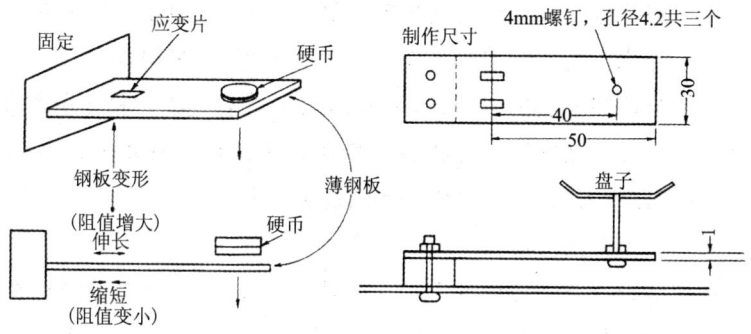

图 6.61 硬币重量测量传感器的结构

制作低漂移的直流放大器一向不是一件容易的事情,所以传感器的放大通常都采用图 6.62 所示的载波电路,现在的直流放大则采用前置放大器来抑制零漂。

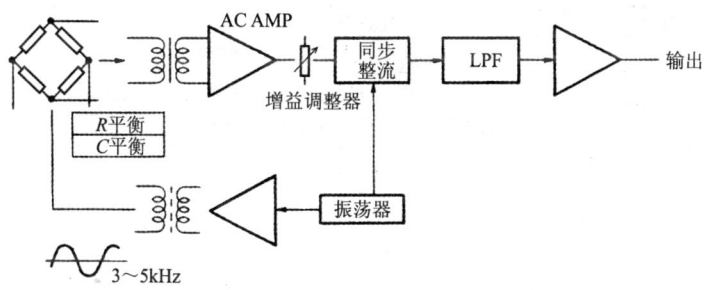

(a) 载波传感器放大器

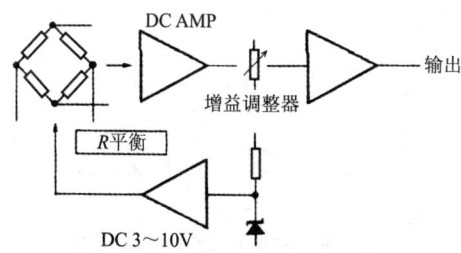

(b) 传感器直流放大器

图 6.62 传感器放大电路

该电路的输出电压可以直接用于显示（用 4 位显示 20mV），最小位为 μV，考虑的适用温度范围为 0～40℃，显然，若采用普通的运算放大器是很难抑制零漂的。然而，低零漂的运算放大器价格十分昂贵。那么采用何种电路呢？经分析讨论后决定采用应变片用的信号处理单元(传感器放大器)。这样传感器的放大器只需与电源、应变片以及调整零点和增益用的可变电阻器相连即可。

传感器放大器的性能见表 6.5，零漂为 $0.25\mu V/℃$，增益漂移不超过 0.01%，噪声为 $0.25\mu V_{PP}$，漂移和噪声极低。在外部电路连接电阻和电容器，增加滤波功能。

表 6.5 传感器放大器的性能

适用转换器	应变片、测力传感器、压力变换器等 电桥阻值 350Ω
标称电源	DC 5V(按电源电压标称)
零点调整范围	由外部电路任意设定 利用外部的微调电容或电位计调整
增益调整范围	调整上述输入范围可得到±2V 输出 利用外部的微调电容或电位计调整
输出电压	0～±2V/负载电阻 5Ω 以上
响应特性	大于 10kHz/－3dB
零点漂移	小于 $0.25\mu V/℃$ RTI
增益漂移	小于 $0.01\%/℃$ 不含标称电源电压漂移
非线性度	小于 $0.01\%/FS$
噪　声	小于 $0.25\mu V_{PP}(0.1\sim10Hz)$ RTI 以内
滤波特性	由外部元器件的定时常数决定
电　源	DC ＋5V ±5% 电流 8.5mA＋标称电源电流
环境条件	温度：－10～＋70℃ 湿度：90%　RH 以内(不超过露点)
外形尺寸	$46W(mm)\times 34D(mm)\times 12H(mm)$
重　量	约 45g

6.7.2 元器件

本电路使用的元器件如下：
① 应变片。KFG-5-120-CI-11。
② 传感器放大器。U500。
③ LCD 显示器。SX-4101-2V。

6.7.3 制作方法

首先准备一块图 6.63 所示的钢板，参考图 6.64 的制作方法将应变片粘贴在钢板上。粘贴应变片的要点是粘贴面一定要进行脱脂处理，这一点非常重要，至于砂纸在钢板表面造成的细小划痕对粘接质量并没有妨碍。

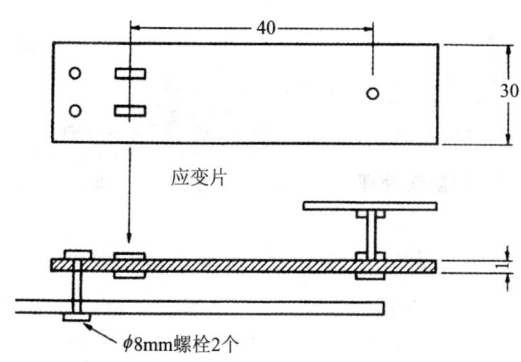

图 6.63 钢　板

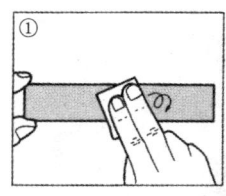
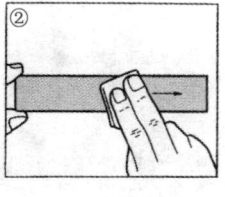

① 以应变片粘贴点为中心用砂纸（100# ~ 300#）划圆打磨，打磨面积尽量大一些粘贴表面往往有油漆、锈蚀和镀层等，应使用砂纸去除并打磨光滑。

② 将应变片粘贴位置进行脱脂、清洁处理。用脱脂棉、纱布、皱纹纸蘸上丙酮等挥发性强的油溶性溶剂往一个方向用力擦拭，因为往复擦拭则难擦干净，另外请不要使用酒精等含水量高的溶剂。

图 6.64 应变片的粘贴方法

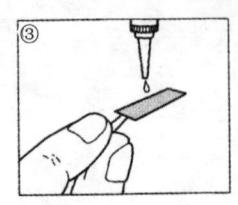 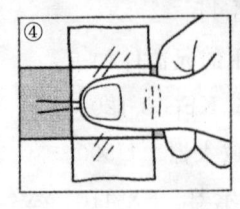

续图 6.64

另外要注意的是环境的湿度。若湿度太高则绝缘性能会下降,应该在充分干燥之后按图 6.65 所示的方法进行防湿处理,防湿处理后的情形如图 6.66 所示。

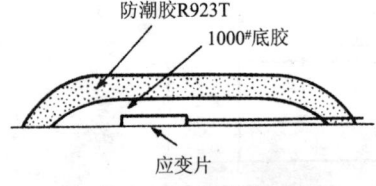 

图 6.65 应变片的防潮处理   图 6.66 防潮处理后的应变片

传感器的一侧伸出一个螺栓,如图 6.67 所示,而且在螺栓上端固定一个小碟,将来用以盛装硬币。

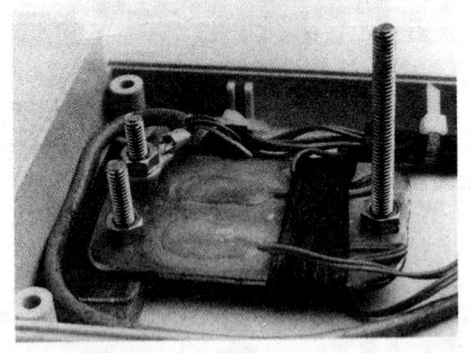

图 6.67 将贴好应变片的钢板固定在机盒中(左),右边的长螺栓上放置一个小碟进行称量,显示部分放在另外的机盒里

6.7 硬币计数装置

该系统的总电路图如图6.68所示。应变片的接线请参考图6.69进行。在此之前先介绍一下图6.70所示的印制电路板,参考该图进行电路板的制作。电路板上安装了5V电源,先确认电源电压,然后再连接传感器放大器和仪表板。电源开关、应变片的接线柱、旋钮、仪表板的接线工作完成后,系统即大功告成。图6.71所示为电路板,而图6.72所示为显示部分的内部布局。

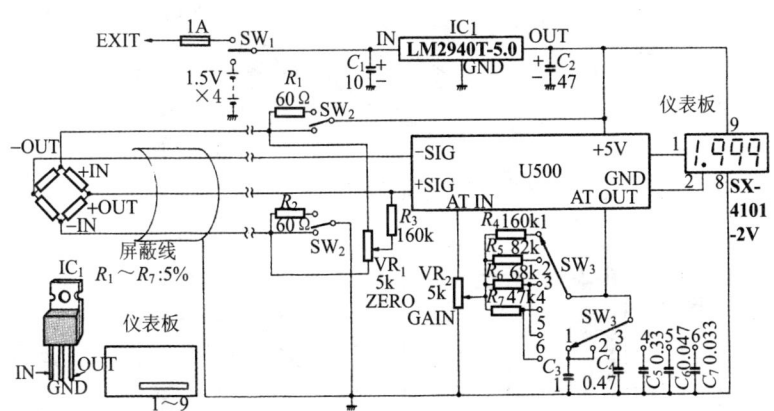

图6.68 计数装置电路

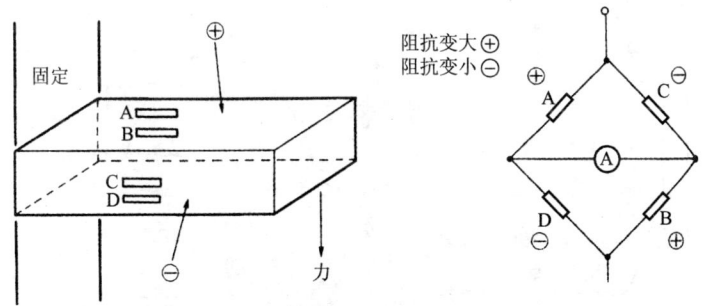

图6.69 应变片的接线方法

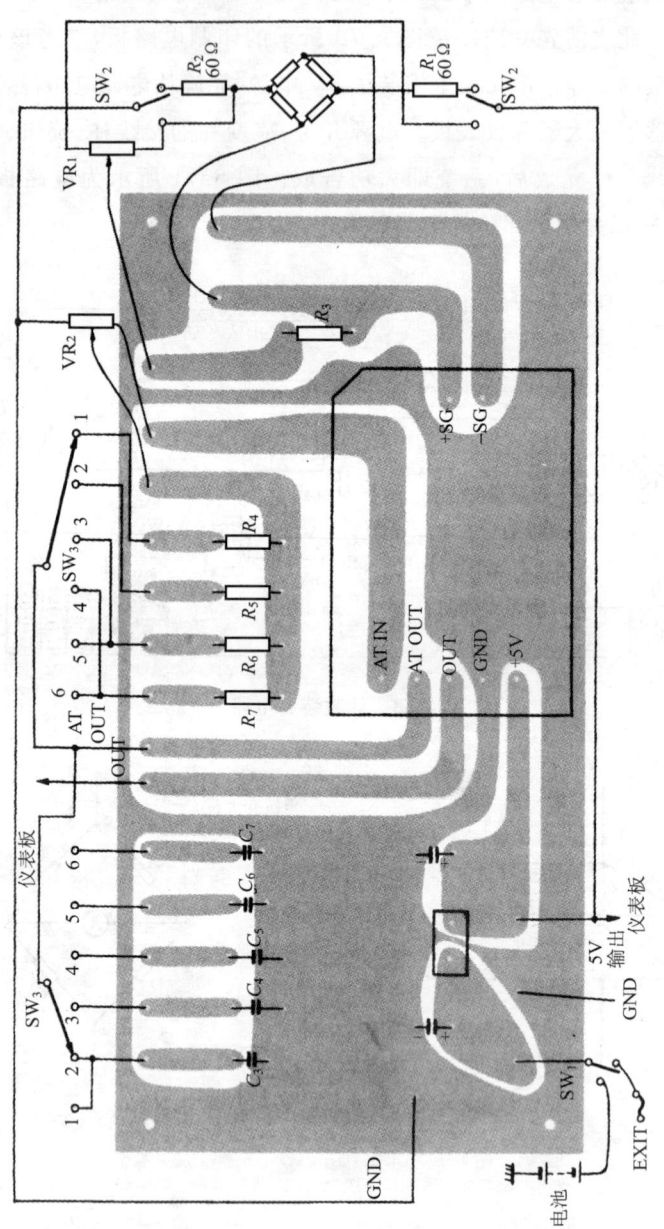

图 6.70 印制电路板

6.7 硬币计数装置

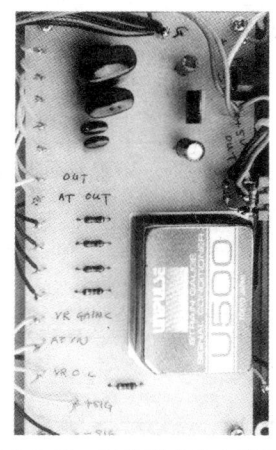

图 6.71　制作完成的电路板

图 6.72　显示部分机盒的内部情况
（前面板上安装有仪表板）

6.7.4　使用方法

图 6.73 所示为制作完成的本装置的照片，传感器部分放在显示部的上方。制作完成后接入电源显示部分即可显示数据，旋转调节旋钮使传感器上方的小碟空载时显示的数据为"0000"。

然后将一个被测量的硬币置于小碟上，调整增益旋钮使显示数据

图 6.73　硬币计数和显示装置

为 0001 或 0010。实际进行硬币重力测量时，只要将被测的硬币置于小碟中，显示的数据即为硬币的数量。

如果以重量来计量，由于 1 枚硬币的重量原本就是 1g，就可以像计量硬币的个数一样进行硬币重量的计量。当然该装置还可以用于像电阻、螺钉等小型电子元器件的计数工作。

6.8 测谎器

人类在感情、意识、思维发生变化的同时，身体也常常无意识地发生某种改变，例如，脉搏、汗液、眼球的动作、体温的升降等。若能检测出这些变化，就能推测出某人是否在撒谎。不过这些改变的表征因人而异，以往存在的问题是机械上的可靠性不高。

一直以来，测谎器由于确实没有确凿的证据，只能起到辅助侦探手段的作用。下面就让我们先做这个"测谎器"（图 6.74），享受其中的乐趣吧。

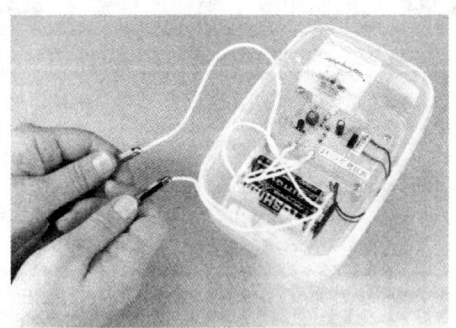

图 6.74　单晶体管测谎器

6.8.1 测谎器电路

1. 晶体管的基本动作

图 6.75 中仅有 1 个晶体管,它属于发射极接地放大电路。随流入基极电流的变化,晶体管中流入集电极的电流也发生改变。它们的关系用下式表示:

$$I_C = I_B h_{FE}$$

式中,I_C 为集电极电流;I_B 为基极电流;h_{FE} 为直流电流放大系数。

h_{FE} 由晶体管决定,有时也根据它的值分级。在这里我们采用 2SC1815-Y 晶体管,其 h_{FE} 为 120~240。发射极电流 I_E 用下式表示:

$$I_E = I_B + I_C$$

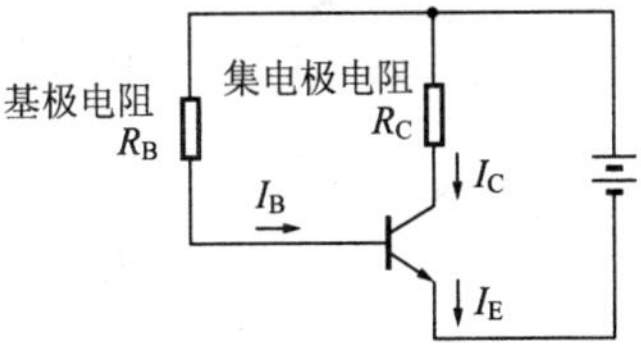

图 6.75 晶体管的固定偏压电路

综上所述,我们把晶体管的基本动作简单总结如下:

① 若基极电流变化,集电极电流也相应发生变化。
② 基极电流比集电极电流小得多。
③ 基极电流+集电极电流=发射极电流。

2. 将阻值变化转换为电流变化

我们看到,图 6.76 中的基极什么也没连接,所以集电极中无电流流动。若将两个测试端子的两端短路,通过 R_1 有一定电流(称为偏压电流)流过基极。于是导致集电极也有一定电流流过,与集电极连接的电流表中同样有电流流过,电流表的指针呈现摆动。

如果改变电路中 R_1 的阻值,集电极电流将随基极电路而改变。这个原理表明,改变阻值,电流表摆动,即电流的大小会发生变化。

3. 固定偏压电路

测谎器中使用了图 6.75 所示的固定偏压电路。晶体管有三种施加偏压电路的方法,即固定偏压电路、自偏压电路、电流反馈偏压电路,有时也根据需要将它们组合起来使用。

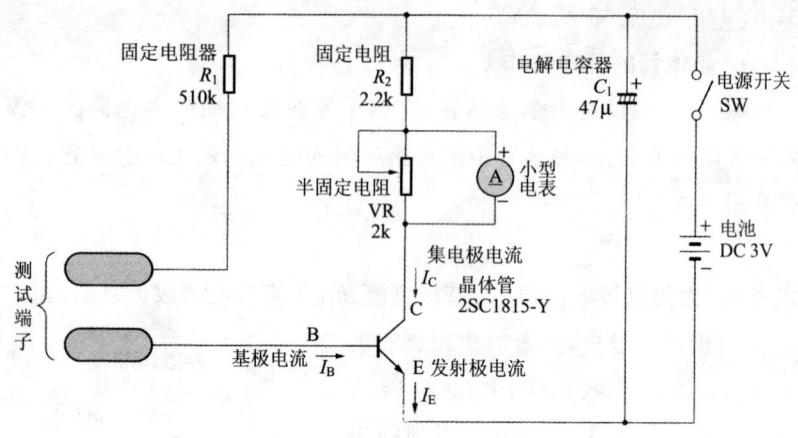

图 6.76　单晶体管测谎器电路

6.8.2　测谎器的原理

之所以能够简单地把脉搏、汗液、眼球的动作以及体温等的变化视为电阻阻值的变化进而测量，其缘由类似于汗液会引起人体电阻阻值的变化。

那么，人体的电阻有多大呢？让我们回想一下中学的理科教材。人体的 70% 是水分，同时含有矿物质等电解质，因此，人体内一定存在电流的流动。

我们可以用万用表简单地确认这一点。办法是用万用表的电阻量程（MΩ 范围）测量。用力握住万用表测试笔的两端，我们会发现抓握方法不同，结果随之变化。例如，用刚洗过的湿手抓握，电阻值与用干手抓握时就不一样。

还可以测试一下朋友的人体电阻，一定会呈现不同的数值。一般来说大概阻值读数介于几百 kΩ～几 MΩ。我们把这种人体电阻与 R_1 串联，观察一下合成阻值对晶体管基极电流的影响。

6.8.3　元器件与电路符号

表 6.6 给出本电路所用元器件的列表。

6.8 测流器

表 6.6 元器件列表

品 名	型号、规格	数 量
电路板元器件		
晶体管	2SC1815-Y	1
实验电路板	1CB-88	1
碳膜电阻	2.2kΩ, ±5% 1/4W	1
	510kΩ, ±5% 1/4W	1
铝电解电容器	47μF, 10V	1
半固定电阻	2kΩ(Copal, CT6P 等)	1
小型电流表	200μA 量程	1
金属套管	长 40mm 两端 M3 孔	2
螺栓(螺钉)	M3×6mm	2
电池盒	5 号×6	2
电池搭扣	0.06P 用	1
滑动开关	3P 或 6P	1
其他	尼龙被覆导线、φ0.6 镀锡金属线等	少许
装箱用		
机壳	B-800	1
金属套管	长 15mm 两端 M3 孔	4
螺钉	M3×6mm	9
螺母	M3	1

表 6.7 中列出了元器件名称、电路符号及实物照片,作为购买元器件时的参考。

表 6.7 元器件、电路图符号与外观

序号	名称	图形符号	外观	备注
1	电阻	─▭─		P 型碳膜电阻 1/4W
2	电解电容器	─+┤├─		铝电解电容器负极一侧有标记

续表 6.7

序号	名称	图形符号	外观	备注
3	晶体管	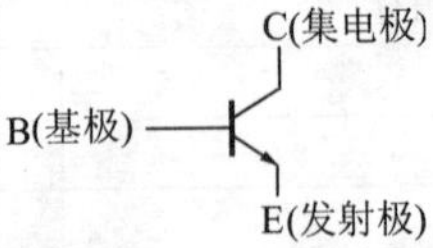 C(集电极) B(基极) E(发射极)	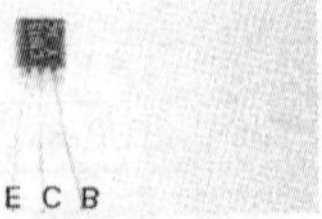 E C B	NPN 晶体管
4	开关	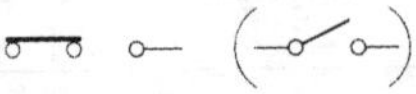		3P 滑动开关
5	电表	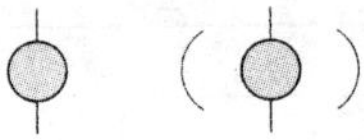 直流电流计 直流电压计	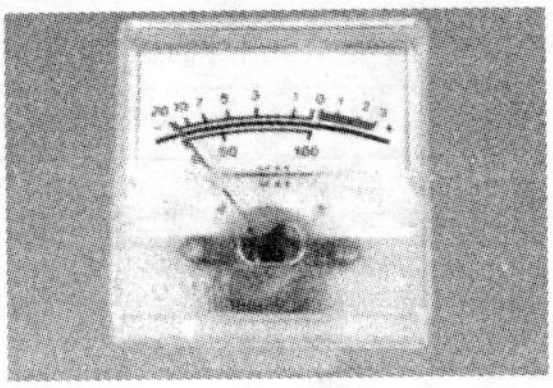	
6	半固定电阻	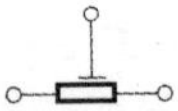		半固定电阻
7	电池盒		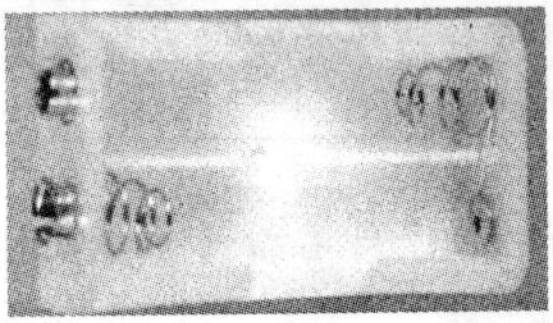	两只 5 号
8	电池搭扣		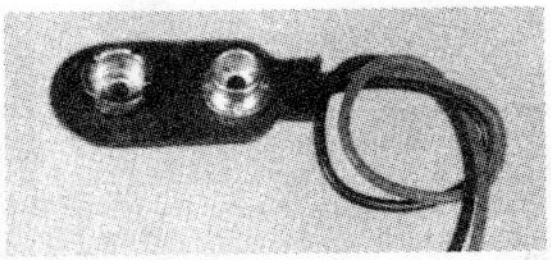	006P 用

6.8.4 制作方法

1. 电路板

用于布置和组装电子电路的板材叫做电路板,如图 6.77 所示,有实验电路板、平接线板和印制电路板等。

6.8 测谎器

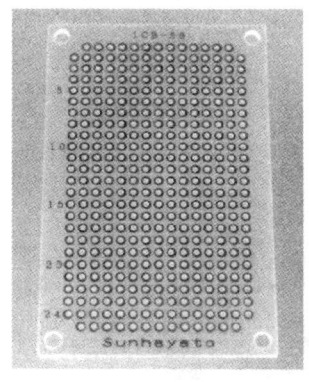

(a) 实验电路板

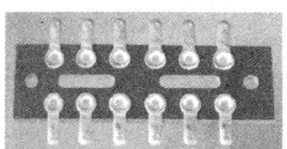

(b) 平接线板

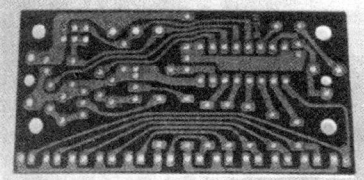

(c) 印制电路板

图 6.77 实验电路板

① 平接线板。图 6.77(b)所示的平接线板在真空管时代常常使用,但是由于端子数少,间隔大,所以无法用于复杂电路的组装。

② 实验电路板。在电路板上有若干一定间隔(如 2.54mm,4mm 等)排列的孔,便于 IC 组装。根据大小、形状、孔距的不同,市场上有各种类型的电路板出售。

③ 印制电路板。事先已经在基板上做出接线模板,只要把元器件焊接在电路板上,电路的制作就宣告结束,所以适用于批量生产。

在本节中我们制作的电路非常简单,实际上平接线板就够用了。不过考虑到方便元器件的布置和购买这两个因素,我们决定选用实验电路板。

2. 考虑元器件的布局

为了使电路完成设计所希望的动作,不可以轻视元器件的布局,把元器件一股脑地填入指定的尺寸空间是不行的。在本节的电路中,如果按照电路图那样连接电路的话,基本上能满足动作要求,原因将在后面做进一步的解释。

图 6.78 基本上是按照电路图的布局进行连接的,应该注意的是,各元器件的宽度对应基板上的孔数。这一节我们采用实验电路板

261

ICB-88，它的孔距为 2.54mm，因此绘制元器件的布局图要以此为依据。

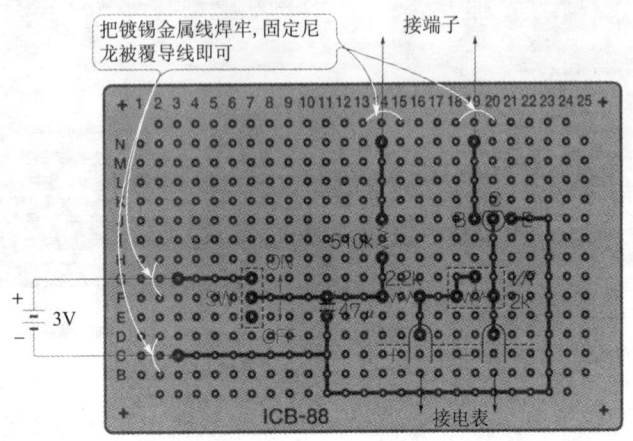

图 6.78　从元器件一侧看元器件布局

3．元器件间的连接要领

使用实验电路板时，应该尽可能从焊锡面一侧用镀锡金属线沿着孔连接各个元器件。只有当做不到这一点时，才必须从元器件面一侧用尼龙线连接相应的元器件。

4．元器件的焊接

请看图 6.79，同时参见图 6.78。在连接时我们应该用油性笔在元器件的安装孔上刻上记号，目的在于防止弄错安装位置，当然对熟练者来说不必如此。完成元器件的焊接作业后，我们应该用剪刀切掉元器件多余的引脚，如图 6.80 所示。在焊接时，为了保证元器件不脱落，应该将它们的引脚向外弯曲。

有些元器件根本不做锡焊，只是将引脚完全弯曲起来固定元器件，这样做的方便之处在于一旦发现安装错误，使用吸锡线等就能简单地取下这些元器件。被切下来的引脚可以再用，不要扔掉，而应保留下来。

6.8 测谎器

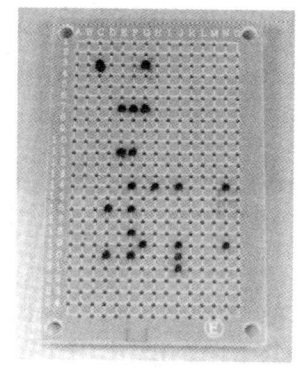

图 6.79 在元器件引脚的插入孔上做标记

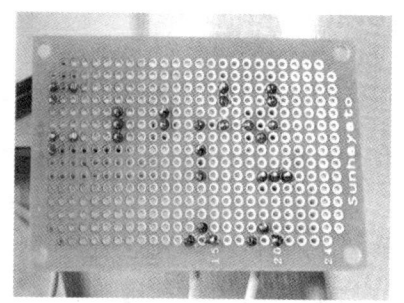

图 6.80 焊接元器件

5. 元器件间的连线

如图 6.81 所示,将镀锡金属线与上面已经安排到位的元器件的引脚暂时焊接固定。暂时连线的作用是为动作确认,待确认无误后,就按图 6.82 所示将暂时连接的镀锡金属线与电路板上所有孔的焊盘焊死固定。

图 6.81 焊接镀锡金属线

图 6.82 将镀锡金属线的全部焊点焊牢

6. 其他元器件的安装

其他元器件包括焊接电池盒、端子和开关等。

我们还缺两个供手捏的测试端子,不过很难在身边找到这么合适的东西,所以姑且用金属材质的套管代替,把导线的一端直接焊接在小螺钉的头部,再把小螺钉拧入隔离套管中(套管的端部有与之相配的螺孔)固定。只要是用金属材料做测试端子效果总是不错的,读者可以试一试。

6.8.5 动作的确认与调整

① 把两节 5 号干电池放入电池盒,让电池开关置 ON。这时若电流表的指针摆动,说明存在布线错误,这时要把电源开关置 OFF 再一次检查。

② 用尼龙被覆导线直接连接两个测试端子,调整半固定电阻,确认电流表指针摆动,不过有时候电流表指针可能摆动过头,结果半固定电阻无法起到调整作用。

③ 实际测试中应该用手捏住两个测试端子,调整半固定电阻使电流表有大约半圈的摆动幅度。时而紧握,时而放松,可以确认电流表的摆动方向。

按照上面的要求完成动作确认后,调整即告结束。最后,如图 6.74 所示将电路板放入机壳后整个制作即告完成。

6.8.6 使用方法

首先,让朋友捏住测试端子,记住当时电流表指针摆动的位置。接着对朋友提问,如有什么兴趣和爱好,或其他的事情,同时观察回答时电流表指针摆动幅度的变化。根据提问内容,电流表指针摆动可能会呈现相当大的差异。

6.8.7 元器件

本电路使用的元器件如下:

① 晶体管。只要 h_{FE} 在 100 以上,引脚布局一致,什么样的晶体管都可以,如 2SC945、2SC458 等。

② 电阻、电容器。只要电阻值、电容值在规定值左右均可选用,但是耐压必须超过规定值。

③ 电流表。使用 $200\mu A$ 量程的电流表,稍微有点差别也无大碍。电流表量程过大,则指针的摆动就减小,这时,应该适当减小 R_1 值。

④ 电池盒、开关。电路消耗的电流非常小，任何电池盒和开关均可使用。

6.9 猫头鹰电灯

"猫头鹰电灯"就是能够检测周围环境的亮度，若变暗就点灯，若变亮就熄灯的小电珠。在这一节，我们用两个晶体管和 CdS 光电器件（以下称 CdS 器件）构成一个简单的实验电路。

下面，将"猫头鹰电灯"的功能改变一下，让它在检测到环境变暗之后持续一段点亮时间再熄灭，这需要 5 个晶体管。我们设想的任务是事先把"猫头鹰电灯"放在枕头边，从关闭房间照明灯到进入被窝的这段时间间隔内由它负责提供暗灯的照明。图 6.83 所示是制作完成的"猫头鹰电灯"。

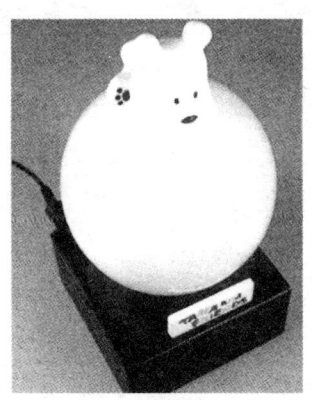

图 6.83 猫头鹰电灯

通过这个实验我们来学习晶体管的直流放大功能、CdS 器件的光电变换原理以及达林顿电路等。下面先来了解一下 CdS 器件的工作原理。

265

6.9.1 元器件

猫头鹰电灯的电路如图 6.84 所示。表 6.8 给出元器件列表，一共给出了基本电路和自动熄灯电路（后述）两种方案。

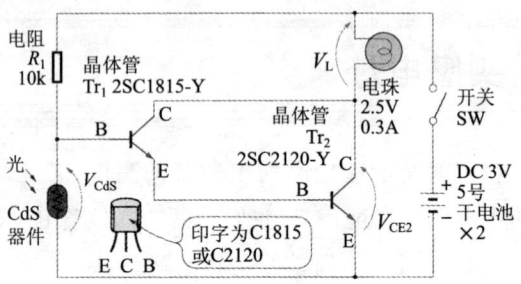

图 6.84 猫头鹰电灯的电路

① 晶体管。晶体管用 2SC1815。其他任何一种弱信号放大 NPN 晶体管均可作为代用品，如 2SC945、2SC2458 等。

表 6.8 元器件列表

元器件	型号、规格	数量（基本电路）	数量（自动熄灯）
晶体管	2SC1815-Y	1	4
	2SC2120-Y	1	1
二极管	1S1588	—	2
碳膜电阻	10kΩ，±5%，1/4W（茶黑橙金）	1	1
	100kΩ，±5%，1/4W（茶黑橙金）	—	1
涤纶电容器	0.1μF，50V（记为 104）	—	1
铝电解电容器	100μF，10V	—	1
	470μF，10V	—	1
半固定电阻	50kΩ	—	1
	500kΩ	—	1
滑动开关	3P 或 6P	1	1
电珠	2.5V，0.3A	1	1
电珠座		1	1
CdS 器件	P722-10R	1	1
实验电路板	1CB-88	1	1
套管	φ3×5mm	4	—

续表 6.8

元器件	型号、规格	数量 (基本电路)	数量 (自动熄灯)
螺　钉	M3×10mm	4	—
	M3×15mm	4	—
螺　母	M3 用	5	—
电池盒	5 号×2	1	—
机　壳	适当的大小	—	1
其　他	尼龙被覆导线、φ0.6 镀锡金属线等	少　许	少　许
DC 3V 电源			
三端稳压器	LM31TT(或 NJM317)	1	1
散热器	TO-220 型用	1	1
碳膜电阻	68Ω，±5%，1/4W(青灰黑金)	1	1
	100kΩ，±5%，1/4W(茶黑橙金)	1	1
陶瓷电容器	0.1μF，50V	1	2
铝电解电容器	10μF，10V	1	1
实验电路板	1CB-88	1	1
DC 插座	与 AC 适配器插头相配	1	1
AC 适配器	输出 9～12V，0.3A 以上	1	1

晶体管 2SC2120 的额定值比 2SC1815 的稍大也可以备选。它的代用品有 2SC2001、2SD1246 等。

② 二极管。开关硅二极管均可，也可使用 1S1555、1N4148 代替。但是 1N60 锗二极管不合适。

③ 电阻、电容器。大致按照指定值选择即可，但其耐压应保证在规定值以上。

④ CdS 器件 P722-10R。CdS 是硫化镉的化学名称，被原封不动地作为器件的名字，它有两个引脚。型号不同，特性也不同。如果买不到相同的元器件，在调整好灵敏度后方可使用，调整方法稍后介绍。

6.9.2 制作注意事项

电路板上元器件的布局如图 6.85 所示，完成的电路板如图 6.86 所示。图 6.85 所示是从元器件安装面观察的情况，不过也将布线用透视的方法绘于图中。

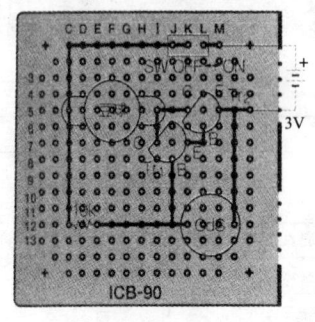
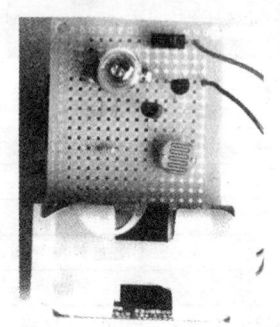

图 6.85　图 6.84 所示电路的元器件布置与布线

图 6.86　完成的基本电路板

1. 元器件的极性

电子元器件有带极性和不带极性之分。例如，晶体管就有极性，三个电极分别为 E（发射极）、C（集电极）、B（基极）。晶体管上印有 C2001、C1818 等型号名称的字样。型号不同，电极的布局和额定电压等特性也不同，详细的参数需要查阅手册加以确认。

本节使用的 TO-92 型晶体管由树脂封装，这是弱信号晶体管常见的一种封装形式。二极管也有极性，印有色带的为阴极，称之为阴极标志。

2. 焊接注意事项

第一次握住焊枪进行制作的人，要想熟练使用焊枪是要下相当大功夫的。下面给出几点注意事项。

① 半导体一般对热都比较敏感，不要把电烙铁的头部长时间接触晶体管或 CdS 元器件的引脚。

② 电烙铁的功率应该在 10～30W 范围内，头部尖细。应该选用填充焊剂焊丝，焊剂的作用是在焊接时将电路板的模板或导线上的氧化膜清除，这样容易吃住焊锡。

3. 接通电池前的检查

制作完成后，应该再一次确认元器件的连接，然后把干电池放入电池盒内。接通电源电路后如果电路的工作不顺利,要立即取下干电池。如果发现干电池发热,说明干电池出现了短路。

4. CdS 器件

像 CdS 这样的元器件,就是把光的强弱变化转换为电阻值变化的元器件,称为光电转换器件。CdS 器件应用于检测烟,照相机的曝光装置等场合。图 6.87 给出了 CdS 器件的照度与电阻的变化关系。CdS 器件按照光的强弱改变电阻值。光强时,电阻值小;反之,电阻值大。而基本没有光时,几乎处于绝缘状态。

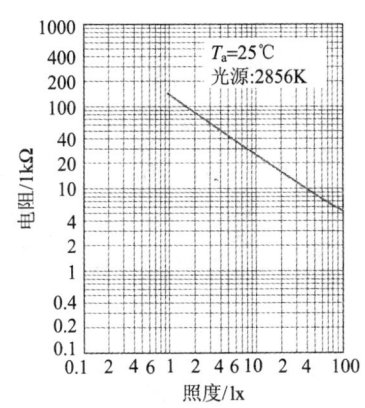

图 6.87 CdS 器件(P722-10R)的照度与电阻值的关系

6.9.3 "猫头鹰电灯"试验

1. 改变环境亮度会怎样

改变进入 CdS 中的光量,确认电珠的亮度,用万用表测量各部分的电压。即使用手帕或手掌遮盖 CdS 器件也应该是能够动作的。

① 在明亮环境中,电珠就熄灭。如果电珠不亮,说明图 6.84 中晶体管的集电极未产生电流流动。

② 在稍稍昏暗的环境中,电珠点亮,但亮度不够,表明这时晶体管中有少许集电极电流流过。

③ 在黑暗的环境中,电珠呈现的亮度与将电珠和干电池直接连接时的相同,表明晶体管处于饱和状态,这时即使环境亮度继续下降,电珠的亮度也不再改变。

2. 达林顿连接

把两个晶体管连接成为图 6.88 那样的电路,称之为达林顿连接。这个电路可以获得很大的直流放大系数。

设 Tr_1、Tr_2 的直流放大系数分别为 h_{FE1}、h_{FE2},Tr_1 集电极电流为

I_{C1}，它应是基极电流乘以直流放大系数，即

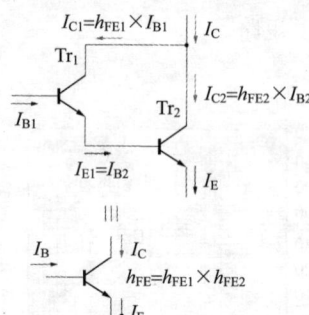

图6.88 达林顿连接电路

$$I_{C1} = h_{FE1} I_{B1}$$

Tr_1 发射极电流 I_{E2} 为

$$I_{E1} = I_{B1} + I_{C1}$$

而 I_{E1} 与 Tr_2 基极电流 I_{B2} 相同，即

$$I_{E1} = I_{B2}$$

Tr_2 集电极电流 I_{C2} 与基极电流 I_{B2} 的关系为

$$I_{C2} = h_{FE2} I_{B2}$$

假设达林顿连接电路的输入电流为 I_B，输出电流为 I_C，则

$$I_C = h_{FE1} I_B + h_{FE2}(h_{FE1} + 1) I_B$$
$$= [(h_{FE1} + 1)(h_{FE2} + 1) - 1] I_B$$

因此，达林顿电路的直流放大系数 h_{FE} 可以表示为

$$h_{FE} = I_C / I_B = (h_{FE1} + 1)(h_{FE2} + 1) - 1$$
$$= h_{FE1} h_{FE2} + h_{FE1} + h_{FE2}$$

由于 $h_{FE1} h_{FE2}$ 比 h_{FE1} 或 h_{FE2} 大得多，故可近似为

$$h_{FE} = h_{FE1} h_{FE2}$$

如此可知，达林顿电路的直流放大系数是两个晶体管 h_{FE} 的乘积，就是说可以获得非常大的值。

3. CdS 器件与电路的动作

下面我们来考虑 CdS 器件的电阻值以及晶体管基极电流的大小。

① 明亮的时候。如图 6.89(a) 所示，CdS 器件的阻值变得非常小，不过这时加在 CdS 两端的电压 U_{CdS} 也很小，晶体管处于 OFF 状态。晶体管是否 ON 的临界电压称为"门限值"。

② 稍稍昏暗的时候。CdS 器件的阻值稍稍增大，电流分别向晶体管基极、CdS 器件两个方向流动，如图 6.89(b) 所示。

③ 黑暗的时候。CdS 器件的阻值变得非常大。流过电阻 R_1 的

电流如图 6.89(c)所示,几乎全部流过晶体管基极,此时 CdS 有与没有效果都是一样的,晶体管处于饱和状态。

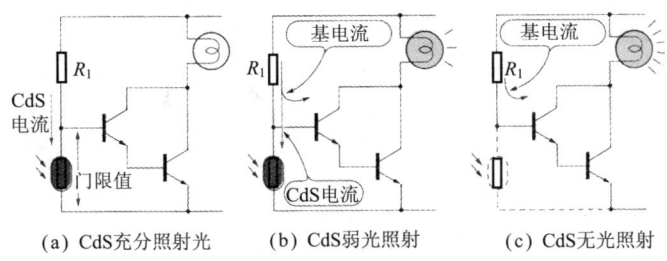

(a) CdS充分照射光　　(b) CdS弱光照射　　(c) CdS无光照射

图 6.89　达林顿电路的动作原理

6.9.4　故障检测

如果无论怎么实验,电路均无动作反应,就应该再一次检查焊接状态、晶体管的极性、元器件引脚与引脚的连接等是否正确。有时,电珠自身发出的光线可能进入 CdS 器件,结果使 CdS 元器件发生反应,导致电珠闪烁。这时我们应该采取点措施,设法阻止电珠的光线直射到 CdS 器件上。

如果 CdS 器件并非原来指定的,那就需要调整一下电阻 R_1 的值,增大或减小,使其正常工作。

6.9.5　"猫头鹰电灯"的改进

1. 持续定时亮灯

① 电路。图 6.84 所示电路原本的工作情况是环境变暗,电珠点亮后就不管了。显然这样的话,干电池的电源马上就会消耗光。所以我们需要设法改进一下电路,达到环境变暗后仅在限定的时间内维持亮灯,到时候即熄灭的效果。参见图 6.90,它追加了 3 个晶体管。Tr_3 把光亮的变化变换为晶体管的 ON/OFF。然后,通过 Tr_4 和 Tr_3 构成计时器。剩余的两个晶体管(Tr_1 和 Tr_2)用于小灯泡的点灯。元器件布置与配线如图 6.91 所示,完成的电路板表示在图 6.92 中。

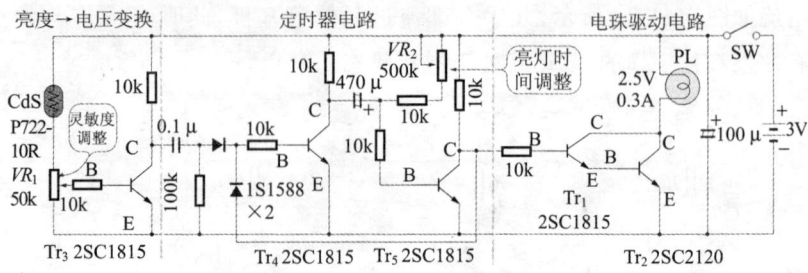

图 6.90　变暗后持续定时亮灯的电路

② 动作确认。一定要在黑暗的屋子进行动作确认。如果从明亮急速变成黑暗,电珠可能不亮。

• 在室内照明电灯点亮的状态下把电源开关置于 ON,于是电珠应该被点亮。把 $500k\Omega$ 的半固定电阻 VR_2 向左旋转至电阻最小,使电灯熄灭。再把 VR_2 向右旋转到满量程,此时对应的亮灯持续时间为 2min30s 左右。若想持续更长的时间,可以增加电解电容器 $470\mu F$ 的电容量。

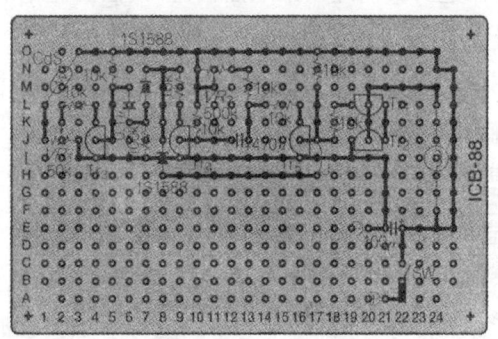

图 6.91　图 6.90 所示电路元器件布局与布线

• 如果在关断房间照明电灯的条件下,要使电珠点亮,可以通过 $50k\Omega$ 的半固定电阻 VR_1 进行调节。

• 再次调整 VR_2,改变持续亮灯时间。

2. 使用 AC 适配器代替电池

除电池以外,输出为 DC 3V、0.3A 左右的 AC 适配器可直接代替电池,我们在本节决定采用电视游戏中的手持 AC 适配器来获得 DC 3V。

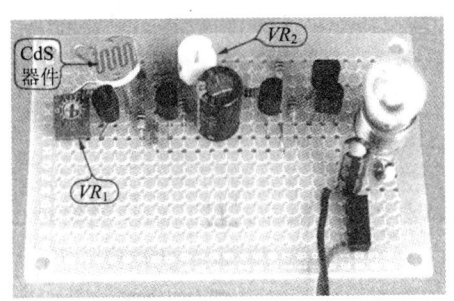

图 6.92 完工后的自动灭灯电路板

电视游戏 AC 适配器多数的输出为 DC 10V 左右,用输出电压可变的三端稳压器 LM317T 和简单电路就可以提供我们所需要的输出。

三端稳压器 IC 芯片内藏电流保护电路、热保护电路等,改变外接的两个电阻就能设定输出电压的大小。

从适配器转换 DC 3V、0.3A 直流输出的电路如图 6.93 所示。AC 适配器的输出为 9～12V,300mA 以上,LM317T 应该与 TO-220 型封装放热器一起使用。

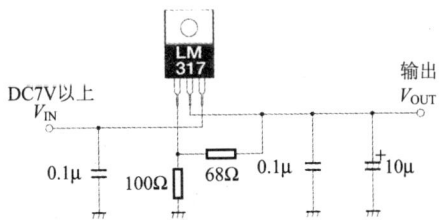

图 6.93 从交流适配器获得 DC 3V 的电路

第7章 趣味电子制作

7.1 魔术运动机

许多钟表具有图案，这些图案可以活动，甚至演奏音乐、指示钟点。本小节制作一种电路，它可以用在装饰及动画电路中。

该电路比较简单，由 5 号电池供电，还包括一个发光二极管（LED），它不断闪烁，并且为活动的部位提供节奏。把这个电路安装到盒子内，如图 7.1 所示，并且具有一个装饰物，我们把这个项目命名为"魔术运动机"。

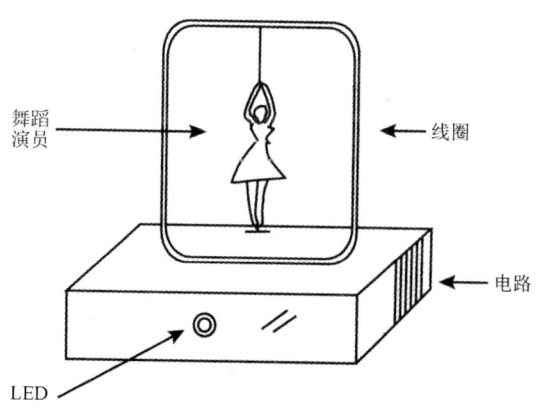

图 7.1 用魔术运动机做成的装饰物

7.1.1 工作原理

这个实验项目的主要框图是一个配置成非稳态多谐振荡器的555集成电路(IC)。这个电路生成间歇脉冲,驱动实验项目的机械部分。

在这种配置中,脉冲持续时间和脉冲之间的间隔取决于电路的组件,如图7.2所示,且满足以下的关系式:

$$t_h = 0.693 \times C \times (R_a + R_b)$$
$$t_l = 0.693 \times R_b \times C$$

式中,t_h(s)为输出为高电平的时间间隔;t_l(s)为输出为低电平的时间间隔;C(F)为电容;R_a、R_b(Ω)为电阻。

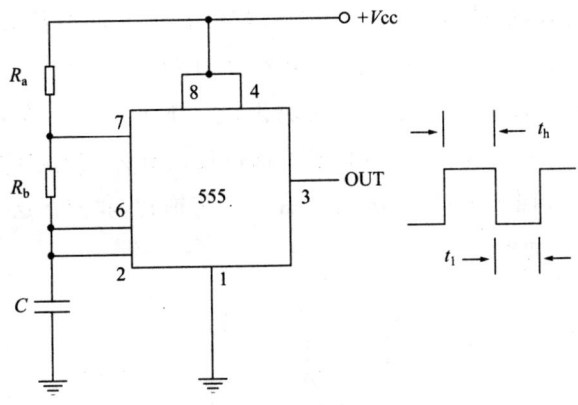

图7.2 非稳态555

应当指出,因为$R_a + R_b$总大于R_b,所以高电平的时间总是大于低电平时间。还应指出,因为R_a是由R_1加P_1的调节值给出的(图7.3),所以它是变量。

因为我们需要使负载倒转,所以答案是用555的低脉冲去激励电路。这可以通过利用正-负-正(PNP)晶体管驱动负载来完成,并且晶体管的导通是在555的低脉冲情况下进行的。因此,正如图7.3所示的那样,电路将脉冲作用于负载是在有规律的间隔中进行的,这个间隔由对P_1的调节来确定。

7.1 魔术运动机

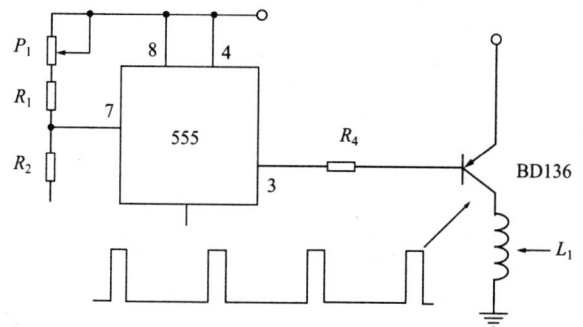

图 7.3　作用到负载上的信号波形

晶体管是中功率型的，它驱动负载，产生断续磁场。这个磁场作用到磁性物体上，如金属刀片、针甚至于其他磁铁上（转动它们）。因为磁场并不强，所以物体可以任意移动。

为了得到最好的性能，关键问题是求出脉冲速率，它需与物体的自然运动速率相匹配。为了得到正确的频率，必须进行实验，在 $15\sim 47\mathrm{k}\Omega$ 的范围内改变 R_2 的值。

7.1.2　制作方法

从结构出发电路可以分成两部分：电子线路部分和机械部分。

1. 电子线路

图 7.4 说明了脉冲产生器的电子线路，它采用了 555IC。图 7.5 说明了怎样用无焊接插板安装电路。

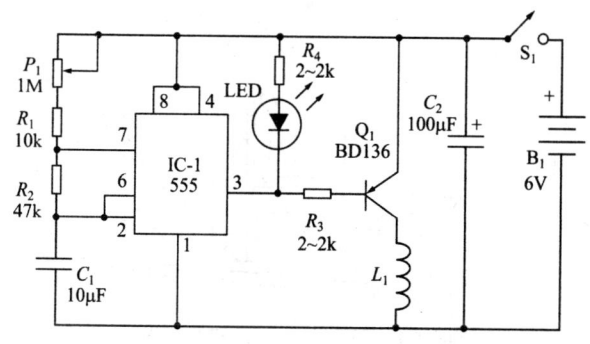

图 7.4　脉冲产生器原理图

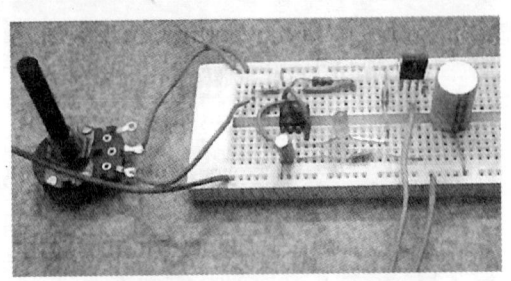

图 7.5　电路安装到无焊接插板上

制作者必须注意极化元件的位置，例如，IC、电解电容器、晶体管和 LED。如果用 TIP32 作为 BD136 的等效替代品，读者必须记住管脚引线具有不同的识别特征。该电路是由 5 号电池供电，也可以利用 AC 电源线路供电。电路可以采用 3～6V 的电压形式。

2. 机械部分

机械部分由线圈和活动的人物构成。在我们的基本形式中，线圈是用 50～100 圈的任意涂层金属线构成，且金属线的线规在 28AWG 与 32AWG 之间。机械部分的形状如图 7.6 所示。

特别应当注意的是，要清除线圈终端部分的涂层，以便在将其连接到接线板的螺栓上，或者焊接到电路上时能够实现电气接触。

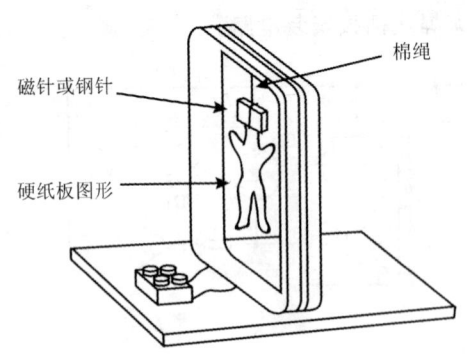

图 7.6　该实验项目的机械部分

活动物体是用细棉绳或金属线吊起来的。活动的物体上，有小的磁铁或小的金属物附在它上面。金属物必须是那种能被磁铁吸引的类型，比如铁或钢。

制作者还必须为磁铁寻找正确的位置。它必须位于线圈的磁场能够作用到的位置上。

7.1.3 动作的确认与调整

把电源加到电路上，观察活动人物的运动和 LED 的闪烁。每当 LED 点亮，活动人物将完成某种运动，就像两者受到了同一个力的作用。如果不是这种情况，注意观察线圈的接触情况。如果未发现问题，可以调整 P_1，直至出现预设的活动情况。

7.1.4 元器件

本电路使用的元器件如下：

① IC-1。555 IC 定时器。

② Q_1。BD136 硅中功率 PNP 晶体管。

③ LED_1。普通 LED(任何颜色)。

④ P_1。1MΩ 微调电位器或普通的线性或对数电位器。

⑤ R_1。10kΩ 1/8W 电阻器(棕色、黑色、橙色)。

⑥ R_2。15～47kΩ 1/8W 电阻器(棕色、绿色、橙色，适用于15kΩ)。

⑦ R_3、R_4。2.2kΩ 1/8W 电阻器(红色、红色、红色)。

⑧ C_1。10μF 12V 电解电容器。

⑨ C_2。100μF 12V 电解电容器。

⑩ S_1。SPST ON/OFF 开关(任选的)。

⑪ B_1。6V 电源(4 节 5 号电池和电池盒)。

⑫ L_1。线圈(参见正文)。

⑬ 其他。印制电路板(PCB)或无焊接插板、盒子、磁铁、导线等。

7.2 空气推进船

7.2.1 项目构成

基本实验项目是由塑料的或聚苯乙烯泡沫塑料的托盘（就像在超级市场中用来盛农产品和肉类的托盘）组成，在托盘中安装了电动机和电池。电动机转动桨叶起到推进器的作用，把空气向一个方向推动，从而使运动的船向相反的方向移动，如图7.7所示。

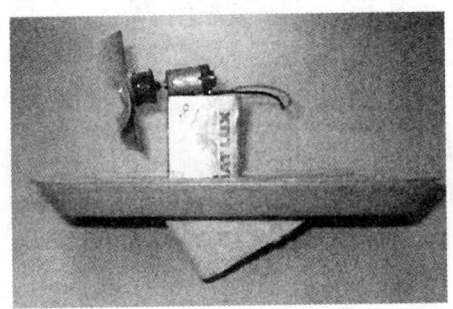

图 7.7 空气推进船

当组装空气推进船时，必须考虑一些因素。第一个因素是所有部件在托盘上的正确配置，用以保持船体的平衡。如图7.8所示，如果重的部件（例如，电池）位置配置的不正确，那么船体将会沉入水中。

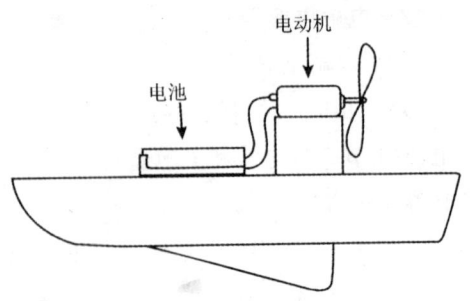

图 7.8 重的部件必须正确地配置于托盘上

船体的设计也应该加以考虑。例如,托盘的高度就是重要因素,因为它将影响到船体的漂浮。与保持在水面以上的高度(出水高度)相比较,船体托盘沉入水下的高度取决于船体托盘部分的重量。另外一个重要因素是船体的龙骨,它有助于船体沿直线航行。

最后,我们还应该考虑螺旋桨的效率。螺旋桨的效率越高,空气推进船的速度也将越快。

小型 DC 电动机可以用 2 节或 4 节电池供电,这取决于电动机的类型。

7.2.2 建造方法

图 7.9 所示为空气推进船的电子线路。用来接通和关闭电动机电源的开关是任选的。读者也可以直接把电池插入电池夹启动电动机。

如果你是刚刚接触电子制作,那么在焊接导线时,必须特别小心,因为不良的焊接接点,在比赛进行过程中可能会使电动机停止转动。图 7.10 所示为空气推进船的结构,电池位于船体托盘的前部(船首),用以平衡电动机及其支座的重量。

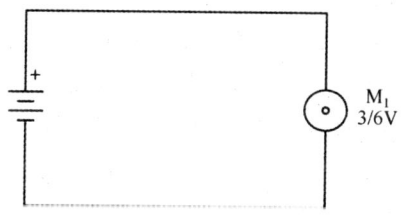

图 7.9 用在空气推进船内的电子线路

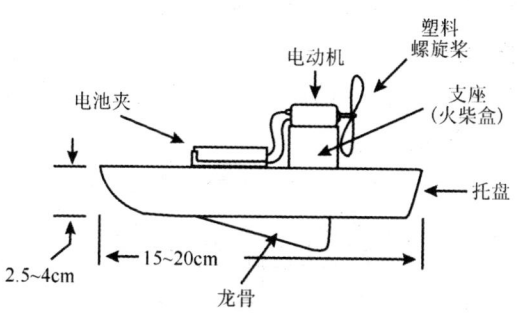

图 7.10 空气推进船

电动机安装在船的后部或者船尾。电动机的支座可以是小塑料盒,盒子上粘连着电动机,也可以利用一小块的轻木头,甚至硬纸板来制作电动机的支座。龙骨由一块聚苯乙烯泡沫塑料或其他材料制成,它具有图 7.10 所示的形状。

螺旋桨由塑料或木料做成,具有 2～4 个叶片。它们可以在销售模型的商店内找到。螺旋桨的直径应由船的重量和尺寸来确定。最大的推荐直径为 10cm。

在小水池内测试船体的平衡情况,直到找到零件的最佳配置为止。

7.2.3 元器件

本电路使用的元器件如下:

① B_1。3V 或 6V 电源(2 节或 4 节 5 号电池,带电池夹)。

② M_1。3V 或 6V,DC 小型电动机。

③ 导线、焊锡等。

7.2.4 动作的确认与调整

在建造空气推进船期间,必须进行初期实验,用以查看各个元件是否在托盘内正确的位置。之后就可以在比较大的水域,例如,小型湖泊、水池或其他地点试验你的螺旋桨系统。

把电池放进电池夹内,并且将空气推进船放入水中。如果船不能沿着直线运动,则改变电池夹或螺旋桨的位置。

7.2.5 项目改进

许多改进措施可以加入到原来的设计中。

1. 增加方向舵

如图 7.11 所示,可以增加一个小型方向舵。它可以用来引导空气推进船的运动方向。

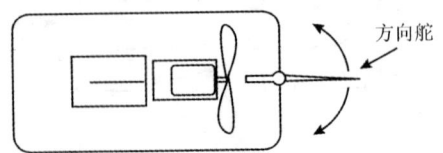

图 7.11 增加方向舵

2. 设计竞赛

空气推进船的竞赛可以以多种方式组织进行。水池可以用大块的塑料板或者防水布来制作，船可以放在用木材制作的盒子内，如图 7.12 所示。

这个水槽可以灌 10~15cm 深的水，这足以让空气推进船在其中自由地运动。也可以利用木制板条隔成航道，如图 7.13 所示。

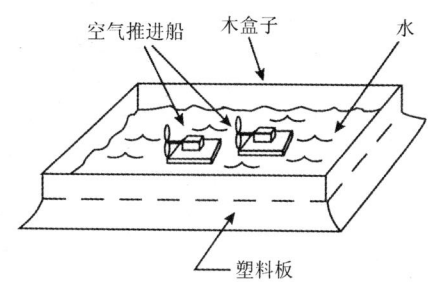

图 7.12 用来进行空气推进船比赛的简易水槽

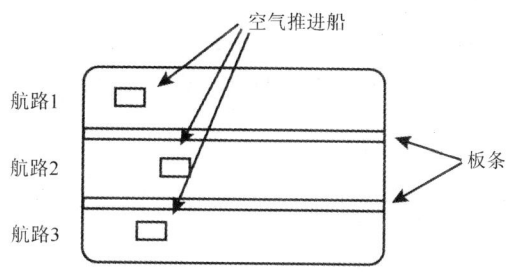

图 7.13 用木板条分隔出来的航道

7.2.6 附加电路

为了获取空气推进船的更高性能，可以附加以下电路。

1. 两台电动机和差动遥控

图 7.14 说明了如何利用两台电动机进行对空气推进船的定向控制。电动机的速度可以用双通道遥控进行控制。当两台电动机以相同的速度转动时，船沿着直线向前推进。如果一台电动机转动得比另一台电动机快，那么空气推进船将会转向转动速度慢的电动机一方。

2. 利用方向舵的遥控

图 7.15 说明了如何利用螺线管去移动安装在空气推进船上的方向舵。螺线管可以用单通道遥控进行供电。利用遥控，船将会向右或向左转，从而可以把空气推进船引导到任何方向，或者通过一定的航道。

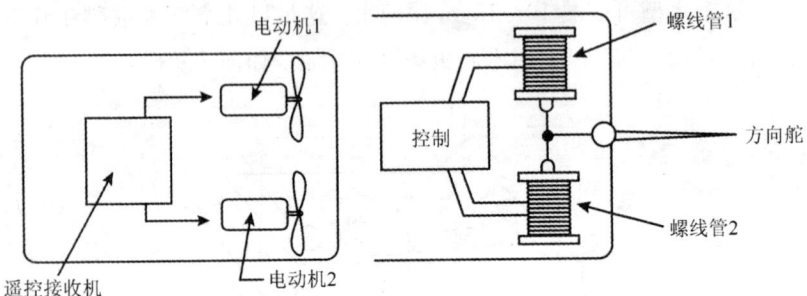

图 7.14 利用两台电动机和一个遥控的系统

图 7.15 用来推动方向舵的简单单通道遥控

3. 利用光束的控制

图 7.16 说明了一种利用手电筒的简单遥控方式。这个简单控制电路可以用来启动与方向舵连接的螺线管。通过脉动产生光束，从而改变空气推进船的方向。

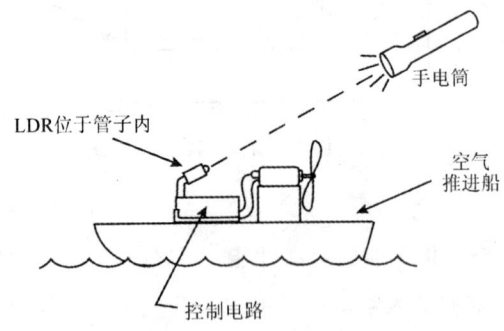

图 7.16 利用光束的遥控

利用这种控制时，必须考虑两点：第一，传感器必须安装在管子内，使其只能接收来自于手电筒的光线，日光不能达到传感器上，也不能对电路产生干扰;第二,手电筒必须直接指向传感器。

4. 增加声效电路

图 7.17 所示的电路会产生一种声音,就像是电动船那样。电路可以由 3～6V 的电源供电。扬声器是小型的,其直径只有 2.5～5cm。

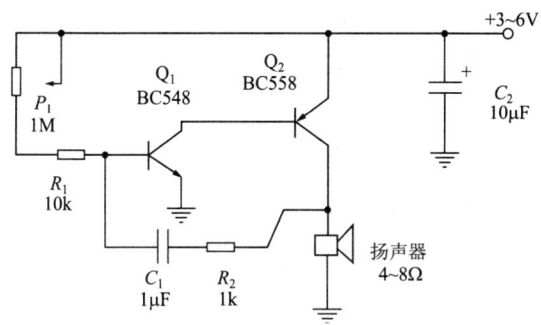

图 7.17　电动船的声效电路

重要的是,应当把该电路安置在使电路中的元件,特别是扬声器的圆锥面不会受到水影响的地方,因为扬声器的锥面通常是由硬纸板制作的,这一点很重要。P_1 用来调整声音,图 7.18 说明了如何利用接线板作为底架,安装这个简单电路。

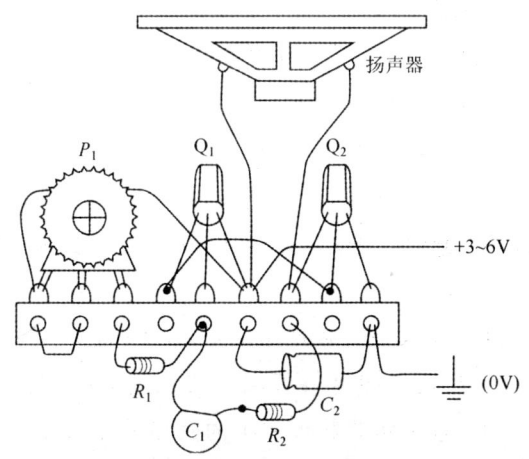

图 7.18　利用接线板构成电动船的声效应

本电路使用的元器件如下：

① Q_1。BC548 或等效通用硅负-正-负（NPN）晶体管。

② Q_2。BC558 或等效通用硅正-负-正（PNP）晶体管。

③ R_1。10kΩ，1/8W 电阻器（棕色、黑色、橙色）。

④ R_2。1kΩ，1/8W 电阻器（棕色、黑色、红色）。

⑤ P_1。1MΩ 微调电位器。

⑥ C_1。1μF 聚酯电容器。

⑦ C_2。10μF，12V 电解电容器。

⑧ 扬声器。小型 4Ω 或 8Ω 扬声器（2.5～5cm）。

⑨ 其他。接线板或印制电路板（PCB）、焊锡、导线、塑料盒等。

7.3 磁场发生器

本小节介绍如何制作一个磁场发生器。实验电路会产生高电流脉冲，电流通过线圈产生磁场脉冲。线圈与植物的相对位置如图 7.19 所示。

根据实验的不同，线圈也可以放置在昆虫或者其他动物的笼子四周。产生的磁场可以刺激植物生长得更快或者长出更大的果实。建议用西红柿作为实验对象，原因是它容易栽培，也便于观察。

本项目中，磁场强度和变换频率在很大范围内可控。在一些特殊的低频磁场实验中，我们必须谨慎处理。因为低频线路产生的磁场具有危险性，能够引起癌变或者其他问题，对植物和其他生物所做的实验已经证实了这一点。

我们必须知道由这个装置产生的低频磁场是很微弱的，并且对人体没有伤害，因为磁场集中在线圈内部，线圈内部磁场更强，如图 7.20 所示。另外，这个实验装置产生的磁场要比诸如电动剃须刀或其他用电动机驱动的家用电器所产生的磁场弱很多。

7.3 磁场发生器

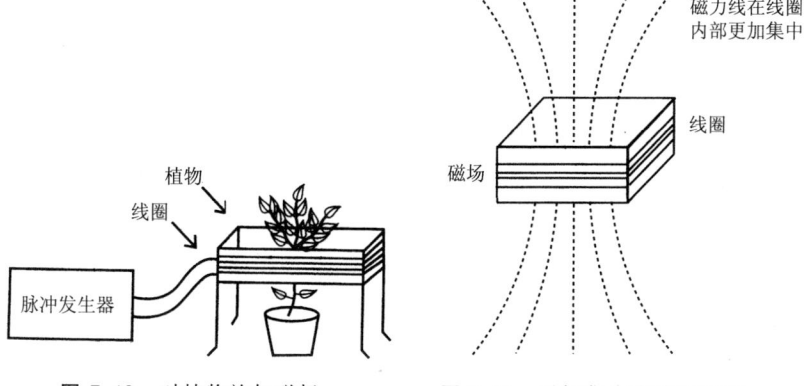

图 7.19 对植物施加磁场   图 7.20 磁场集中在线圈内部

7.3.1 工作原理

这个项目由接通交流电源线的张弛振荡器组成,该振荡器有一个 SCR,作为它的主要构件,电路原理如图 7.21 所示。

交流电源电压通过 D_1 整流,再通过电阻 R_1 分压之后对电容器 C_1 充电,使用 117V 交流电源情况时,C_1 两侧电压峰值约为 150V。SCR、P_1、

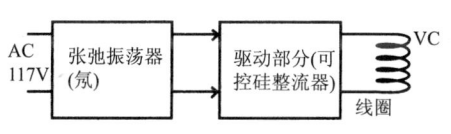

图 7.21 电路原理图

R_2 和 C_2 构成了一个带有氖灯的张弛振荡器。连接在 SCR 阳极的线圈构成了负载。

此电路的工作方式如下:在没有达到氖灯启动电压时,电容器 C_2 通过电位计 P_1 和 R_1 构成回路。一般氖灯的触发电压在 80V 左右,在这个装置中使用型号为 NE-2H 的氖灯。

当氖灯被触发点亮后,电容器 C_2 向 SCR 控制极放电,使 SCR 开始工作。此时,由 SCR、C_1 和线圈构成闭合回路。然后电容器 C_2 通过 SCR 放电,在线圈中产生一个强脉冲。这个脉冲产生了实验所需要的磁场。只要 C_1 的电压下降到维持电压之下,SCR 停止工作,一个新的循环开始。

脉冲的强度和频率取决于如下几个因素:

① C_1 的值决定了磁场脉冲的强度,可以采用 $1\sim32\mu F$ 的电容器。C_1 同样决定了磁场的频率。大电容能够产生强脉冲,但是频率较低。

② C_2 的值和电位计 P_1 的调节值决定了频率。

③ 线圈圈数的多少决定了磁场强度的大小。

7.3.2 搭建方法

图 7.22 示出了磁场发生器的电路原理图。搭建该电路的最简单方法是利用接线条连接所需元器件,如图 7.23 所示。当然,如果条件许可,读者也可以利用 PCB 制作。

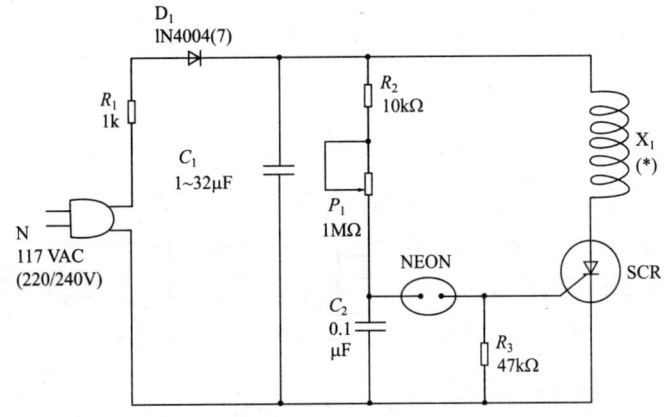

图 7.22 磁场发生器电路原理

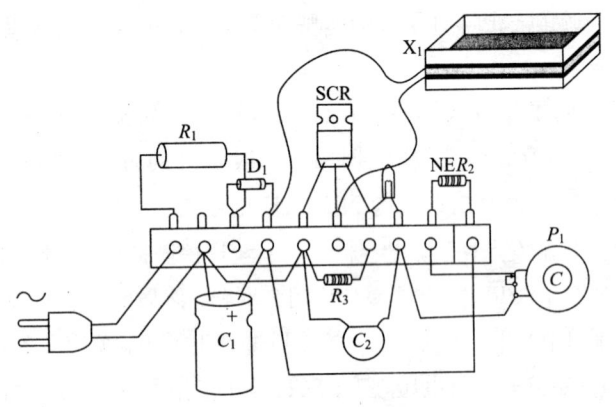

图 7.23 利用接线条制作电路

电容器 C_1 可以是聚酯电容器或者电解电容器。如果使用电解电容器，就必须注意其极性，因为电解电容器是极性元件。元器件清单中给出了该电容器的最低耐压值。C_2 可以是耐压值在 100V 及以上的任何聚酯电容器。R_1 为绕线电阻，耐压值选择根据交流电源是 220V 或者 240V 的不同而不同。

线圈由 50～500 圈任何可以满足安装要求的电线缠绕而成。读者可以使用漆包线或者其他任何标准的塑料线。元器件清单见表 7.1。

7.3.3 动作的确认与调整

将交流电源接入电路，调节 P_1 的电阻值，氖灯将会闪烁。闪烁的频率取决于 C_1 的值和 P_1 的调节值。

调节完毕之后实验就可以进行了，把样本放入线圈内，确定要得到什么样的实验结果和实验的时间间隔。利用其他装置测量样本的变化情况，如温度计。

表 7.1 元器件清单

元器件	说 明
SCR	TIC106B(D) SCR
D_1	1N4004(7) 硅整流二极管
NE	氖管（霓虹灯），NE-2H 或等效的
R_1	1kΩ 10W (2.2kΩ) 绕线电阻
R_2	10kΩ 1/8W 电阻，棕、黑、橙
R_3	47kΩ 1/8W 电阻，黄、紫、橙
P_1	1MΩ 线性或对数电位计
C_1	1～32μF 200V(400V) 聚酯或者电解电容器
C_2	0.1μF 100V 聚酯电容器
X_1	线圈
其他元器件	接线条或者 PCB、电源线、导线、盒子等

7.3.4 其他创意

1. 利用交流电路产生交变磁场

一个产生交变磁场随电路频率变化而产生交变磁场的简单方法

如图7.24所示。该电路的优点是使用很少的元件。但其最主要的缺点是磁场频率被固定在60Hz。

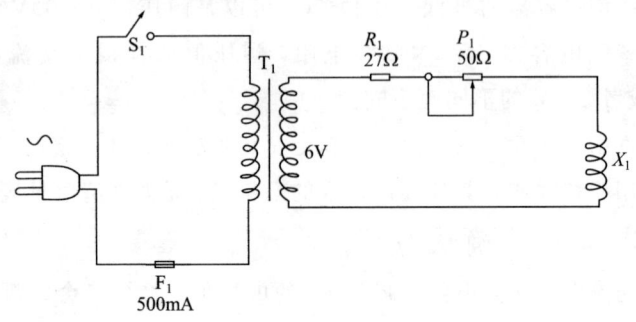

图 7.24 利用交流电路产生生交变磁场

磁场的强度通过选择与线圈串联电阻的阻值进行调节。电阻在限制安全电流中起到很大的作用，如果电流数值过高，这个装置可能被烧毁。

这个电路的优点是不用直接连接到交流电路中。变压器提供了隔离功能，实验者可以触摸带电元件而没有被电击的危险。元器件清单见表7.2。

表 7.2 元器件清单

元器件	说 明
T_1	变压器，117 V AC（或者 220/240 V AC）初级线圈，6V 300mA 到 500mA 次级线圈
R_1	27Ω，5W 绕线电阻
P_1	50Ω，滑线电阻
X_1	线圈（参阅正文）
S_1	单刀单掷开关
F_1	500mA，保险丝及支架
其他元器件	电源模块、接线条或者 PCB、盒子、焊剂、导线等

2. 哈特利振荡器

图 7.25 所示电路可以产生低频和中频磁场。根据所选用的元件不同，该电路可以产生 1～10kHz 或者 1～5MHz 的磁场。读者可以利用许多类似的电路进行频率范围很宽的实验。

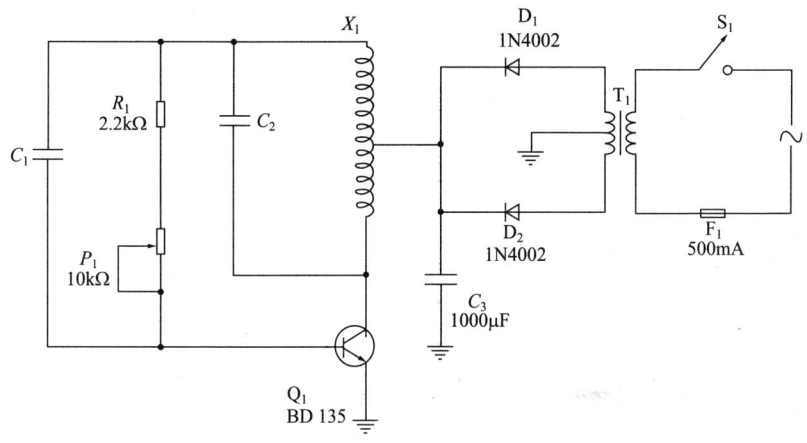

图 7.25 另一种适合的磁场发生器

磁场频率依赖于线圈，可以通过滑线电阻在很小范围内进行调节。表 7.3 中数据为主要使用频率的线圈缠绕匝数。

表 7.3 线圈缠绕匝数

频率范围	C_1/C_2	线 圈
1～10kHz	0.022/0.47μF	200＋200 匝
10～50kHz	0.033/0.22μF	150＋150 匝
50～250kHz	0.01/0.1μF	100＋100 匝
250kHz～1MHz	0.047/0.047μF	60＋60 匝
1～5MHz	0.022/0.001μF	20＋30 匝

线圈根据形状可以用圆形或者方形的硬纸板绕制而成，直径介于 10～40cm。

晶体管必须加装散热片。由于变压器的存在使得电路与高压电源端隔离，增强了项目的安全性。图 7.25 所示电路的元器件清单见表 7.4。

表 7.4 元器件清单

元器件	说明
Q_1	BD135 中等功率的 NPN 型硅晶体管
D_1、D_2	1N4002 硅整流二极管
C_1、C_2	参见表 7.3
C_3	1000μF，12V 电解电容器
R_1	2.2kΩ，1/2W 电阻，红、红、红
P_1	10kΩ 线性或对数，电位计
X_1	线圈
T_1	变压器，初级线圈根据交流电源而定，次级线圈的额定电压为 6～7.5V，额定电流为 300～500mA
F_1	额定电流为 500mA 的保险丝及支架
S_1	转换开关
其他元器件	电源线、接线条或者 PCB、导线、焊料等

3. 恒流源

针对静磁场或者由磁铁产生磁场的实验可以利用图 7.26 所示的电路完成。磁场的强度取决于通过线圈的磁力线数目和线圈的数目。

P_1 的值决定了电流的大小，推荐使用介于 100mA～1A 的电流。

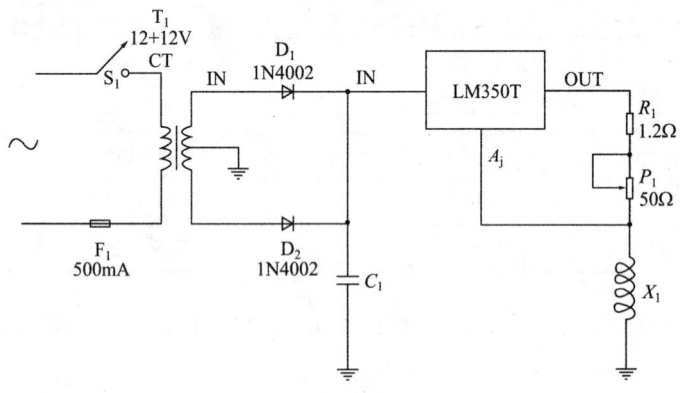

图 7.26 恒流源产生静磁场

7.3 磁场发生器

大电流会产生高热量,而且主要集中在线圈中。像前面所做的实验一样,集成电路部分必须加装散热片。

集中磁场的实验可以利用电磁铁来完成,如图7.27所示。使用电磁铁的优点是磁场强度可以控制,这一点普通磁铁是做不到的。电磁铁由100~500匝的28号或者32号漆包线缠绕在塑料管或者铁心上制成(本装置要用到一个螺钉)。图7.26所示电路的元器件清单见表7.5。

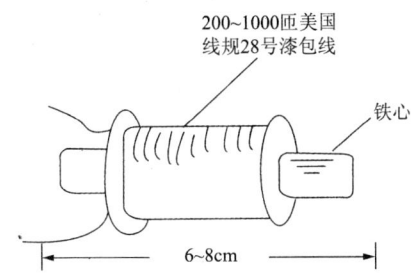

图 7.27 利用电磁铁产生集中磁场

表 7.5 元器件清单

元器件	说 明
IC-1	LM350T 集成电路调压器
D_1、D_2	1N4002 硅整流二极管
C_1	2200μF,25V 电解电容器
R_1	1.2Ω,1W 线绕电阻
T_1	变压器,初级线圈根据电源而定,次级线圈 12+12V 1.5A
S_1	开关
F_1	500mA 保险丝及支架
X_1	线圈(参阅正文)
其他元器件	PCB 或者面包板、电源线、集成电路芯片散热片、导线、焊料等

7.3.5 磁场与健康

许多年来,人们一直在研究低频磁场对人类健康的影响。研究所关注的焦点是高压线路、计算机和电视机。实验结果显示强的低频磁场也可能诱发癌症和白血病。

事实是我们身体里的许多细胞都有自振频率(由于共振),接近于交流电的频率,50～60Hz。在低频磁场的影响下,细胞中的原子会强烈地震动,从而破坏或者改变了细胞的结构。

许多国家都禁止在任何离高压电缆周围100m内建筑住宅。对昆虫、植物和其他生物的实验能更好地了解磁场的影响。

7.4 动物训练器

狗、猫和其他许多动物经训练后都能够对声音作出反应。有趣的是它们能够听见超声波,而人类是听不见的。这意味着可以训练一只狗对人类听不见的声音作出反应。

本项目将重点介绍一个用于训练动物的音频振荡器,甚至是超声波振荡器。电路可以用电池供电,这意味着此装置体积很小,具有良好的可携带性。

第一个动物训练器是俄国科学家巴甫洛夫(Ivan Pavlov)制作的,如图7.28所示。实验中狗在每次进食时都会听到铃声,当狗再次听到铃声时(非进食情况下)就会分泌唾液。

7.4.1 项目介绍

基本设计由两个声音或者超声波振荡器组成。第一个方案使用的压电换能器,只能产生在人类听觉范围内的声音。第二个方案使用的压电换能器可以产生频率高达25kHz的声音,达到了超声波的波段。声音的频率可以通过调节微调电位计的阻值进行调节。

电源由 4 节 5 号电池构成。由于电路只在发出声音的很短的时间内工作,所以电池的使用寿命会很长。

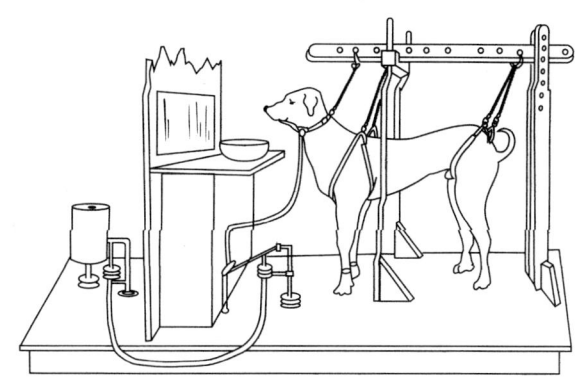

图 7.28　巴甫洛夫的动物训练实验

7.4.2　电路的工作原理

在基本方案中,一块运行在非稳定状态的 555 集成电路芯片构成了两组基本电路。声音频率由 C_1、R_1、R_2 决定,电阻通过 P_1 调节。

555 集成电路芯片的输出足以直接驱动压电换能器。这种换能器可以产生最高频率为 7kHz 或 8kHz 的声音,这种声音能够满足项目中所描述的要求。

但是,为了驱动大功率的换能器,如频率能够达到 25kHz 的压电高频扬声器,就需要驱动级了。本项目中也讨论了使用驱动级的方案。

电路的耗用电流量取决于功率的输出,因此最经济的电路是采用压电换能器。其他版本的电路耗电在 80~300mA,相对来说电池的寿命将缩短。

7.4.3　搭建方法

如前所述,基本方案有两种版本:采用压电换能器和采用扬声器(高频扬声器)。

1. 基本方案 1

图 7.29 所示是采用压电换能器的基本方案 1 的原理图。

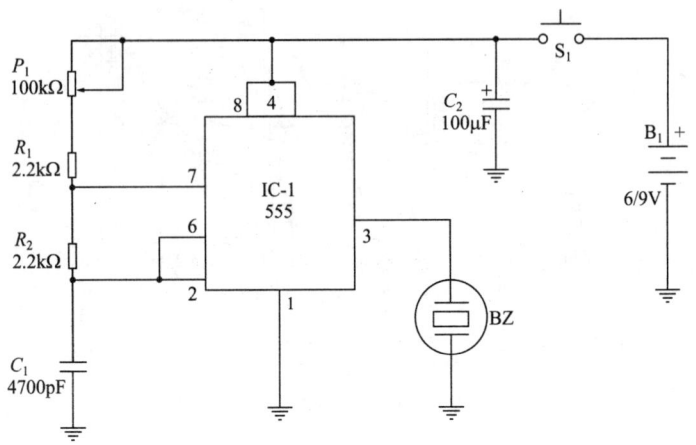

图 7.29　基本方案 1 的原理图

该电路十分简单,实验者可以用 PCB 甚至面包板搭建电路。使用 PCB 搭建的方法如图 7.30 所示。图 7.29 所示电器的元器件清单见表 7.6。

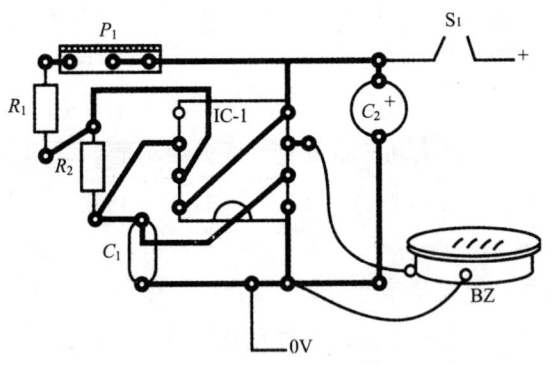

图 7.30　基本方案 1 的 PCB

接入极性器件时需注意区分正负极。任何接反的情况都会使电路不工作。

表 7.6 元器件清单(基本方案 1)

元器件	说明
IC-1	555 集成电路芯片定时器
BZ	压电换能器
S_1	按钮开关
B_1	一块 6~9V 的电池,或 4 节 5 号电池或蓄电池
P_1	100kΩ 可调电位计
R_1、R_2	2.2kΩ,1/8W 电阻,红、红、红
C_1	4700pF,陶瓷或聚酯电容器
C_2	100μF,12V 电解电容器
其他元器件	PCB 或者面包板、电池连接装置或者电池盒、塑料盒、导线、焊料等

换能器是在玩具、PC 和其他很多产生报警声装置上应用的压电类型。电路能够组装在图 7.31 所示的塑料盒中。一定要在盒子上打孔,使换能器产生的声音能够传出来。

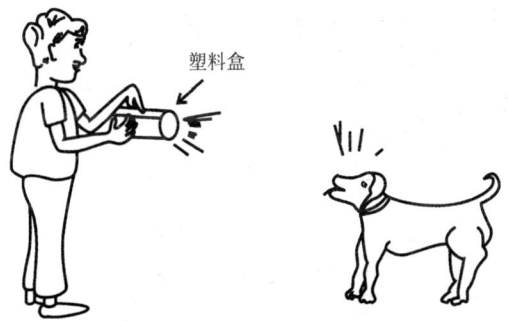

图 7.31 训练器装入塑料盒中

2. 基本方案 2

图 7.32 所示是动物训练器基本方案 2 的原理图。

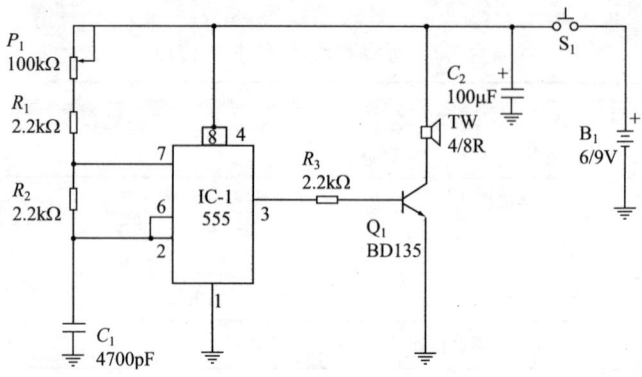

图 7.32 基本方案 2 的原理图

这种方案同样也可以用 PCB 或面包板搭建。用 PCB 搭建的方式如图 7.33 所示。图 7.32 所示电路的元器件清单见表 7.7。

如果打算产生人类听觉范围内的声音,那么可以用一个小的扬声器(5～10cm)作为换能器。要得到超声范围内的高频声音,推荐使用一个小型的压电高频扬声器。晶体管必须加装散热片。

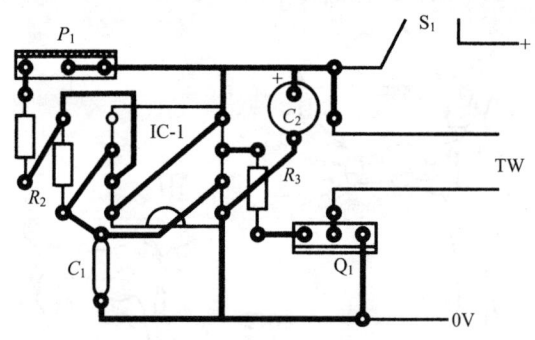

图 7.33 基本方案 2 的 PCB

表 7.7 元器件清单(基本方案 2)

元器件	说明
IC-1	555 集成电路芯片定时器
Q_1	BD135 NPN 型,中功率硅二极管
TW_1	4Ω 或者 8Ω 压电高频扩音器或者扬声器

续表 7.7

元器件	说　　明
S_1	按钮开关
B_1	一块 6～9V 的电池，或者 4 节 5 号电池或蓄电池
P_1	100kΩ，可调电位计
R_1、R_2、R_3	2.2kΩ，1/8W 电阻，红、红、红
C_1	4700pF，陶瓷或聚酯电容器
C_2	100μF，12V 电解电容器
其他元器件	PCB 或者面包板、电池连接装置或者纽扣电池盒、塑料盒、导线、焊料等

7.4.4　动作的确认与调整

按下按钮 S_1 接通电路。调节 P_1，所产生声音的频率将会改变。如果没有声音产生，则检查电路，查找错误和虚焊的地方。

电路产生声音之后，调节 P_1 得到所需要的频率。当调节电位计到可听见声音范围之外时，电路能产生超声波。即产生比人能够听到的最高频率声音还高的声音。

训练动物需要耐心。在被实验动物附近多次按下按钮 S_1，每次都要给它奖励。多次训练之后，动物会把该声音和奖励联系在一起。每当你按下 S_1 时它都会跑向你。

7.4.5　其他创意

基本电路能够产生人可听见的声音或者超声波。但在训练动物时不只局限于使用这两种基本方案。下面将介绍能产生可调节声音或两种音调的电路。

1. 调制声音训练器

图 7.34 所示电路能产生像警报器一样的调制声音。与基本方案一样，声音由压电换能器或者高频扬声器发出。图 7.34 所示电路的元器件清单见表 7.8。

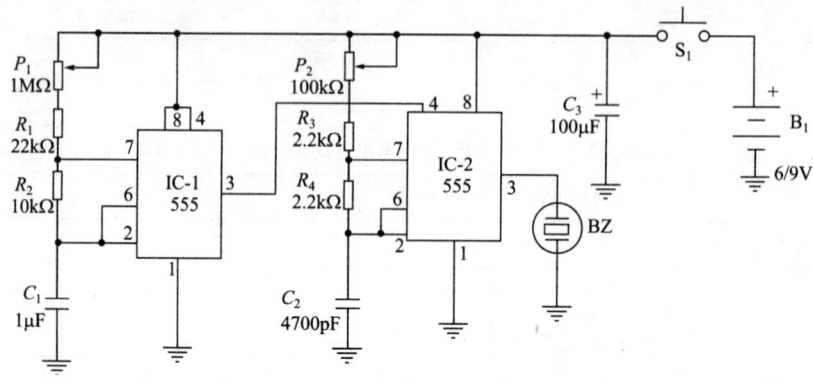

图 7.34 调制声音动物训练器

表 7.8 元器件清单

元器件	说明
IC-1、IC-2	555 集成电路芯片，定时器
P_1	1MΩ，可调电位计
P_2	100kΩ，可调电位计
R_1	22kΩ，1/8W 电阻，红、红、橙
R_2	10kΩ，1/8W 电阻，棕、黑、橙
R_3、R_4	2.2kΩ，1/8W 电阻，红、红、红
C_1	1μF，聚酯或电解电容器
C_2	4700pF，陶瓷或者聚酯电容器
C_3	100μF，12V 电解电容器
BZ	压电换能器
S_1	按钮开关
B_1	6V 或 9V 按钮电池或者蓄电池
其他元器件	PCB 或者面包板、电池连接装置或者纽扣电池盒、塑料盒、导线、焊料等

调制过程由 P_1 进行调节，声音的高低由 P_2 调节。电路能够直接驱动压电换能器，如果你愿意，用基本方案 2 中的晶体管放大级也可以驱动扬声器或者高频扬声器。

2. 双音调训练器

另外一种有趣的动物训练装置如图 7.35 所示，这个电路能产生不断变化的声音，变化速率由 R_1 决定。在实验中可以选用 $1 \sim 4.7 \text{M}\Omega$ 的电阻。

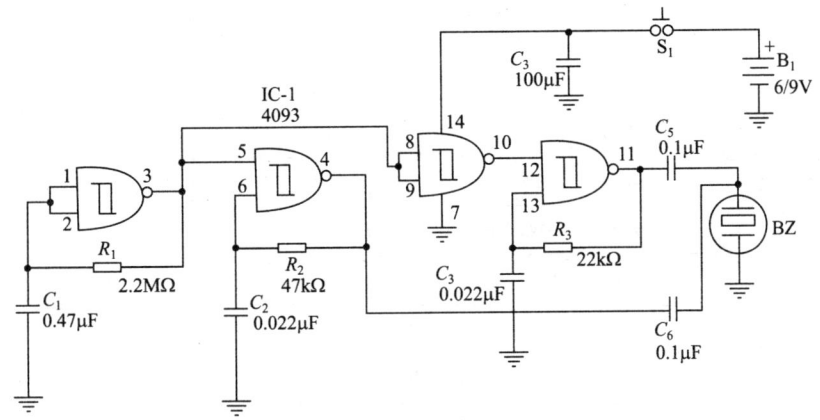

图 7.35 双音调训练器电路图

音调的高低取决于 R_2 和 C_2。也可以在 $10 \sim 100 \text{k}\Omega$ 内更换 R_2。数值越大，产生的声音频率越低，即声音越低沉。

电路可以在小 PCB 或者面包板上搭建，并放在一个小塑料盒内。为便于声音的传出，塑料盒上要打孔。图 7.36 是建议使用的 PCB。搭建时一定要注意元器件的正负极性。

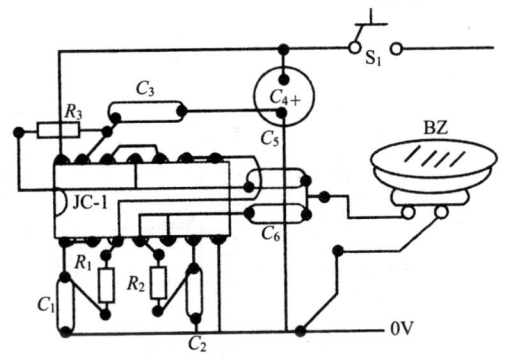

图 7.36 双音调训练器 PCB

这个电路也可以利用基本方案 2 中的输出级驱动扬声器。这样的话，就要把 C_1、C_2 换为 $1k\Omega$ 的电阻。图 7.35 所示电路的元器件清单见表 7.9。

表 7.9 元器件清单

元器件	说　　明
IC-1	4093 CMOS 集成电路芯片
BZ	压电换能器
R_1	$2.2k\Omega$，1/8W 电阻，红、红、绿
R_2	$47k\Omega$，1/8W 电阻，黄、紫、橙
R_3	$22k\Omega$，1/8W 电阻，红、红、橙
C_1	$0.47\mu F$，陶瓷或者聚酯电容器
C_2、C_3	$0.022\mu F$，陶瓷或者聚酯电容器
C_4	$100\mu F$ 12V 电解电容器
S_1	按钮开关
B_1	6V 或 9V 电池或蓄电池
其他元器件	PCB 或面包板、电池连接装置或者电池盒、塑料盒、导线、焊料等

7.4.6 其他创意性实验

许多动物都能够利用声音进行训练，试着对鱼缸中的鱼做一些实验，如图 7.37 所示。通过实验可以发现某些生物对特定声音的敏感性。

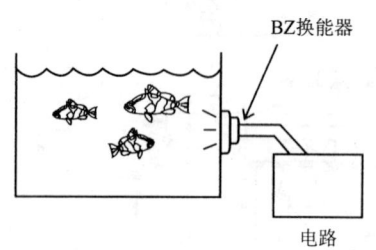

图 7.37 对鱼缸中鱼进行实验

7.5 昆虫杀手

许多害虫像蟑螂和毛毛虫之类都可以被高压电极的放电杀死。该电路既可以做成"仿生陷阱",也可以放在昆虫聚集的地方单独使用。

此电路由交流电源供电。由于高电压电极是隔绝的,所以很安全。尽管不会有生命危险,但触摸时也会有剧烈的电击感。所以一定要把它放到无人可以触摸到电极的位置。该电路也可以做成电栅栏,将动物限制在其中,如图 7.38 所示。使用时裸露的电线必须隔离起来。

最后,我们要说的是这个电路本身内部耗能很低。仿生学爱好者使用该装置不必担忧月底的大量电费问题。由于电路在脉冲状态下工作,耗用的电能不足 5W。

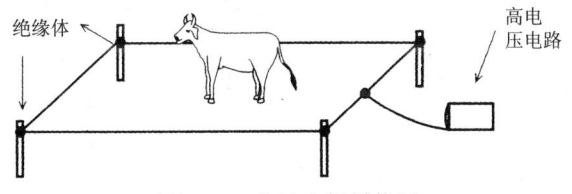

图 7.38 作为电栅栏使用

7.5.1 电路原理

电路由一个利用氖灯触发 SCR 的张弛振荡器构成。

电容器 C_1 由 R_1 和 D_1 回路充电,直到灯两端电压足以对它进行触发。与此同时,氖灯亮,电容器 C_2 通过 SCR 的控制极放电。结果就是 SCR 传导 C_1 的放电电流并流过变压器的低压线圈。

变压器次级线圈的高压脉冲施加在氖灯上,并闪烁一定时间。脉冲的频率可以由 P_1 来调节。而灯闪的强度由电容器 C_1 决定。

这里使用的变压器可以是任何类型的,只要它的初级线圈额定交流电压为 117V,次级线圈电压为 9~12V,电流在 250~600mA 范围内即可。

虽然变压器初级额定电压为 12V＋12V＝24V，但施加在该元件上的脉冲电压却可以达到 80V 甚至更高。这就意味着初级线圈的感应电压不是 117V，而脉冲上升到 400V 甚至更高。

某些情况下，所用变压器不支持这个电压，此时线圈中将产生电火花泄露。如果这种状况发生，则需更换成其他合适的变压器。

根据元件的使用情况，用于补偿容限的 C_2 可以改变电容值，在 $0.1\sim0.47\mu F$ 范围内的都可以试验。

为了直接使用 220/240V 交流电源，使 R_1 取值为 $1k\Omega$，用 1N4007 替代 D，用 TIC106D 作为 SCR。安装 SCR 时不需要散热片，原因是工作时间很短，不会产生很多的热量。

7.5.2 搭建方法

我们从搭建完整电路着手，昆虫杀手的工作原理如图 7.39 所示。

由于电路非常简单，不需要集成电路芯片，所以可用接线条作为底盘来搭建。图 7.40 所示就是这种搭建方法的元件排列。图 7.39 所示电路的元器件清单见表 7.10。

这种简单的搭建方法对那些没有资源制作 PCB 的初学者是比较理想的。搭建时，要注意极性元件的位置，如二极管、电容器和 SCR 等。

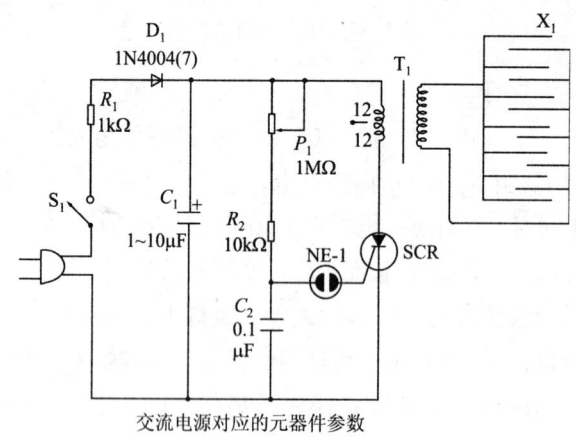

图 7.39 昆虫杀手电路原理图

7.5 昆虫杀手

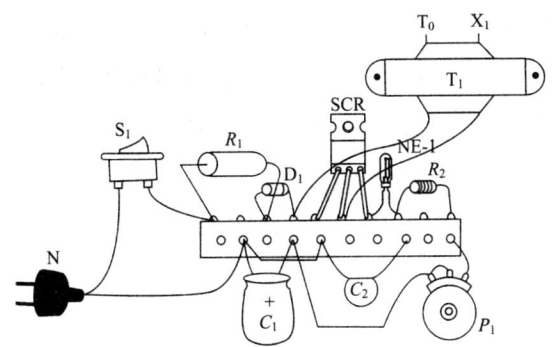

图 7.40 接线条上元件的安装

表 7.10 元器件清单

元器件	说　　　明
SCR	TIC106B(117V 交流电源)或 TIC106D(220/240V)
D_1	1N4004(117V 交流)或 1N4007(220/240V 交流)硅整流二极管
NE_1	NE-2H 或者相当的氖灯
R_1	470Ω，10W(117V 交流)或 1kΩ 10W(220/240V 交流)线绕电阻
R_2	10kΩ，1/8W 电阻，棕、黑、橙
P_1	1MΩ 线性或对数电位计
C_1	4.7～22μF 200V(117V 交流)或者 400V(220/240V 交流)电解电容器
C_2	0.1μF 100V 或者更大的电解电容器
T_1	变压器
X_1	电极
其他元器件	PCB 或者接线条、电源线、塑料盒、导线等

7.5.3 制作陷阱

此陷阱用一块木板和一些裸露的导线制作而成，如图 7.41 所示。

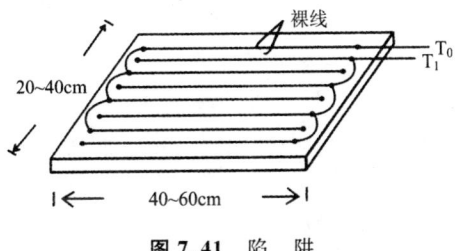

图 7.41 陷　阱

导线间的距离可以在 0.4～1cm 改变，取决于所要杀死昆虫的大小。这个距离需要满足昆虫必须能够同时触到两根导线，才能产生放电的要求。连接电路的导线必须绝缘，且最大长度为 3m。

7.5.4　动作的确认与调整

此电路的测试很简单。将电路接入交流电源线，并将其输出端接上荧光灯，如图 7.42 所示。

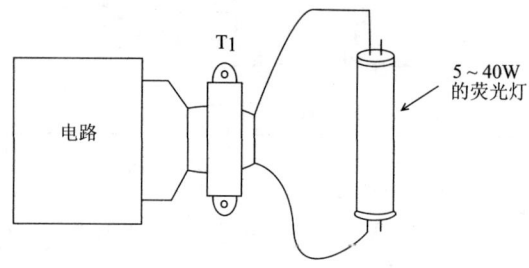

图 7.42　用荧光灯测试

调节 P_1，灯将会闪烁，意味着高电压脉冲已经产生。如果你胆子足够大，将陷阱接到电路上，用手指触摸导线来检验它是否放电。把荧光灯调节到可以产生最亮的闪烁程度为止。

现在你就可以使用昆虫杀手了。使用一些诱饵（例如，糖可以吸引蟑螂），将装置放在你认为昆虫将出现的地方。

短路对该电路不会产生严重影响。即使有昆虫死后在导线间连成桥路也不会对电路产生任何影响。

7.5.5　其他创意

很多不同的电路结构可以产生高电压。下面将简要介绍其中一些电子装置。

1. 超高电压杀手

可以使用卧式变压器或者回扫变压器来产生超高电压，如图 7.43 所示。

7.5 昆虫杀手

图 7.43 使用回扫变压器

此变压器将代替基本电路中的 T_1，可以产生 10 000V 的电压脉冲，足够杀死任何昆虫，不论它们的大小如何。为了这个目的，仿生学爱好者可以自己制作变压器的初级线圈，即将 20～30 匝普通线缠绕在变压器的铁心上。

项目的另一个改进就是导线之间必须预留一定的空间。为防止火花的产生，导线之间的距离必须是 0.5～1cm。图 7.44 说明了如何将回扫输出连接到电极上。

高电压可以通过汽车或摩托车上用的火花塞来获得。但这种情况下，搭建和使用电路是要特别注意，因为变压器的初级和次级线圈不是隔离的。这就意味着陷阱中的导线与电源线是连通的，并且任何无意的触摸都会遭受强烈的电击。

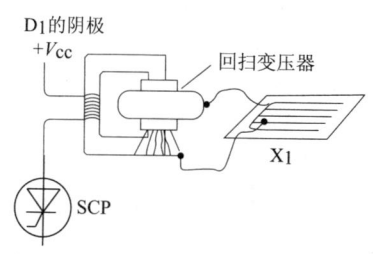

图 7.44 将电路连到陷阱上

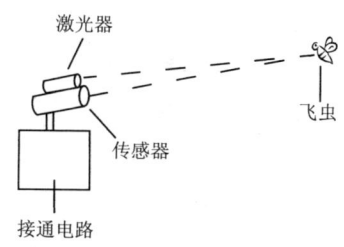

图 7.45 使用激光器的飞虫杀手

307

2. 使用激光器

图 7.45 所示是一种非常有趣的创意。基本思路是利用一个扫描仪通过图像传感器或其他方式检测飞虫的出现。

当发现飞虫时，激光器将被触发，攻击昆虫。当然，普通的 LED 激光器不足以将飞虫击落，必须使用氦氖（HeNe）激光器或比它功率更大的激光器（当然也要更小心）。

7.6 电子赌盘

我们计划使用数字 IC 等来制作一个电子赌盘（图 7.46）。

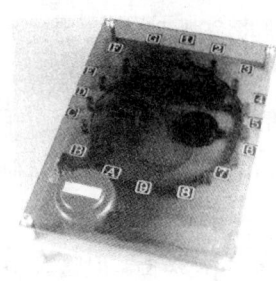

图 7.46 电子赌盘

按动这个赌盘的启动开关，LED 边旋转边闪烁，松开按钮，转动逐渐减慢最后停止下来。而且电路还配合 LED 的闪烁发出"嘀嘀嘀"的声音。

7.6.1 电路的工作原理

我们可以把 LED 做成圆形，让它按照顺序闪烁。电路制作虽然不困难，不过按照电路图完成既定的目标还是需要一点耐心和毅力的。

图 7.47 所示为电路原理图。

1. 动作概要

首先简单地介绍电路的动作。IC_{1E} 与 IC_{1D} 构成非稳态多谐振荡器-1。它的输出脉冲用二进制计数器 IC_2 计数，计数器的 4 位输出由 IC_3 解码，让 16 个 LED 中的一个点亮，结果这些电路按 LED_1 → LED_2 → LED_3 →…的顺序依次点亮 LED。

此外，由 IC_{1B} 和 IC_{1C} 构成的非稳态多谐振荡器-2 能发出"嘀嘀"的

7.6 电子赌盘

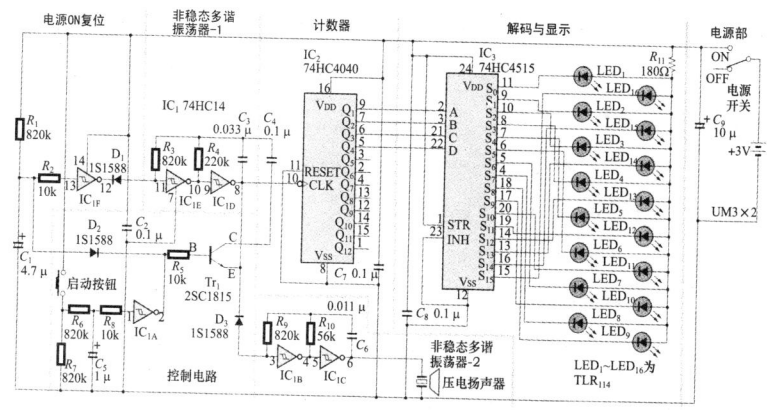

图 7.47 电子轮盘的电路

声音,当非稳态多谐振荡器-1 的输出为 H 电平时它进行动作,与 LED 被依次点亮相配合,发出"噼噼噼"的声音。

在电路中逻辑 IC 使用 74HC 系列的 CMOS IC,当电源电压大于 2V 时它就动作,它的引脚布置如图 7.48 所示。

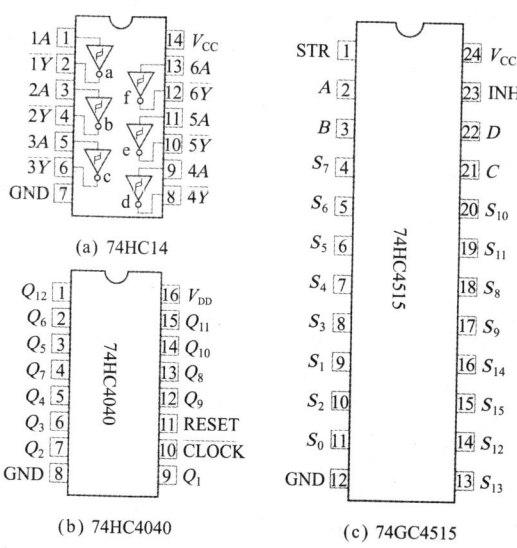

图 7.48 IC 的引脚布置

2. IC与电路动作

① IC_1(74HC14)。这块芯片的一对 IC_{1B} 与 IC_{1C},以及一对 IC_{1D} 与 IC_{1E} 各自构成非稳态多谐振荡器。

前者产生周期为 T_1 的"嚓嚓"声,后者向 IC_2 输送时钟,以及让"嚓"声断续的周期为 T_2。T_2 可切换成高速的 T_{2H} 与低速的 T_{2L}。

这些周期,可用下式分别表示:

$$T_1 = 4R_{10}C_6$$
$$T_{2H} = 4R_4C_3$$
$$T_{2L} = 4R_{10}(C_6+C_6)$$

式中,周期为 $T(s)$;电阻为 $R(\Omega)$;电容为 $C(F)$。

我们设定 R_9 是 R_{10} 的 2 倍多,R_3 也是 R_4 的 2 倍多,如果变小,则周期变短。

这一节的电路如果我们取 T_1 约 $250\mu s$,则振荡频率约 4kHz。当通过二极管的各输入在 0V 附近时,振荡就会停止。

② IC_2(74HC4040)。这块芯片是 12 段二进制计数器。给引脚 10 (时钟输入)输入时钟脉冲,信号在下降沿处时计数。计数器的状态从引脚 $Q_1 \sim Q_{12}$ 输出。

引脚 11(变位)置 H 电平时计数器被清空,$Q_1 \sim Q_{12}$ 都将变成 L 电平。在这一节我们不使用这个功能,总是 L 电平,所以无所谓从何处输入的问题。

③ IC_3(74HC4515)。74HC4515 是带 4 位闭锁的 4~16 线的解码器,它把 4 位二进制输入分解为 16 线输出。输入数据 A~D,引脚 1 (STR:选通)的下降沿闭锁。不过本节不使用这个功能,所以引脚 1 一直固定在 H 电平。

输入数据 A~D,$S_1 \sim S_{15}$ 中各引脚成为 L 电平的条件见表 7.11。

若让引脚 23(禁止端子)置 H 电平,那么 $S_1 \sim S_{15}$ 都将成为 H 电平。不过本节也不使用这个功能,所以引脚 23 固定在 L 电平上。

表 7.11 74HC4515 的功能表（STR 管脚为"H"）

INH 输入	数据输入				选择输出
	D	C	B	A	
L	L	L	L	L	S_0
L	L	L	L	H	S_1
L	L	L	H	L	S_2
L	L	L	H	H	S_3
L	L	H	L	L	S_4
L	L	H	L	H	S_5
L	L	H	H	L	S_6
L	L	H	H	H	S_7
L	H	L	L	L	S_8
L	H	L	L	H	S_9
L	H	L	H	L	S_{10}
L	H	L	H	H	S_{11}
L	H	H	L	L	S_{12}
L	H	H	L	H	S_{13}
L	H	H	H	L	S_{14}
L	H	H	H	H	S_{15}
H	×	×	×	×	全输出"H"

3. 整体动作

明白了各 IC 的动作原理后，我们再来看看实际电路的动作过程。

① 若电源开关置 ON。电源开关置 ON 后，C_1 经由 R_1 被充电，大约过 3s，IC_{1F} 的引脚 13 变为 L 电平。其间 IC_{1F} 的输出变为 H 电平，由 IC_{1E} 与 IC_{1D} 构成的非稳态多谐振荡器-1 开始动作。

此时，IC_{1A} 的引脚 1 经 R_7 降为 L 电平，而 IC_{1A} 的引脚 2 升为 H 电平，于是有电流流过 Tr_2 的基极，每当 IC_{1D} 的引脚 8 为 L 电平时，Tr_1 置 ON，由于 C_3 与 C_4 并联，使振荡周期加长，以周期 T_{21} 缓慢地进行记数累加。

与此对应，IC_3 的输出缓缓地按照 $S_0 \to S_1 \to S_2 \to S_3 \to \cdots$ 的顺序向 L 电平引脚移动。因为 LED 被设定在该输出 L 电平时点亮，当它们被依次排列成圆形时，就能够呈现出一个在轮盘上闪烁旋转的光点。

经过大约 3s，C_1 继续充电，1 脚电压上升，IC_{1F} 的输出从 H 转换到 L 电平，于是导致多谐振荡器的振荡停止，轮盘也停止。

但是由于 IC_2 未被清空，所以轮盘从哪一个 LED 开始旋转是不确定的。一旦掌握熟练了，控制相同的接通时间，就能做到基本上从同一地方开始。在电路中，瞬间只有 1 个 LED 点亮，因此仅用到一个限流电阻，即 R_{11}。

② 若按下启动按钮不放。按下启动按钮，经由 R_5 电容器 C_5 被充电。由于充电需要时间，直到点亮的 LED 开始移动为止，亦即轮盘开始转动，都必须持续地按着这个按钮。

在 C_5 充电的过程中，如果 IC_{1A} 的输入(引脚 1)变成 H 电平，输出(引脚 2)由 H→L 电平，C_1 上所积累的电荷将通过 D_2 放电。结果产生与电源开关置 ON 相同的动作。由于电流不流入 Tr_1 的基极，仅由电容器 C_3 决定非稳态多谐振荡器的振荡周期，因此，轮盘将以比当电源开关置 ON 时更快的周期 T_{2H} 转动。

③ 如果启动按钮离开手。此时 C_6 经由 $R_6 + R_7$ 放电，IC_{1A} 的输入(引脚 1)由 H→L 电平，于是执行与电源开关置 ON 相同的动作，轮盘在开关脱手后的几秒钟内快速转动，然后速度变慢，再经过若干秒便停止下来。

7.6.2 电路板的制作

1. 元器件的布置

表 7.12 为元器件列表，图 7.49 是从元器件安装面一侧观察的元器件布局与布线情况。

7.6 电子赌盘

表 7.12 元器件列表

品 名	型号/规格	数 量
IC	74HC14	1
	74HC4040	1
	74HC4515	1
晶体管	2SC1815	1
二极管	1S1588	3
发光二极管	TLR114	16
碳膜电阻	180Ω，±5%，1/4W(茶灰茶金)	1
	180Ω，±5%，1/4W(茶黑橙金)	3
	10kΩ，±5%，1/4W(绿青橙金)	1
	180Ω，±5%，1/4W(红红黄金)	1
	180Ω，±5%，1/4W(灰红黄金)	
涤纶电容器	0.001μF，50V(印字为102)	5
	0.033μF，50V(印字为103)	1
陶瓷电容器	0.1μF，50V(印字为104)	4
电解电容器	1μF，50V	1
	4.7μF，25V	1
	10μF，16V	1
滑动开关	AS-22AH	1
按钮开关	φ30	1
压电扬声器	RC24C	1
实验电路板	ICB-96S(SUNHAYATO)	1
螺 钉	M3×6mm	5
弹簧垫圈	配 M3	5
六角大头针	BSB325	4
	ASB315	4
平垫片	配 M3	5
电池盒	5号×2用	1
IC 插座	14 芯 DIP	1
	16 芯 DIP	1
	24 芯细 DIP(替代品 16 芯+8 芯)	1
其 他	尼龙被覆导线、φ0.6 镀锡金属线、树脂板等	少 许

本节仅涉及数字电路,所以只要按照电路图连接,电路的动作就基本上能够得到保证。

本节电路大部分由 IC 构成,所以接线与电路图不大一样,跳线比较多,在布线时不要发生错误。

2. 焊接元器件

焊接元器件前参见图 7.49,并用油性笔在元器件安装孔处作标记,以防止元器件安装位置混淆。

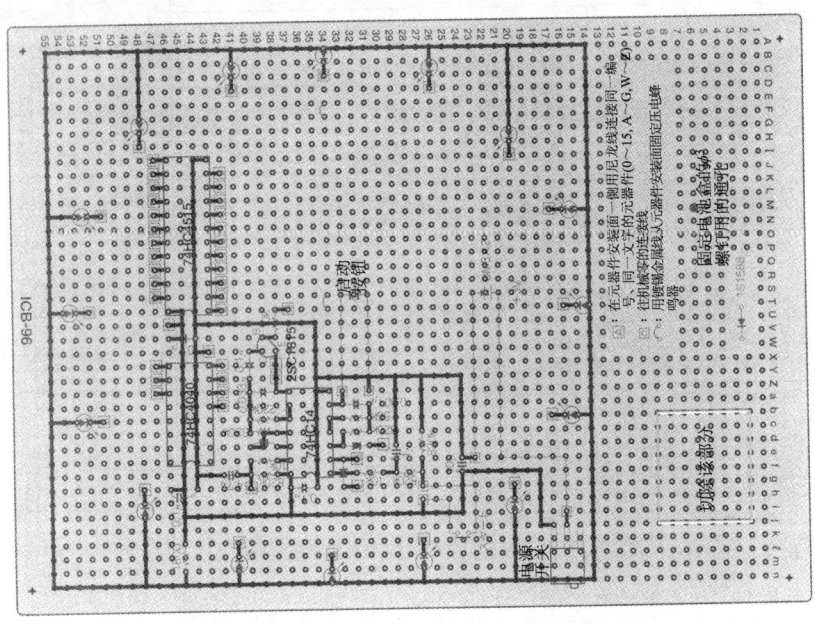

图 7.49　元器件布置与布线(从元器件安装面一侧观察)

把元器件插入正确位置,如图 7.50 所示焊接元器件,然后用剪线钳切断多余的引线。有些元器件根本不进行锡焊,只靠把引脚完全弯曲起来固定元器件,这样做的方便之处在于一旦发现安装错误,使用吸焊线等就能简单地取下这些元器件。

切掉的多余引线后面还可使用,要妥善保存。

图 7.50　把元器件插入正确位置焊接

3. 元器件间的接线

元器件间的接线参见图 7.51，把上面布置好的元器件引脚与镀锡金属线焊接起来，然后焊接跳线。

图 7.51　镀锡金属线的焊接与元器件间的布线

使用实验电路板时，尽可能用镀锡金属线在焊接面一侧沿着孔的走向将元器件连接起来。实在做不到这一点，就只好从安装元器件一侧再用尼龙线或镀锡金属线连接。

如果容纳元器件的空间不够，可以在焊接面焊接跳线，不过一个焊点很难焊接两根以上的跳线，而且一旦出错不大容易修改，因此跳线还是尽量在元器件安装面为好。

完成焊接的电路板如图 7.52 及图 7.53 所示。

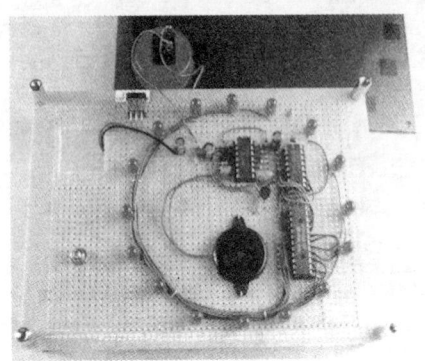

图 7.52　元器件一侧尼龙被覆导线的布线

图 7.53　完成电路板的背面

4．其他安装以及在树脂板上的安装

①电池盒、压电蜂鸣器的安装。一般用螺钉与螺母安装压电蜂鸣器，不过这一次我们用镀锡金属线与跳线把它固定在电路板上。

用螺钉与螺母把电池盒固定在电路板的焊接面一侧，以便于电池更换。

②启动按钮的安装。在树脂板上开 $\phi 30$ 孔，将启动按钮嵌入在孔内。因为按钮有一定的大小，因此要看好电路板打孔的位置，不要搞错。

③电路板的固定。这一次我们决定不把电路板装入专用的机壳，

参照图7.54，用六角螺柱把带有启动按钮的树脂板固定在电路板上。

7.6.3 动作的确认与调整

① 若电源开关置 ON 后，确认只有某一个 LED 点亮，并且沿顺时针旋转方向移动。同时，从压电扬声器传来"嘚嘚嘚"的声音，几秒后 LED 在某处停止循环并熄灭，压电蜂鸣器停止发声。

如果被点亮的 LED 不沿顺时针方向移动，说明布线可能有问题。如果 LED 根本不亮，那么应该确认 LED 的极性。

② 按下启动按钮，等待片刻，LED 应该点亮，并且以比电源开关置 ON 更快地移动

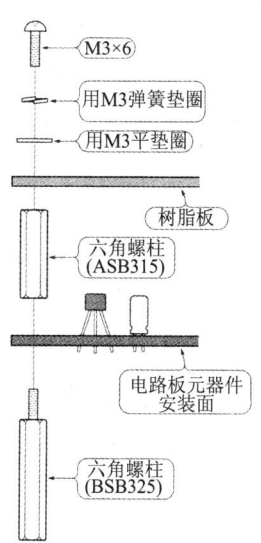

7.54 固定树脂板的方法

速度顺时针旋转。这时放开按钮，在很短的时间内仍然会维持这个速度，然后就成为电源开关置 ON 的速度，再过几秒钟，LED 就停在某一地方并熄灭。

对应于 LED 的速度，也可以听到"嘚嘚嘚"的声音。

7.6.4 元器件

本电路使用的元器件如下：

① 2SC1815。凡是弱信号用的晶体管几乎可以在本节的电路中使用。

② 74HC14、74HC4040、74HC4515。要购买 DIP 包装的 IC 芯片。

③ 电源开关。购买能够在 2.54mm 孔距的电路板上安装的电源开关，如果就选手头有的也可以，但应配合开关形状考虑安装方法。

④ IC 插座。不用 IC 插座也可以。使用 IC 插座的好处是万一 IC 坏了更换很方便。

如果打算买 24 芯的 DIP 插座，那么要选与 14 芯或 16 芯 DIP，

相同宽度(0.3in)的窄型插座,而非普通 24 芯 DIP 宽度为 0.6in 的插座。若买不到需要的插座,可用 8 芯和 16 芯的并联使用,也可使单列式 IC 插座。

⑤ 电阻、电容器。电阻值、电容器的值只要大致在指定值范围内就可以,但是耐压值应比指定值高。

⑥ 发光二极管。手头的都可以用,但是如果 LED 镶嵌在托架里或者有内部电阻,那么它们不适合在本节应用。

⑦ 1S1588。弱信号开关用的硅二极管都可以使用。

⑧ 压电扬声器。压电扬声器的共振频率为 4kHz 左右,有外壳。只要压电扬声器无内部振荡电路,它们都可以使用。

⑨ 按钮开关。只要是按钮开关都可以使用。

7.7 LED 自动闪光器

你有没有在昏暗的停车场寻找自行车的经历?一定相当耗费时间。这一节我们来制作一个 LED 自动闪光器(图 7.55),在夜色下它能闪光,告知我们它所在的地点。如果事先把它装在自行车的某一个地方(图 7.56),那找车就更加方便了。

图 7.55 LED 自动闪光器的外观

图 7.56 使用方法举例

7.7.1 构　成

图 7.57 所示为本节制作的 LED 自动闪光器的组成。使用太阳能电池和镍镉(NiCd)电池作为电源。当太阳光线照射的时候，把太阳能转换为电能对电池充电储存，一旦天色变暗，由已充电的电池提供能量使 LED 闪烁。

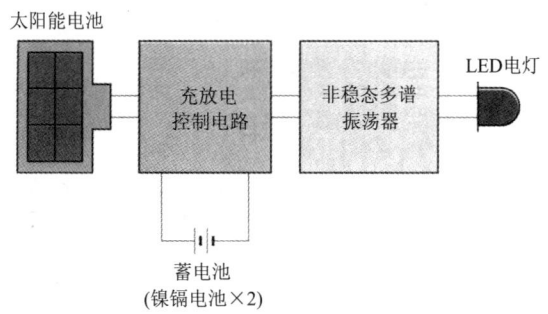

图 7.57　LED 自动闪光器的组成

充电控制电路有两个作用，一个是天色变亮就熄灯，转换成太阳能电池发电并充电的模式；另一个是防止过放电功能，即电源电压下降到 2.1V 后电灯自动熄灭。

7.7.2　点灯与电源

1. 基于非稳态多谐振荡器实现闪烁

设计前首先要搞清楚点亮电灯的电气条件。根据这个条件选择太阳能电池或镍镉电池的容量。

事实上并不必连续地点亮 LED 灯泡，闪烁反而更引人注目。闪烁振荡电路经常基于非稳态多谐振荡器电路。图 7.58 就是非稳态多谐振荡器的基本电路。这个电路中，只能有其中一个晶体管处于 ON 的状态。设 Tr_1 为 ON，且电容器 C_1 基本上未被充电，那么 Tr_2 的基极电压就在 0.6V 以下，Tr_2 为 OFF。电流经由 Tr_2 集电极电阻对电容器 C_2 充电。在从 R_1 流向 C_1 电流的影响下，Tr_2 的基极电压慢慢上升，超过 0.6V 后基极电流开始流动，即 Tr_2 为 ON，Tr_1 为 OFF。

Tr_1 从 ON 到 OFF 的时间就是由 C_2 放电(经 R_2)，导致 Tr_1 基极

电压(初始为负)超过 0.6V 的时间间隔。在此期间，电容器 C_1 经 T_{r2} 集电极电阻 R_3 充电，T_{r2} 变成 OFF 后又经 R_1 放电，总之，T_{r1} 处于 OFF 的时间由 C_1、R_1 决定，T_{r2} 处于 OFF 的时间由 C_2、R_2 决定。因此，振荡周期 T 为

$$T = C_1 R_1 + C_2 R_2 \tag{7.1}$$

如图 7.59 所示，将 LED 与集电极电阻串联，就能实现交替闪烁。

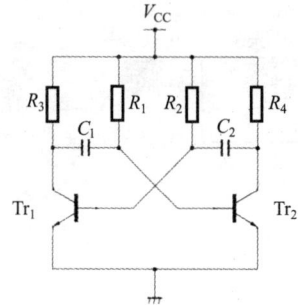

图 7.58　非稳态多谐振荡器基本电路

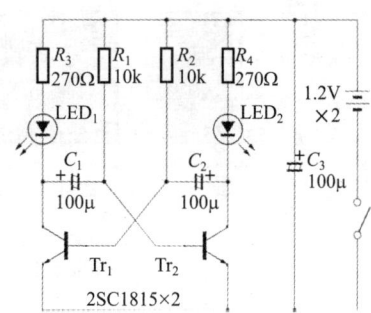

图 7.59　两个晶体管的闪烁灯电路

2. 节电措施

为了节电，我们把双晶体管闪光器电路中的 LED 减少至一个，再缩短周期内灯泡点亮所占用的时间，就能够降低平均电流(图 7.60)。

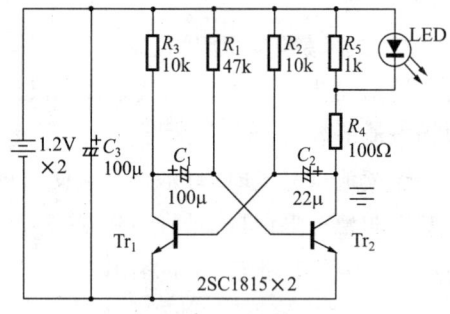

图 7.60　节省电能的闪烁灯电路

电路中多接入一个与 LED 并联的 1kΩ 电阻，它的作用是当 T_{r2} 为 OFF 时，防止 LED 正向电压的下降所引起集电极电压的无限制上升。

由式(7.1)计算，LED 点亮的时间为 0.22s，熄灭的时间为 4.7s。

实际上，Tr_1 处于 OFF 的时间比较短，向 C_1 的充电不会充分，放电时间也会缩短，因此式(7.1)不大适用。实际的工作状况如图 7.61 所示。图中上方曲线表示 Tr_1 集电极电压，下方曲线表示 Tr_2 集电极电压。LED 点亮的时间为总时长的 1/6 左右。Tr_1 处于 OFF 的期间给 C_1 充电，由于时间比较短，充电不充分，所以 Tr_1 集电极电压不会有明显升高，也就是说，多谐振荡器处于非正规的工作状态。

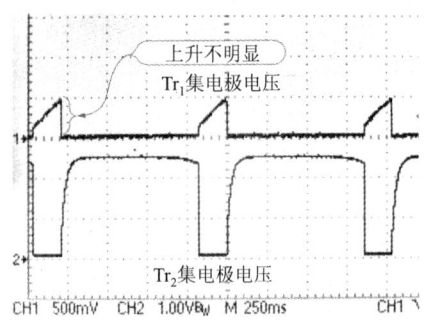

图 7.61　Tr_1 和 Tr_2 集电极电压的变化
（上：500mV/div；下：1V/div, 250ms/div）

图 7.62 给出与 LED 串联的 100Ω 电阻 R_4 两端的电压曲线。用电阻除电压值，就可知道点亮时的流过 LED（以及 1kΩ 并联电阻）的电流是 5.8mA，而平均值为 1.28mA。

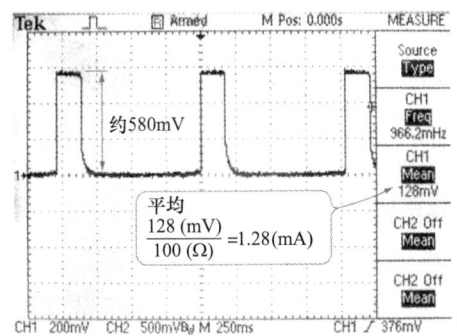

图 7.62　电阻 R_4 两端电压的变化
（200mV/div, 250ms/div）

3. 估算蓄电池的容量

我们知道，要使 LED 发光需要平均 1.28mA 的电流。加上流入其他电路的电流，再加上一些余量，大约需要 2mA 电流。考虑最差的情况，即持续一周时间不骑自行车，或者不接受太阳光线的照射，那么这个期间所需要的电量 Q 为

$$Q = 2 \times 24 \times 7 = 336 (\text{mA} \cdot \text{h})$$

由此可知，单三型的镍镉电池（容量为 700～1000mA·h）应该是足够维持的。

接着来考虑一下太阳能电池充电的问题。安装很多太阳能电池，充电当然很快也很足，即使太阳光不强点亮也够用。可是这不经济，还会产生过充电的问题。

镍镉电池有很强的耐过充电特性，充电结束后，能够继续承受大约容量 1/20 的过电流。例如，800mA·h 容量的电池，过电流大约为 40mA，超过它，就容易导致电池材料的损坏，以及容量的下降。

本装置有时会被人放置在整天都受到阳光直射的地方，就是说存在过充电的可能性。即使有放电的机会，不会出现过充电现象，但是考虑到安全，电流仍然不超过 40mA 为好。

那么就让我们来计算一下 40mA 的充电电流。在好天气下，即一天至少有 4h 的光照时间，算起来充电量能达到 160mA·h。电池的性质决定其中释放的电能大约为 2/3，即最少约 100mA·h 的电能能够被释放出来，这些电量足够 2mA 的电流放电 50h。就是说 40mA 的充电电流值是足够的。

我们在这一节使用 Solar Tech 公司生产的 AL1606 型太阳能电池。晴天时，在端子短路的条件下最大电流达到 150mA，但是如果太阳能电池与镍镉电池连接的话就没有这么多了。再把防止逆流的二极管（1S1588）连接到镍镉电池上，测量得到的结果是，未充满时的充电电流为 40mA，充电结束后充电电流减小到低于 20mA，因此，我们不用担心过充电。

7.7.3 充放电的控制

1. 防止过放电

图 7.63 所示是 LED 自动闪光器的整体电路。Tr_3、Tr_4 是基于非稳态多谐振荡器的 LED 闪烁电路，在闪烁电路中利用 Tr_1 和 Tr_2 实现电源的 ON/OFF。Tr_2 基极电压低于 0.6V 以下对应于 OFF 状态。在与基极连接的电阻 R_1(75 kΩ) 和 R_2(30 kΩ) 的作用下，两个串联的镍镉电池的端子电压低于 2.1V 后，就变为 OFF 状态。

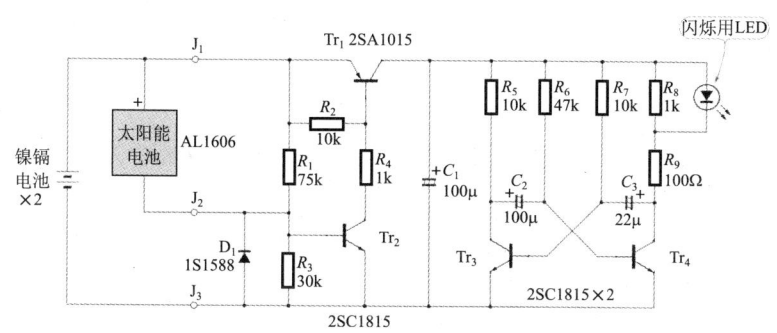

图 7.63 本装置的整体电路

在多个电池串联的场合，有时会出现先结束放电的电池被其他电池反充电的情况。由于镍镉电池对过放电的承受力较弱，一旦被反充电，就无法恢复。因此从电池的寿命和安全考虑，在设计和使用电路时都应该对过放电采取措施。

2. 明亮的时候 LED 熄灯

如果在白天让 LED 闪闪发光不但违背常理了，而且对太阳能电池储存的电能来说也是浪费。因此本装置一旦发现太阳能电池有输出电流之后就会关闭 LED。

判断有无输出电流的方法是靠检测防止逆流的二极管 1S1588 上是否出现正向电压。如果太阳能电池开始发电，那么防止逆流的二极管在阳极一侧的电压将相对于电路的地朝负方向变化。因为二极管也与 Tr_2 的基极连接，结果导致 Tr_2 变为 OFF，LED 就熄灭了。

从电路分析还可知,即使 Tr_1 与 Tr_2 同时为 OFF,镍镉电池也经由 R_1 与 R_2 放电(太阳能电池内部仍有逆流)。即使去掉这个电阻的放电,镍镉电池中也仍有自然放电,就是说,我们无法避免电能的消耗。如果你很介意,那么就把这些电阻的阻值取成原来的 4 倍,即 300kΩ 和 120kΩ。总之与 LED 灯泡大小相当的负载都是没有问题的。

7.7.4 制 作

图 7.64 所示是完成的电路板,图 7.65 及图 7.66 所示是铜箔面。表 7.13 是制作 LED 自动闪光器所需的元器件列表。使用的 LED 与晶体管外形如图 7.67 所示。因为装置放置在屋外使用,所以容纳电路板的机壳应该具有防水性能。我们手头恰好有一个图 7.68 所示的食品保存盒,所以就选用它为机壳。照片中镍镉电池被放入塑料电池盒中,它们的外形与 5 号干电池相同。所以,根据个人的喜好,既可以放到电池盒里,也可以把它点焊在电池上使用,这并不会引起振动、端子腐蚀或接触不良。

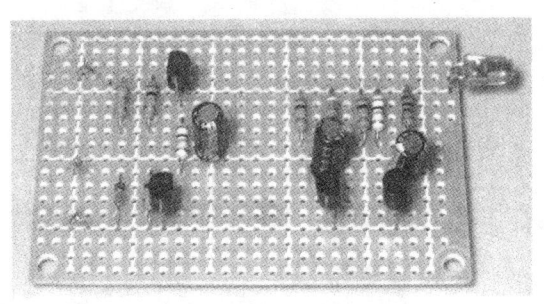

图 7.64 完成的电路板

表 7.13 LED 自动闪烁器的元器件列表

品 名	型号/规格	数 量
晶体管	2SA1015	1
	2SC1815	2
铝电解电容器	22μF,16V	1
	100μF,6.3V	2

7.7 LED自动闪光器

续表 7.13

品　名	型号/规格	数　量
碳膜电阻	100Ω，±5%，1/4W(茶黑茶金)	2
	1kΩ，±5%，1/4W(茶黑红金)	1
	1.2kΩ，±5%，4W(茶红红金)	1
	1.8kΩ，±5%，1/4W(茶灰红金)	1
	4.7kΩ，±5%，1/4W(黄紫红金)	2
	20kΩ，±5%，1/4W(红黑橙金)	1
	47kΩ，±5%，1/4W(黄紫橙金)	1
	50kΩ，±5%，1/4W(茶黑黄金)	1
二极管	1S1588	1
红色二极管	TLR114	1
实验电路板	1CB-288	1
太阳能电池	AL1606．	1
镍镉电池	5号(700～1000mA·h)	2
电池座	5号×2只	1
电路板支架	M3×5mm	4
其　他	食品盒	1
	尼龙被覆导线	少　量
	螺钉(M3×15mm)	8
	螺母(M3)	8

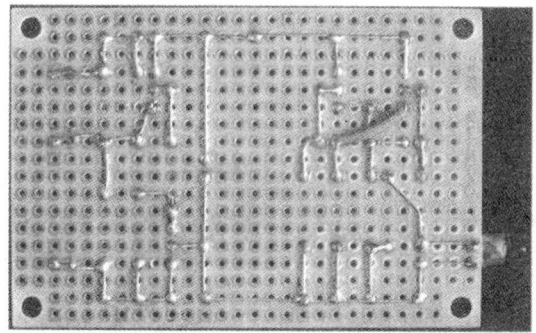

图 7.65　电路板的铜箔面

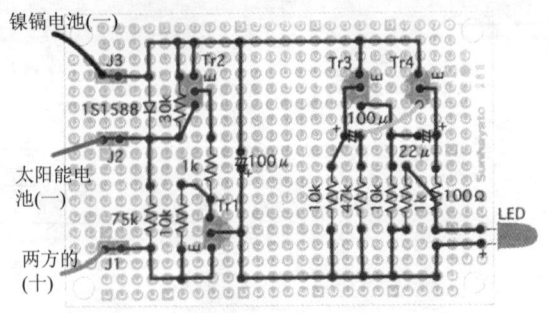

图 7.66 铜箔面的布线

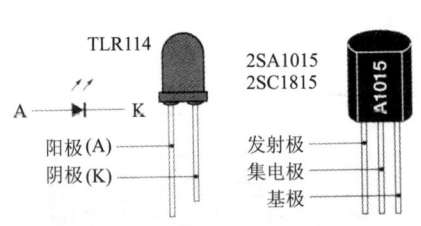

图 7.67 使用的晶体管与 LED 的外形

图 7.68 机壳中的电路板

最近市面上虽然出现了镍氢电池,但是包装成型的或带端子的并不多,如果把它们作为镍镉电池的替代品,优点是容量大体为镍镉电池的 2 倍。

注意不应让机壳产生高温。电池周围允许温度为 60℃ 左右,温度越高,寿命越短。在太阳光直射的条件下,最耐高温的是太阳能电池。为了阻止太阳能电池的热传递到盒子里面,安装时应该在它的下面铺上泡沫苯乙烯垫。机壳上太阳能电池连接导线的出入口要用黏着剂固定,达到防水的目的。

与防水性要求相反的是要在机壳的底部(盖子)打小孔,作为空气的出入口。因为镍镉电池过充电将产生氢气。不能让氢气充满盒子,否则会引起火灾。

7.7.5 防盗功能

LED闪烁让车主人容易识别,同时也吸引了无心人的注意。所以我们可以附加一个简单的防盗蜂鸣器来吓唬那些打算顺手牵羊的人。

在图7.69中,用尼龙被覆导线做成一个圈,穿过前面的杂物框和轮胎之间。尼龙被覆导线上连接耳机插头,允许拔出。不过一旦它被拔出,或者尼龙被覆导线被切断,蜂鸣器就发出鸣叫声。车主在插入尼龙被覆导线前,先把转换开关(图7.70)对准所设定的ID编号(由布线方式决定),不让蜂鸣器发声,一旦把尼龙被覆导线与闪光器连接好,就转动开关旋钮改变为别的编号。这对自行车本身的防盗也是有用的。

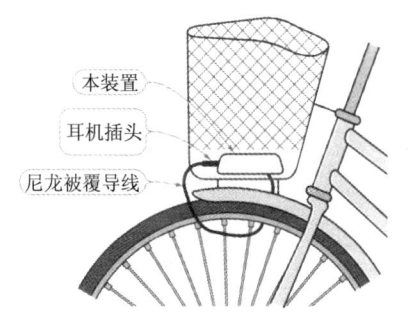

图7.69 防盗尼龙线的安装方法　　图7.70 转换开关(12个触点)

为达到防盗的目的,我们应该在电路中追加一个晶体管,做成图7.71所示的样子。追加的晶体管Tr_5的基极通常经过尼龙被覆导线与发射极连接。在这个状态,电流不流入Tr_5。若尼龙被覆导线被切断,就发生电流的流动,Tr_5就为ON,于是蜂鸣器鸣叫。Tr_5是非稳态多谐振荡器的一部分,所以与LED同步ON/OFF动作,由于LED点亮的时间事先被设定得很短,所以即使晶体管处于OFF状态,电容器的充电电流也会流过Tr_3的集电极电阻,正是这个原因,Tr_5不为OFF,蜂鸣器也能连续地发声。

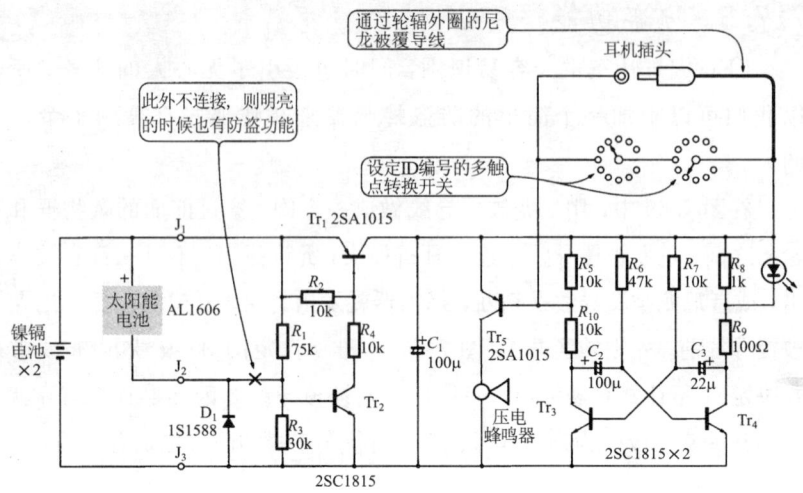

图 7.71　防盗功能电路

假如我们使用 2 个具有 12 个触点的转换开关，那么通过布线可以设定 144 个 ID。在引人注目的场所，一次就能把 ID 编号找准，让蜂鸣器关闭是相当困难的（如果真要偷，还不如干脆一下子毁了它来得快）。

如果我们不改变充放电控制电路，那么蜂鸣器和 LED 一样，在天色未暗下来之前是不工作的。要想让防盗功能在明亮的场所也有效，就需要按图 7.71 那样，把太阳能电池的负极与 Tr_2 基极的连线断开才行。

7.8　催眠发光二极管

一种特殊的外部能量对生物体的影响可以使生物体处于催眠的状态。不只是人类，其他很多动物也能够被催眠。催眠状态下，他（它）们会失去对其自身行为的控制，甚至他（它）们会执行一些在正常情况下不会执行的命令。

最简单也是最常用的催眠方法就是利用钟摆的持续摆动，或者不断重复的声音，如话语、乐器的声音，或者某一固定频率的声音。

上述催眠过程正是我们将要在本项目中研究的。

7.8.1 工作原理

这里提供的基本电路中包括一个能驱动两个高能 LED 的低频振荡器。如图 7.72 所示，两个高能 LED 将间歇性地闪亮。

该电路的核心是作为非稳态多谐振荡器的 555 集成电路(IC)芯片。光脉冲闪烁的频率取决于电位计 P_1 的值。

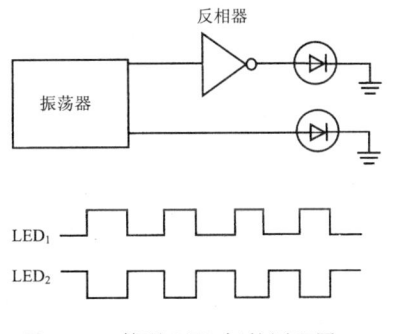

图 7.72 催眠 LED 灯的原理图

二极管用于产生占空因子仅为 50% 的信号。因为每个通路上的二极管具有相同的时间间隔，所以这是可以实现的。

从 555 集成电路芯片输出端输出的信号被送入两个互补晶体管，每个晶体管驱动一个高能 LED 灯，也可以使用白炽灯。

当 555 集成电路芯片输出处于逻辑高电平时，NPN 型晶体管进入导通状态，而 PNP 型晶体管则在 555 集成电路芯片输出处于逻辑低电平时进入导通状态。

根据实验中选用的元件参数，LED 灯闪烁频率近似为 0.1~10Hz。当然，根据要达到的实验目的，可以通过改变电容器 C_1 的值改变 LED 灯的闪烁频率。C_1 的值越小，频率越高。

推荐使用的晶体管能够驱动 LED 或电流高达 500mA 以上的灯。根据实验可以用 6V 的小白炽灯代替 LED。

实验中使用的 LED 灯的颜色可以相同，也可以不同。也可以只使用一个 LED，而使另外通路断开。电路电源采用 4 节 5 号电池或者其他型号为 6V 500mA 的电源。

7.8.2 搭建方法

图 7.73 所示为催眠 LED 的电路原理图。与之相对应的元器件清单见表 7.14。

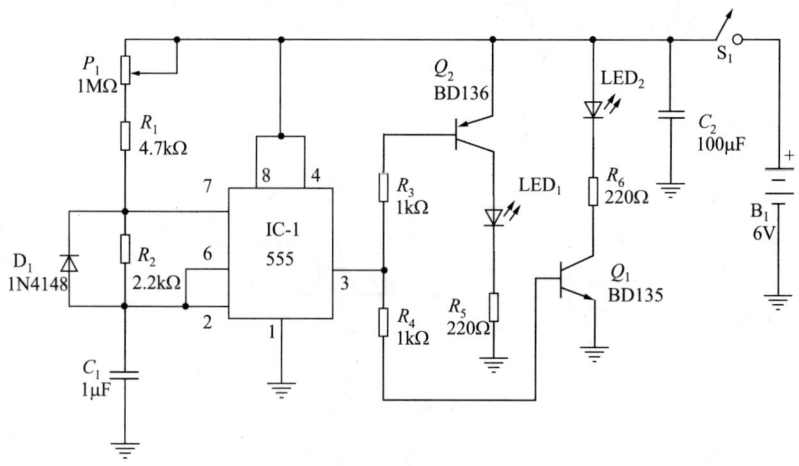

图 7.73　催眠 LED 的电路原理图

表 7.14　元器件清单

元器件	说　　明
IC_1	555 集成电路芯片定时器
Q_1	BD135 中功率 NPN 型硅晶体管
Q_2	BD136 中功率 PNP 型硅晶体管
D_1	1N4148 通用硅二极管
LED_1、LED_2	通用高能 LED 灯(参阅正文)
R_1	4.7kΩ，1/8W 电阻，黄、紫、红
R_2	2.2kΩ，1/8W 电阻，红、红、红

续表 7.14

元器件	说　明
R_3、R_4	1kΩ，1/8W 电阻，棕、黑、红
R_5、R_6	220Ω，1/8W 电阻，红、红、棕
P_1	1MΩ 线性或对数电位计
C_1	1μF，12V 电解电容器
C_2	100μF，12V 电解电容器
B_1	6V 电源或者 4 节 5 号电池及电池夹
S_1	开关
其他元器件	PCB、塑料盒、导线、焊料等

该电路可以用一个小 PCB 搭建，如图 7.74 所示。在搭建过程中，在放置极性元件，如集成电路芯片、电解电容器、LED 及晶体管时，一定要认真细致。如果光源的驱动电流达到 100mA 以上，就需要安装散热装置。整个电路应当能够放入一个小的塑料盒子中，唯一留在外面进行控制的是开关 S_1 和可调电位计。

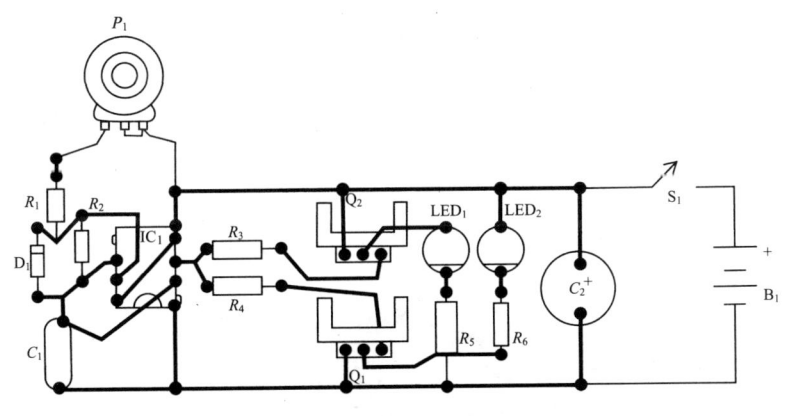

图 7.74　催眠 LED 的 PCB

光源可以用于不同的目的。图 7.75 示出了怎样在植物样本周围放置光源，以研究变化光线对植物的影响。该图也再现了变化的光源如何影响蚁群的实验方法。蚂蚁是一种很容易找到,且在实验中方便应用的生物。在很多科技书籍中都介绍了怎样制作用来放置蚂蚁的实验平台。

一个有趣的实验是把两个 LED 放在一副眼镜片上面,如图 7.76 所示,可用来进行紧张程度、冥想、催眠等实验。

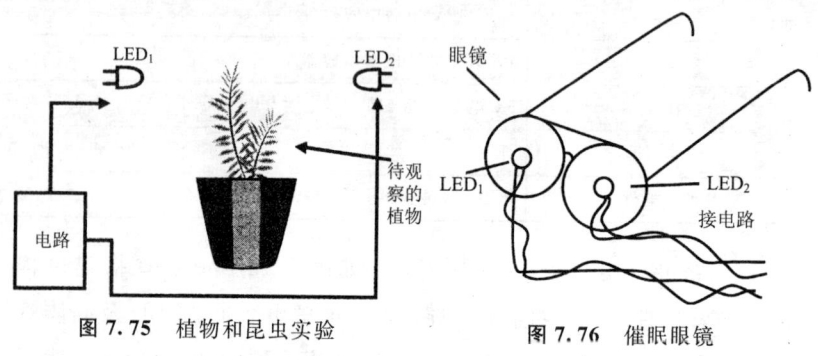

图 7.75　植物和昆虫实验　　　　图 7.76　催眠眼镜

7.8.3　动作的确认与调整

此电路的测试很简单。把电池放在电池盒中,接通开关 S_1。LED 应该间歇地闪烁。调节 P_1 的值可以改变闪烁频率。

当所有的条件都具备之后,根据实验要求把 LED 环绕放置在离植物一段距离的地方,保证没有其他光源能够照射到植物样本,如图 7.77 所示。

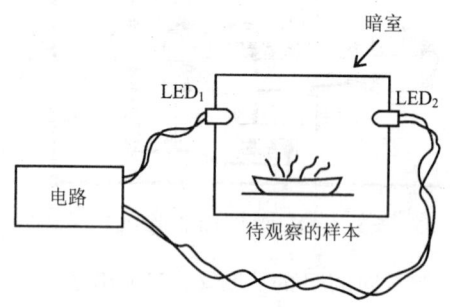

图 7.77　植物生长或者生物钟实验

7.9 驱虫器

有些昆虫可以被声音信号所控制。在某些特殊种类昆虫中，雌性昆虫可以产生驱赶其他雌性同类的声音。某些情况下，特定的声音还会影响到所有的昆虫。

本项目的基本思想是制作一个能够产生驱赶昆虫声音的音频振荡器。当然，也可以用该实验验证声音对其他生物体的影响。

项目的基本电路由一个简单的音频振荡器驱动一个小的压电式换能器构成。由于电路耗用电流很低，所以电路可以由5号电池组、一节9V电池或接在交流输电线路上的电源供电。由于耗电量很低，电池的寿命可以达到数周时间。

电路中还有一个用于调节压电换能器振动频率的可调电位计，频率调节范围在200～2000Hz。但是，根据具体应用情况，频率范围可以通过更换电容器 C_1 来调整，电容取值范围为 2200pF～0.1μF。当然，也可以通过更换变频器，使此电路工作在超音波范围内。

7.9.1 仿生实验及应用

该电路产生的声音具有足够的强度，能够满足其在仿生学实验和下面几节研究的实际应用的要求。

1. 鱼诱捕器

电路产生的声音能够模仿昆虫在水中逃逸的声音，用来吸引鱼。这个原理被应用在商业用鱼诱捕器中。很简单，只需把电路装在一个瓶子中即可，如图 7.78 所示。为使瓶子沉入水中，有必要加一块较重的金属块。

你必须选择合适的频率来吸引想要的鱼，可以通过对鱼缸中的鱼做实验来了解鱼的生活习性。

图 7.78 将电路作为鱼诱捕器

2. 驱赶其他昆虫

也可以用该实验验证电路是否能用于驱赶像蚂蚁和蟑螂这类的昆虫。为了得到实际所需要的频率，必须通过改变频率电路中电容器和电阻的数值来进行试验。

3. 对植物的影响

同样也可以对所产生的声音是否影响植物生长进行实验。如图 7.79 所示，把电路放在要进行研究的植物附近即可。

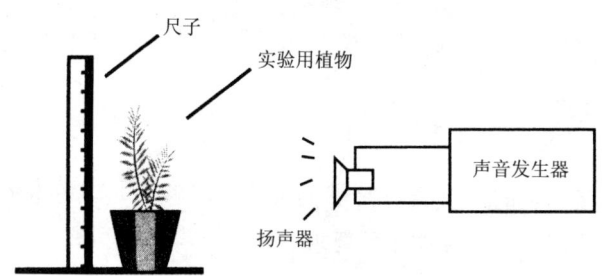

图 7.79 将该电路放在植物附近

因为电路消耗的电能非常少，所以用 5 号电池可以给这个电路供电数周。当然，对于更长时间的实验或者应用，电路可以使用 3V 的交直流（AC/DC）转换器供电。任何能够提供 $50\sim250$mA 电流的电源，都适合为该电路供电。当将电路接入电源时，要分清电源的极性。

出于安全考虑，不要使用未经变压器的电源。

下一节我们将看到如何在电路中加入功率级来提高声音音量。

7.9.2 电路的工作原理

电路的主要组成部分是4093 CMOS集成电路芯片，该集成电路芯片有4个施密特与非门。其中一个施密特门被连接成音频振荡器，驱动其他三个施密特门作为数据缓冲器和放大器进行工作。

电路频率由C_1的值决定，通过调节P_1，频率值的选择范围很大。如果电路能够达到的频率值不能满足实际要求，可以更换C_1。

电路输出的信号是方波，可以直接用来驱动高阻抗压电蜂鸣器。不要在电路输出端直接接入扬声器或者低阻抗换能器。这种换能器的应用方法将在后面介绍。

7.9.3 搭建方法

昆虫驱除器的原理图如图7.80所示，其元器件清单见表7.15。

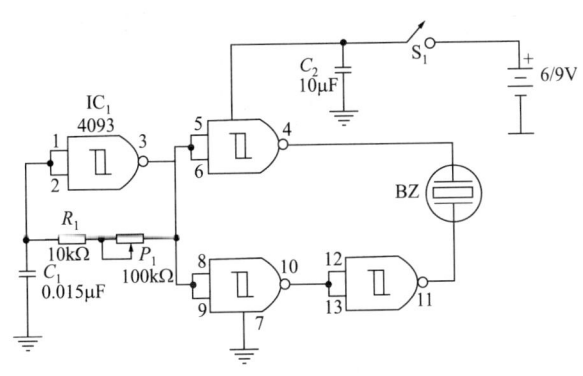

图7.80 昆虫驱除器的原理图

表7.15 元器件清单

元器件	说明
IC_1	4093 CMOS集成电路芯片
BZ	压电换能器（参阅正文）
R_1	10 000Ω(10kΩ)1/4W 5%电阻，棕、黑、橙

续表 7.15

元器件	说明
P_1	100 000Ω(100kΩ) 电位计
C_1	0.015μF 陶瓷或金属膜电容器
C_2	10μF/12W，VDC 电解电容器
S_1	单刀单掷拨动或滑动开关
B_1	一个 6V 或 9V 电源，或 4 节 5 号电池或 9V 电池
其他元器件	PCB、电池盒或电池接线盒、导线、塑料盒、焊料等

驱除器电路搭建在图 7.81 所示的一小块 PCB 上。

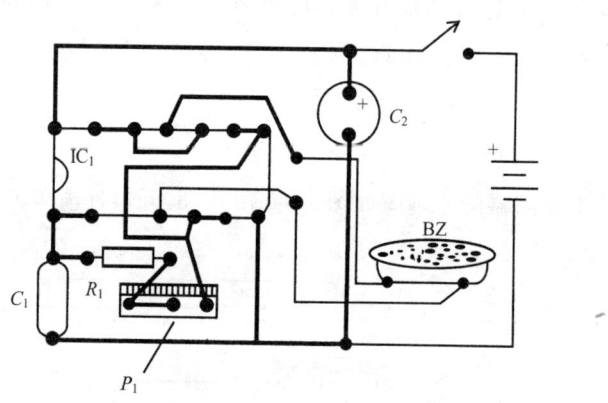

图 7.81 昆虫驱除器的 PCB

所有的元器件都能装在一个小塑料盒子里。盒子上面应该钻孔，以使换能器产生的声音能够传出来。换能器是压电类型的，与蜂鸣器中所使用的类似，也可以使用陶瓷麦克风或者电话中的换能器来做实验。

7.9.4 动作的确认与调整

打开电源开关，调节 P_1 的数值得到所需要的音调。理想的音调可以通过实验得到，完美的音调应该最接近昆虫所发出的声音。实验表明某些雌性昆虫不能忍受其他同类雌性昆虫的出现，所以发出驱除同类的声音。

7.9.5 其他创意

使用CMOS集成电路芯片并不是在实验和仿生学项目中产生持续声音的唯一办法。许多其他配置也可以实现同样的功能,有的由大功率换能器驱动,如扬声器。下一节,我们将介绍这些配置。

1. 使用晶体管

图7.82所示是一个利用两个晶体管产生音调的电路,频率由C_1和C_2决定,并可由P_1进行调节。电路包括一个能驱动压电换能器或小扬声器的非稳态多谐振荡器。

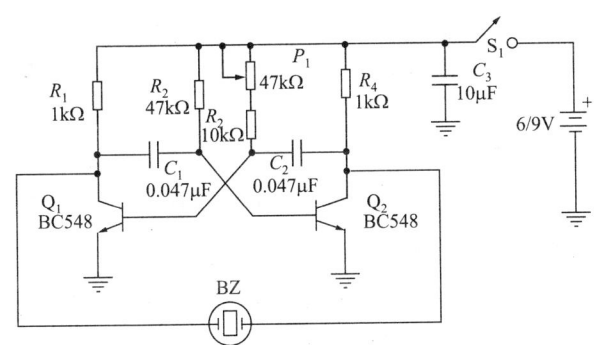

图7.82 使用晶体管的电路

另外一种是采用两个互补晶体管的电路,如图7.83所示,其元器件清单见表7.16。该电路在输入电压为3~12V时可以驱动一个5~10cm的扬声器(4Ω或者8Ω)。

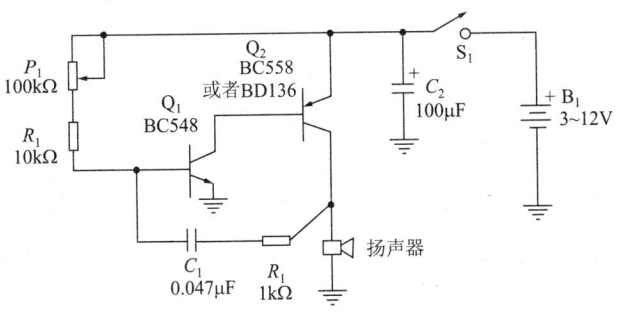

图7.83 使用互补晶体管的电路

表 7.16　元器件清单

元器件	说　　明
Q_1	BC548 或等效的通用 NPN 型硅晶体管
Q_2	BC558 或 BD136 通用或者中等功率的 PNP 型硅晶体管
R_1	10kΩ，1/8W 电阻，棕、黑、红
R_2	1 kΩ，1/8W 电阻，棕、黑、红
P_1	100 kΩ 对数或线性电位计
C_1	0.047μF 陶瓷或者聚酯电容器
C_2	100μF，6V 电解电容器
SPKR	5～10cm，4Ω 或 8Ω 小扬声器
B_1	3～12V 电池或者蓄电池
其他元器件	PCB 或接线条、塑料盒、导线、焊料等

当电压升到 6V 时，Q_2 必须换为配有小型散热装置的 BD136（或者 TIP32）。在这种情况下，输出功率会达到数瓦，很适合大范围音调内的实验和应用。

声音频率由 C_1 决定，可以通过 P_2 调节。如果用 0.47～2.2μF 的电容器代替 C_1，电路可以产生低频脉冲，就像一个节拍器。通过实验可以观察这种低频声音对昆虫和动物的刺激与影响效果。

2. 使用 555 集成电路芯片

图 7.84 所示是一种使用 555 集成电路芯片的声音发生器，在该电路中增加晶体管，可同时驱动一个压电换能器和一个小型扬声器。

基准频率取决于电容器 C_1，并可由电位计 P_1 调节。电路采用图 7.84 中所示的器件，声音频率可以在 100Hz～1kHz 调节，涵盖了通常能够驱赶或者吸引绝大部分昆虫的声音频率。

通过更换 C_1，电路可产生各种频率的声音，包括超声波。当然，当产生超声波时，需要一个合适的换能器，因为小型的压电换能器产生的声音只能在 10kHz 以内。

压电高频扬声器是一种合适的换能器。在这种情况下，扬声器内

7.9 驱虫器

的小型变压器必须摘除,且将换能器直接连到电路中。

另外一个方案是利用一个晶体管,使此电路能够驱动低阻抗负载,如图7.85所示。如果该电路在可听见声音范围内工作则可以使用普通的扬声器,如果在超声波范围内工作则用压电高频扬声器。

图7.84和图7.85的元器件清单见表7.17。

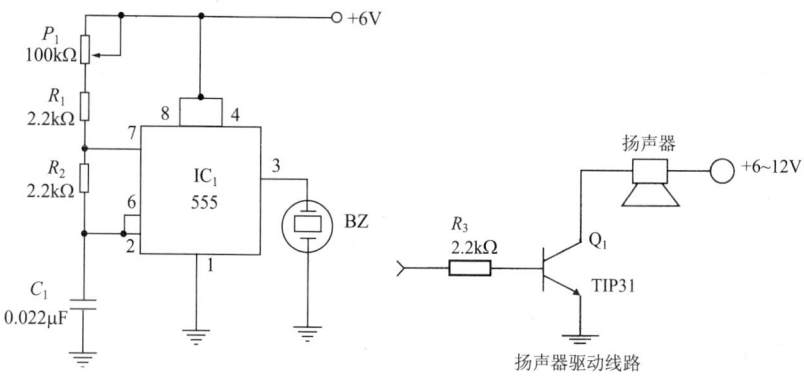

图7.84 应用555集成电路芯片　　图7.85 使用晶体管驱动级电路

表7.17 元器件清单

元器件	说明
IC_1	555集成电路芯片定时器
P_1	100kΩ 线性或对数电位计
R_1、R_2	2.2 kΩ,1/8W 电阻,红、红、红
C_1	0.022μF 陶瓷或者聚酯电容器
S_1	开关
B_1	6V 或者 9V 蓄电池或者电池
BZ	压电换能器,晶体管输出级使用器件
Q_1	TIP31 NPN 型硅功率晶体管
R_3	2.2 kΩ 1/8W 电阻,红、红、红
SPKR	4Ω 或 8Ω 扬声器或者高频扬声器
其他元器件	PCB 或者面包板、电池连接器或者蓄电池盒、塑料盒、导线、保险丝、晶体管散热器(如果需要)等

7.10 仿生诱捕器

特定波长和颜色的光能够吸引很多昆虫及其他动物。这也是许多昆虫在夜晚撞向荧光灯和白炽灯的主要原因。通过选择合适的灯光颜色,可以吸引特定种类的昆虫,诱使它们陷入设定的陷阱内。

本项目研究的仿生诱捕器使用了一个荧光灯外加一个捕捉或者杀死昆虫的装置。基本设计中,昆虫被收集在一个袋子中。仿生学爱好者可以通过调节灯光的种类和辐射性使装置能够捕获某一种类的昆虫或者动物。

7.10.1 项目介绍

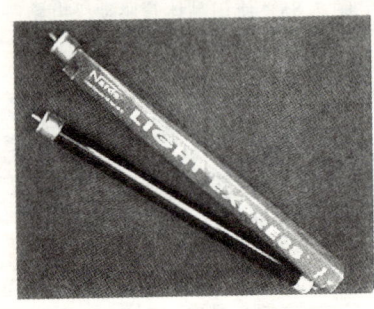

图 7.86 电路中用的小荧光灯

基本电路中的主要组成部分是一个高压变换器,它由电池或蓄电池供电并驱动荧光灯。荧光灯根据要捕杀的昆虫种类而定。功率小于 4W 的可见光或者紫外线灯都可以应用在本电路中,如图 7.86 所示。

如果打算在森林或者其他没有交流电线路的地方诱捕昆虫,则必须使用变换器。标本采集者可以利用这个装置在很多地方收集标本。

当然,普通电池只能提供 1~2h 的电能,所以推荐使用可充电电池作为电源。如果需要为这个装置提供数个小时的电力供应,应该使用大型电池。

7.10.2 工作原理

为了把普通干电池及蓄电池提供的低压直流电转化为高压交流电,电路中必须使用变压器。但使用变压器时,必须把纯粹的直流电转换为脉冲或者随时间改变的形式,因为变压器无法在直流电下工作。因此,如图 7.87 所示的作为变压器和直流电源之间连接转换的电路是必需的。

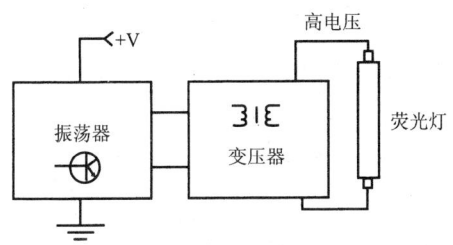

图 7.87　仿生诱捕器的框图

转换电路包括一个哈特利振荡器,它向小变压器低压端提供随时间不断变化的交变信号。在变压器的次级线圈产生高压,峰值可以达到 200V 以上,这个电压足够驱动任何荧光灯,即使接到交流电线路上都不工作的荧光灯也可以由这个电路驱动。

电容器 C_2 和 C_3 决定了振荡器的工作频率。根据变压器的不同,你必须调节这些元器件的值,以得到最佳的工作效果。为了达到变压器的最佳性能,也可以任意更换电阻 R_1。

基本电路中的电源由 4 节干电池构成。为了获得更好的工作性能,推荐使用 2 号、1 号型或者镍镉可充电电池。根据电路中应用的变压器和荧光灯的不同,电路消耗的电流为 100～300mA。功率稍大的电路,使用 6V 电池。

任何功率在 7W 以下的荧光灯都何以使用。根据目的的不同可以选用白光或者紫外线灯。但是,如果接入能耗很高的灯,如 40W 的灯泡,它会被点亮但是没有足够的强度,因为这个电路只能驱动数瓦大小的负载。

7.10.3 搭建方法

图7.88所示为仿生诱捕器的完整电路原理图,其元器件清单见表7.18。

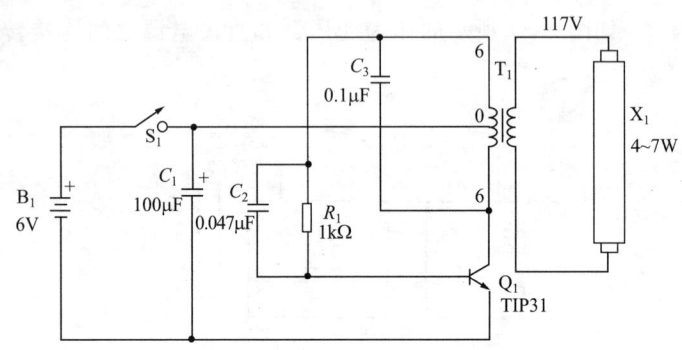

图7.88 仿生诱捕器的完整电路原理图

表7.18 元器件清单

元器件	说明
Q_1	TIP31 NPN型硅功率晶体管
R_1	1kΩ、1/2W 电阻,棕、黑、红
C_1	100μF、12V 电解电容器
C_2	0.047μF 陶瓷或者聚酯电容器
C_3	0.1μF 陶瓷或者聚酯电容器
S_1	开关
T_1	变压器
X_1	功率不高于7W 的荧光灯
B_1	6V 干电池或蓄电池
其他元器件	接线条、塑料盒、晶体管用散热片、灯座、导线、焊料等

电路很简单,可以用接线条作为底盘进行搭建,如图7.89所示。

晶体管需要一个小型的散热片。连接电路时,注意不要把这个元件的极性接反。所有的元器件必须放进一个小塑料盒中。为了连接荧光灯，可以使用一条长的导线，如图 7.90 所示。

任何在次级线圈中有中间抽头、工作电压为 4.5～7.5V 的变压器都可以使用。负载电流要求为 200～500mA。

变压器的初级线圈的标称电压可以是 110/117/120/127/220V 或者 240V。电压越高，越容易驱动荧光灯。

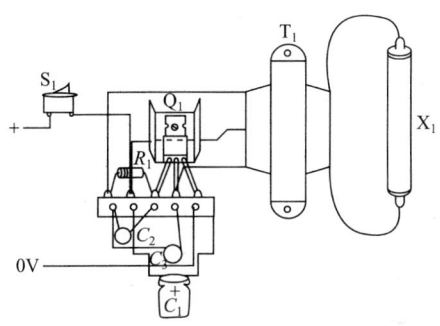

图 7.89 以接线条作为底盘搭建电路

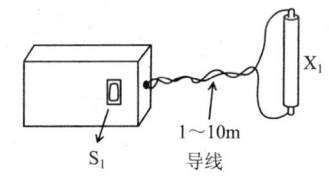

图 7.90 将电路装入一个小塑料盒

接入灯泡时，要保证导线的绝缘性。如果绝缘性不好，变压器的高压会造成电击。

C_2 和 C_3 是陶瓷或者聚酯电容器。晶体管型号为 TIP31(A、B、C 中任何一种)或者具有相同功能的 BD135，甚至也可以使用 TIP41。使用 TIP41 或者 2N3055，电路可以用 12V 直流电源供电，能驱动更大的荧光灯。

有几种方法可以制作诱捕陷阱。图 7.91 所示只是其中之一，灯的下面放置了一个袋子。被灯光吸引的昆虫向灯撞去，不小心就会掉进捕捉它们的袋子。可以在袋子上装一个漏斗，目的是防止昆虫从袋子中逃脱,如图7.92所示。

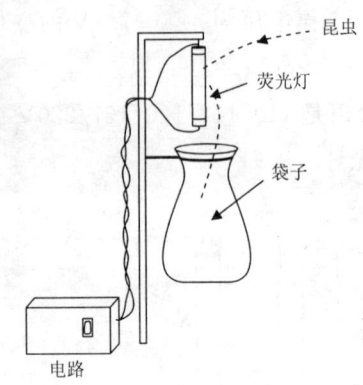

图7.91 塑料袋制成的陷阱

图7.92 防止昆虫从袋子中逃脱

7.10.4 动作的确认与调整

关闭S_1,为电路供电,荧光灯会立即发光(图7.93与图7.94)。

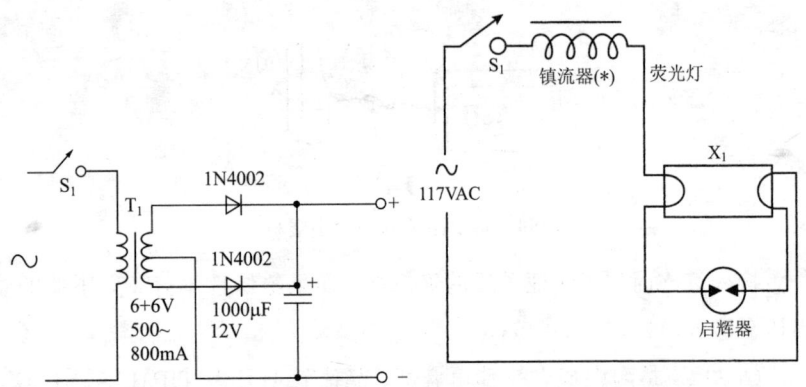

图7.93 一种电路驱动方案   图7.94 交流电线路直接点亮荧光灯

如果你弯下身,将耳朵靠近镇流器,就会听到"嗡嗡"的声音。若没有声音,荧光灯也没有亮,关闭电路仔细检查你连接的电路。或许电路的某个地方出现了问题。

如果晶体管发热,荧光灯未亮,关闭电路,对系统进行检查。注意检查极性元件的位置。如果极性接反,电路将不工作。

一旦电路可以工作,你可以试着改变 R_1、C_1、C_2 的数值,使电路的性能达到最佳。一个实用的方法是再给 R_1 串联一个 $10k\Omega$ 的微调电位计,调节输出功率。

当电路工作正常时,你可以将该装置放置在昆虫较多的地方。也可以用白炽灯或紫外线灯进行实验。

7.10.5 其他创意

用简单的变换器对于电路搭接技术不熟练的读者来说更合适。不用 PCB 搭建电路可能更容易一些。但如果你擅长于电路设计,那么可以设计许多其他方案来制作昆虫诱捕器,如直接由交流电驱动的电路。这里我们将研究这些解决方案。

1. 交流电驱动电路

仿生学爱好者有两种方法可实现利用交流电为仿生诱捕器提供电能。其一就是图 7.93 所示的简单的电源。电路使用一个小型变压器将交流电电压降低到 6V,利用一个整流器为变换器提供直流电压。任何输出电压为 4.5~6V,电流为 500~800mA 的变压器都可使用。

另外一种方法是利用图 7.94 所示的电路直接使交流电驱动荧光灯。建议购买与荧光灯匹配的镇流器。而且,因为这个电路与交流电线路是不绝缘的,所以要保证所有的工作部分不能暴露在外,否则可能会发生危险的电击。

2. 大功率变换器

图 7.95 所示为一种由 12V 汽车蓄电池驱动的大功率变换器,其元器件清单见表 7.19。这个电路可以驱动功率高达 20W 的荧光灯,并且使用两个晶体管构成推挽式电路。

晶体管必须加装散热片,原因是有些情况下,电路的耗用电流能够达到 1A 以上。而输出功率的大小则取决于许多因素。

其中一个决定输出功率的因素是变压器。推荐的工作电流为 500mA~1A。电流越高,荧光灯获得的功率越大。

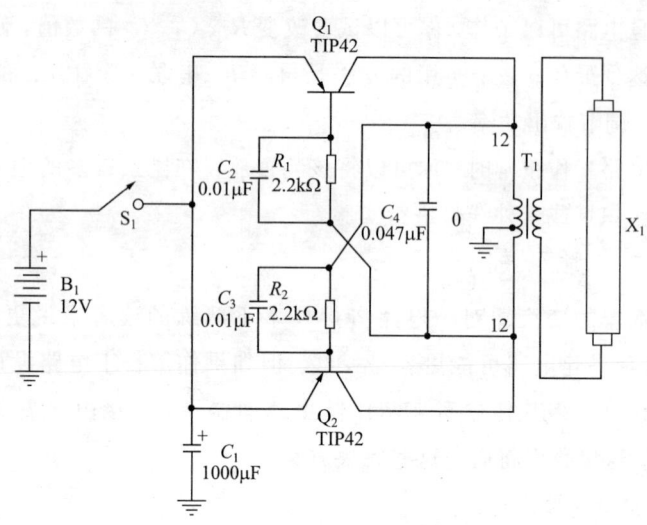

图 7.95 大功率变换器

表 7.19 元器件清单

元器件	说 明
Q_1、Q_2	TIP42 PNP 型硅功率晶体管
T_1	变压器(参阅正文)
R_1、R_2	2.2kΩ,1/2W 电阻 红,红,红
C_1	1000μF,16V 电解电容器
C_2、C_3	0.01μF 陶瓷或者聚酯电容器
C_4	0.047μF 陶瓷或者聚酯电容器
S_1	开关
B_1	12V 电池(参阅正文)
X_1	5~20W 荧光灯
其他元器件	PCB、晶体管散热片、导线、焊料等

为了寻求电路的最佳工作效果,你应该调节电路中各个元件的数值,目的是与变压器的性能参数相匹配。例如,电阻 R_1、R_2 的值在 470Ω~4.7kΩ 变化,C_2 的值可以在 0.01~0.22μF 选择。同样,C_3 也可以由 0.01~0.22μF 的电容器代替。

此外,电路的电源是 12V 的汽车或者摩托车蓄电池,所以这个电路最大可以驱动 40W 的荧光灯,但是,它们将不能在全功率下工作。

3. 脉冲光

实验证明脉冲光或者闪光灯的光同样也可以吸引昆虫。闪光灯的电路可以应用在荧光灯上面。

4. 白炽灯

虽然由于白炽灯光的光谱特性使得它们对昆虫没有吸引力,但其依然可以使用。这要看你是否能发现白色与彩色光能诱捕昆虫。也可以买到黑色的白炽灯,如图 7.96 所示,但是由于光谱特征,它们不是好的紫外线光源。

图 7.96　白炽紫外线灯(黑光灯)

白炽灯的优点是其可以直接接入交流电线路,而不需要其他的附加装置(除了需要可以加装开关以外)。可以使用 60～100W 的白炽灯。

7.11　仿生耳

我们天生的耳朵是自然界可以创造的最灵敏的传感器,没有任何一种传感器可以超越它,即便是电子传感器也不能。

通过搭建可以获取微弱声音信号,并通过耳机将声音再现的电路,可以仿效人的这种本性。该电路的灵敏度可以提高到接收一些自然界生物无法察觉的声音信号。本电路包括一个非常灵敏的放大器和一个麦克风,麦克风用于获取远处甚至隔着墙传来的微弱声音。

为获取微弱信号,将电子放大器与声透镜或传感器等敏感元器件连接起来,从而创建一个仿生耳,这是本项目的基本思想。电路是利用自己掌握的技术进行搭建,但拾取声音的能力则是模仿自然界的生物体。

如兔子之类的动物,依靠敏锐的听力生存

图 7.97　耳朵就像天线,可拾取微弱声音

自然界的模仿对象就是靠听觉生存的动物耳朵的形状及特征。如图 7.97 所示,兔子的耳朵是壳型的,可以拾取从特定方向传来的声音,并将声音汇集在传感器或者耳朵鼓膜上。仿生耳有很多有趣的应用,可用它来听隔壁或远处的说话声;可帮助你找到水管的泄漏处;很容易地定位噪声源;可以研究多种生物体的听觉或记录它们的声音。

7.11.1　电路工作原理

集成放大器 LM386 的增益为 200,它通过对接在引脚 1 和引脚 8 之间的外接电容器来设定。电路可为阻抗 8Ω 的耳机提供 500mW 功率,可以使耳机产生足够大的音量。

驻极体麦克风有一个内部的场效应晶体管,可对声音信号进行前置放大。麦克风输出的信号经过一个由电位计构成的高灵敏度音量控制器,然后传到放大器的输入端进行放大。

电路由 4 节 5 号电池供电。由于耗电不高,电池的寿命可以持续数个小时。

驻极体麦克风根据实际应用放置在集音器中。图 7.98 所示是几种推荐使用的声音拾取设备。

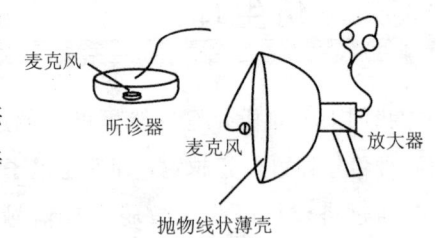

图 7.98　用于收集声音进入麦克风的声学集音器

薄壳型集音器在收集所有可能的声音进入耳机方面起非常重要的作用。本节后面还将对此进行介绍。

7.11.2 搭建方法

图 7.99 所示是仿生耳完整的电路图,其元器件清单见表 7.20。因为 R_1 和麦克风可以在外部放置,其印制电路板如图 7.100 所示。

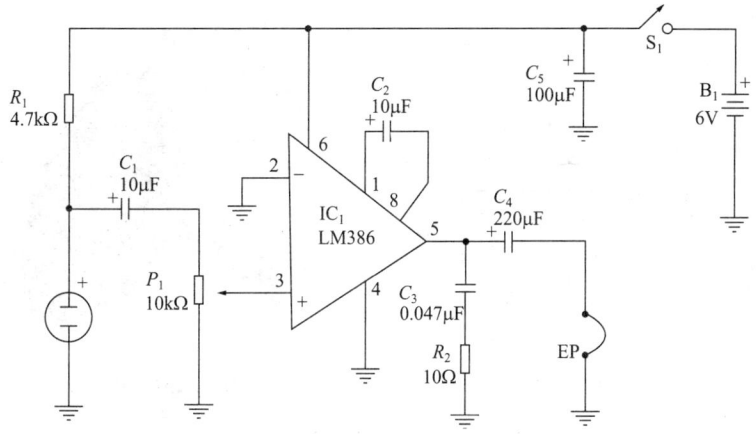

图 7.99 仿生耳完整的电路图

表 7.20 元器件清单

元器件	说明
IC_1	LM386(任何尾标的)集成电路音频放大器
R_1	4.7kΩ,1/8W 电阻,黄、紫、红
R_2	10Ω,1/8W 电阻,棕、黑、黑
C_1、C_2	10μF,12V 电解电容器
C_3	0.047μF 陶瓷或聚酯电容器
C_4	220μF,12V 电解电容器
C_5	100μF,12V 电解电容器
IC_1	LM386(任何尾标的)集成电路音频放大器
P_1	10kΩ 对数、电位计
S_1	开关
MIC	双接线端的驻极体麦克风
B_1	一个 6V 电源或 4 节 5 号电池和支架
EP	耳机 8~12Ω
其他元器件	PCB、耳机插孔、塑料盒、集音装置、导线、焊料等

当然，这个项目还有其他不同之处，输出负载是一个耳机而不再是扬声器。在同一图中也可以看到如何连接换能器。

该电路可以放进一个小的塑料盒子中，并安装一个把手，如图7.101所示。

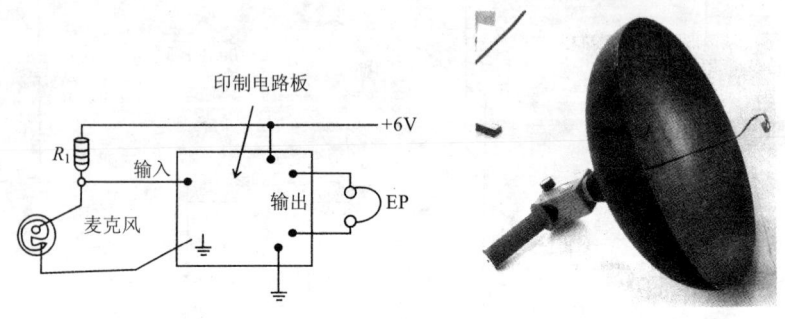

图 7.100　印制电路板　　　　　图 7.101　样　图

用一根长的屏蔽线将麦克风与电路相连，主要目的是避免交流电源线产生的噪声干扰。

搭建电路时，要特别注意那些极性元件的位置，如集成电路芯片、驻极体麦克风、电源、电解电容器等，任何倒置都可能影响电路的正常运行。

7.11.3　集音设备

最简单的集音装置就是将麦克风放在小塑料壳的中心，如图7.102所示。用这种方式可以拾取某一方向传来的声音。

一种抛物线状薄壳体是理想的集音装置，它可采集来自自然界的微弱而又遥远的声音。如图7.103所示，你可以听到鸟儿的歌声和远方人的对话声音。

抛物线状薄壳体体积越大，收集在麦克风中的声音就越多。为了实用，建议使用直径在40~80cm的集音装置。

如果你愿意的话，可以把电路输出线接到录音机上，如图7.104所示。

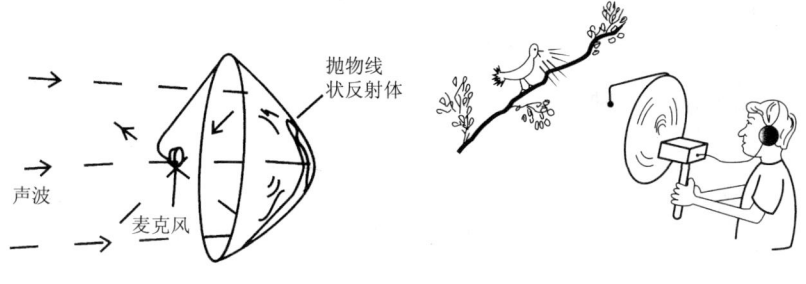

图 7.102　定向麦克风　　　　图 7.103　使用抛物线状集音器

另一种集音装置是一个用重金属片和塑料海绵做成的听诊器，如图 7.105 所示。利用它仿生学爱好者可以听到数墙之隔的声音。

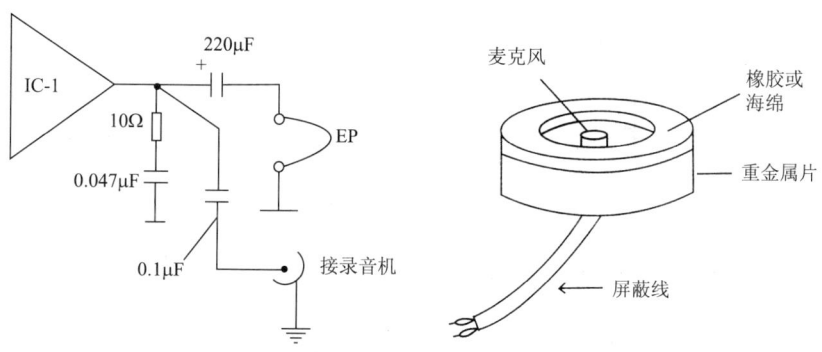

图 7.104　增加一个录音机输出　　　图 7.105　听诊器状集音器

7.11.4　动作的确认与调整

此电路的测试非常简单，将电池放进电池盒内，接通电源，在调节灵敏控制器后，就会在耳机中听到大而清晰的再现后的环境声音。使用这个设备时，你所要做的就是将麦克风或听诊器放到声源位置。

7.11.5　其他创意

从原理上讲，任何由干电池或蓄电池供电的音频放大器都可以用来放大驻极体麦克风的信号。仿生学爱好者也可以用其他类型的传感器采集来自自然界的信号，这里提供两个方案。

1. 使用 TDA7052

适用于驻极体麦克风的音频放大器是 TDA7052,其应用的基本电路如图 7.106 所示,其元器件清单见表 7.21。

此电路由 4 节 5 号电池供电,能够输出 170mW 的功率提供给基本电路中的 8Ω 耳机。驻极体麦克风的输入是一样的,且灵敏度和音量控制也是由 10kΩ 的电位计完成的。内阻为 8~64Ω 的耳机可以直接连到电路输出端。

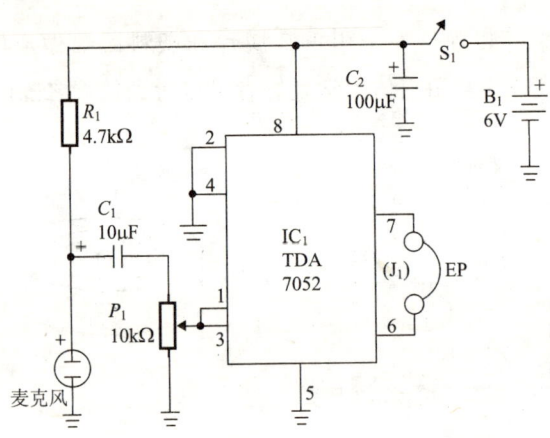

图 7.106 使用 TDA7052 的电路

表 7.21 元器件清单

元器件	说　明
IC_1	TDA7052 集成电路音频放大器
R_1	4.7kΩ,1/8W 电阻,黄、紫、红
P_1	10kΩ 对数,电位计
C_1	10μF 12V 电解电容器
C_2	100μF 12V 电解电容器
S_1	开关
B_1	一个 6V 电源或 4 节 5 号电池及插座
J_1	耳机的输出插座
MIC	双端子的驻极体麦克风
其他元器件	PCB、塑料盒、电池固定器、导线、电位计旋钮、焊料等

本电路对应的 PCB 如图 7.107 所示。若目的只是实验的话，利用面包板是搭建电路的另外一种可行方式。

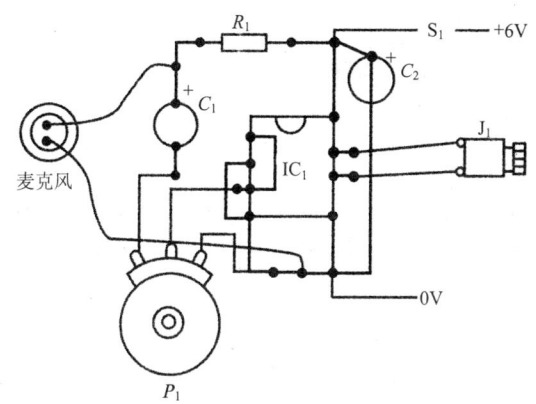

图 7.107　TDA7052 放大器的 PCB 图

2．磁场声音

尽管有一些生物，例如鸽子可以感受到磁场，却没有发现有任何一种生物为生存而自己产生磁场。

如果仿生爱好者为了寻找"磁性生物"想进行一些大胆的尝试，只需在本项目的基本电路中用磁性传感器代替麦克风就可以了。改装后的电路如图 7.108 所示。

该电路对检测磁场源方面也非常有效，如电源线、家用电器等。

使用时，需要把传感器放到可能产生磁场的位置，就可以听到磁场的"声音"了。听起来就像耳机中的杂音。

电路应该放在小塑料盒里。传感器 X_1 由 500～10 000 匝的 28～32AWG 漆包线在塑料或硬纸板上绕制而成，如图 7.109 所示。

任何变压器的初级线圈都可以作为传感器，只需把它的金属心去掉就行了。内部的铁心可以增加它的灵敏度，将传感器放到交流电源线或变压器或家用电器旁边，就可以听到磁场产生的噪声了。

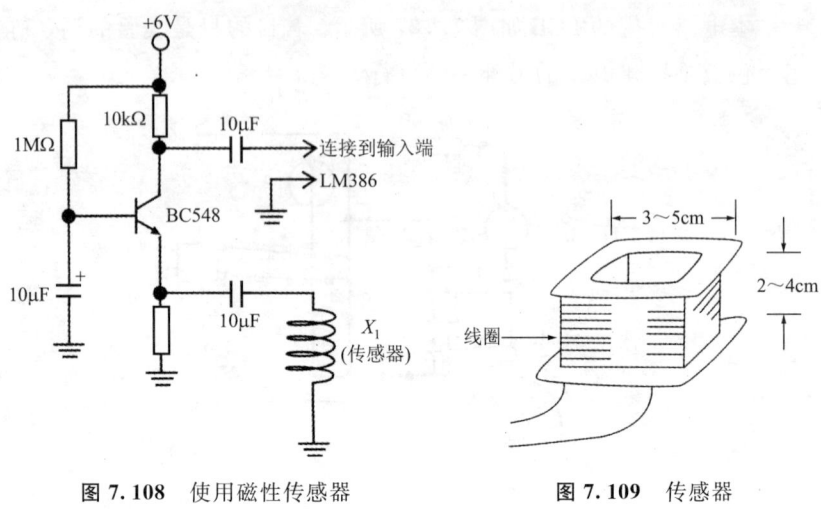

图 7.108 使用磁性传感器　　　　图 7.109 传感器

7.12 赛车

7.12.1 实验项目

如图 7.110 和图 7.111 所示，我们可以用两种不同的方式构建赛车。采用螺旋桨作为推进器，采用齿轮以便把能量从电动机传送到车轮。

图 7.110 采用螺旋桨的赛车

图 7.111 采用齿轮的赛车

7.12 赛车

采用螺旋桨形式时，螺旋桨可以用 CD 制作，通过加热到一定程度，对 CD 进行切割和弯曲。虽然这是一种最简单的制作方法，但是 CD 很脆弱，在比赛时螺旋桨易遭到损坏，甚至在切割和弯曲时就会损坏。建议准备足够多的螺旋桨，以便在比赛过程中，用来进行必要的更换。

另外一种方法是采用塑料或木质螺旋桨，就如同在飞机模型中采用的那种。这是读者目前找到的最适合于该实验项目的螺旋桨。

通常，齿轮传动形式更为有效。虽然赛车可能比较快，但是问题依然存在，这就是如何找到适当的齿轮。我们建议采用玩具零件，或者电气、电子器械。

这个实验项目可以分为两部分：电路部分和机械部分(车辆)。

7.12.2 电路的工作原理

因为两种赛车的基本电子电路是相同的，所以对其工作原理的描述适用于两种情况。

传感器是一种 LDR[硫化镉(DdS)电池或光敏电阻]，它控制晶体管的基极电流。达林顿晶体管或高增益晶体管作为开关，控制流过电动机的电流。

当 LDR 接收到光线时，电阻下降，接通晶体管。这时，晶体管从关闭状态过渡到接通状态，于是电流流动，为小型 DC 电动机供电。可以看出，晶体管只是起到开关作用，而没有对光线起到放大作用。当选择光源作为遥控时，这是很重要的。这意味着当用适当的光强度进行启动时，没有额外的能量用来驱动电动机。饱和曲线如图 7.112 所示。

应当指出，激发 LDR 和

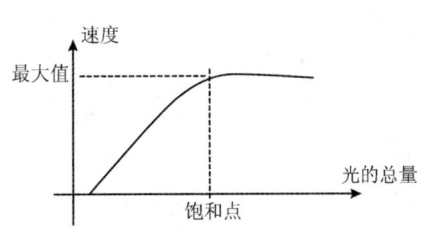

图 7.112　饱和曲线

确定赛车最终速度的不是手电筒的功率,而是许多其他的机械因素,阐明这一点是很重要的。手电筒只是用来接通或者关闭电路,而不对它提供能量。即手电筒只用来作为遥控用,它不是电源。

鉴于目的只是从手电筒接收光线,所以把 LDR 安装到小硬纸筒内部。应当利用某种形式的遮盖,以避免赛车启动之前周围光线的影响。也可以允许周围的光线作用到 LDR 上,即当赛车开始时,竞赛者只需把遮盖从传感器上移开,允许周围的光线启动电动机。

赛车的电源由 4 节 5 号电池组成,不推荐采用其他型号的电池。大型电池如 1 号或 2 号电池,由于重量增加,所以在同样的功率与重量比的条件下,并不能增大动力,速度反而趋于减小。此外,电流过大会使晶体管过热,从而有可能使其烧坏。在比赛的时候,推荐采用新的碱性电池。某些情况下,有必要在晶体管上连接上小型散热器。

7.12.3 机械部分的工作原理

两种类型赛车的底盘是相同的,只是在推进系统上有些许不同。底盘可以用硬纸板、塑料板、轻木板做成。电路、电动机和推进器安装在底盘上。对于前面所示的原始实验项目的图案,制作者可以自主地进行改变。

如果制作者采用了三轮的形式,必须细心地调整好轮子,以保证车辆能沿着直线前行。记住,车辆前进过程中你唯一能够进行的控制是对电动机的开和关。

在螺旋桨推进方式中,电动机安装在一个小平台上,做成通用部件。例如,在图 7.110 中,是利用一个空的喷墨墨盒来支撑电动机的。

7.12.4 建造赛车

现在就可以开始建造赛车了。它分成了两部分:在第一部分中,将介绍如何安装电路;在第二部分中,将看到如何安装赛车的机械部分。

1. 电子线路

图 7.113 示出了一种完整的光操作远程控制电路,它可以应用在两种类型的赛车中。这个电路可以用一块小型接线板作为底盘来进行安装,如图 7.114 所示。

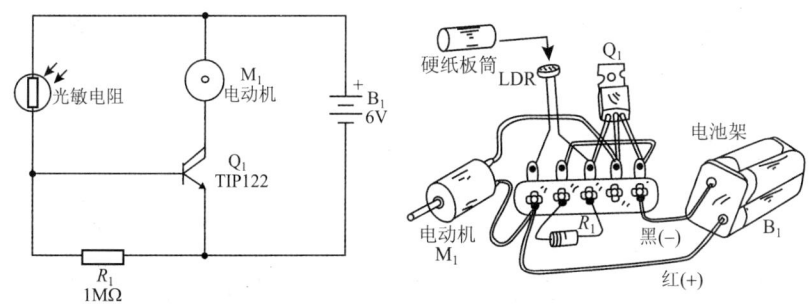

图 7.113 在赛车中用来控制 DC 电动机的完整的电子线路原理图

图 7.114 接线板可以用来支撑电子线路的小型元件

组装电路时,必须注意下列事项:

① 晶体管的位置。

② 电源的极性(电池架)和电动机。如果电动机的旋转方向使赛车向后方运行,那么应将导线反接。

③ 不能让任何元件的端点相互接触。这种接触可能会造成缺陷和端点危险的熔化。

图 7.113 中,Q_1 为达林顿晶体管,其额定电流为 2A 或更高。如果晶体管变得过热,那么连接在晶体管上的一小块金属就会起到散热器作用,如图 7.115 所示。请不要忘记,连接散热器就意味着给赛车增加了更大的重量,因此可能会降低赛车的最终速度。

任何通用的 LDR 都可以应用到这个实验项目中,小圆形是最理想的,因为它可以容易地放置到硬纸板筒的内部,改善了方向控制性

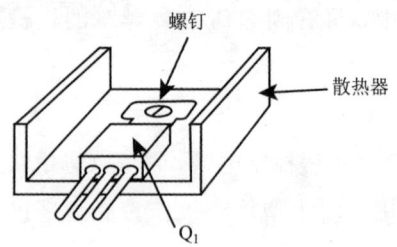

图 7.115 连接到功率晶体管上的散热器以防止过热现象发生

能。本电路的元件清单如下：

① Q_1。TIP122 或等效元件，达林顿 NPN 晶体管。

② LDR。光敏电阻或 LDR（CdS 电池）。

③ R_1。1MΩ 1/8W 电阻（棕色、黑色、红色）。

④ M_1。6V 小型 DC 电动机。

⑤ B_1。6V 电源(4 节 5 号电池和电池架)。

⑥ 电池架、接线板和导线等。

2. 螺旋桨

普通材料诸如硬纸板、塑料板、轻木料或金属(铝、锌等)，都可以用来建造赛车底盘(图 7.116)。图 7.120 表示了当采用螺旋桨作为推进器时，底盘的基本尺寸。图 7.120 中给出的尺寸是平均尺寸。根据想要采用的车轮尺寸和其他设计因素，设计者可以改变上述尺寸。

这一类车轮可以在玩具中找到，并且可以安装到赛车上，如图 7.117 所示。小塑料饮料吸管常常被用来作为轮轴。

图 7.116 利用硬纸板制成的底盘基本设计

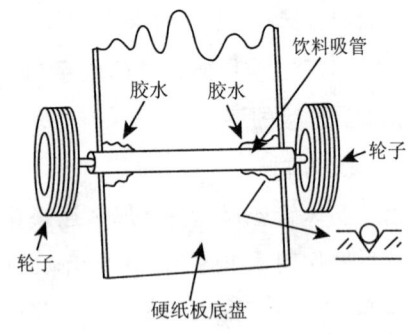

图 7.117 利用一段饮料吸管作为车轮的支撑

重要的是吸管要足够的长，以便能牢固地安装车轮，因为赛车必须沿着直线奔跑。电动机与螺旋桨可以一起安装在喷墨打印机空的墨盒顶端，利用胶水或其他方法将其固定在某一位置上。

图 7.118 示出了如何利用 CD 制作螺旋桨。剪切并且利用蜡烛或其他热源加热，弯曲成桨叶。小心不要烧毁或弄断叶片。

利用 CD 做出的螺旋桨是很脆弱的，任何碰撞都很容易使其损坏。在比赛或试验时，往往要多准备几个螺旋桨，随时对其进行更换。比赛时，许多螺旋桨可能遭到破坏。

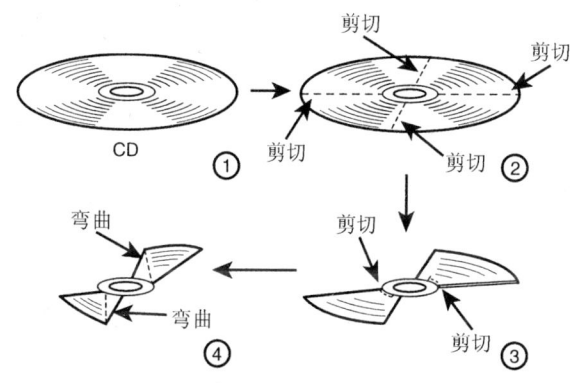

图 7.118 利用 CD 制作桨叶

螺旋桨用胶粘在取自玩具的小塑料轮子上。务必使轮子处于居中状态，否则螺旋桨在运行时将会抖动，不是使螺旋桨损坏，就是使赛车脱离其直线轨道。电池和电子线路安装在底盘上，如图 7.119 所示。

对赛车进行测试，观察车辆在启动后是否向前运行。如果不能向前运行，则需把加到电动机上的导线颠倒过来。

3. 齿 轮

这时采用的底盘与使用螺旋桨推进赛车采用的底盘相同。它们的基本区别是这时轮子是固定的，齿轮把电动机的动力传递到车轮。图 7.120 示出了底盘的外形和基本尺寸。注意底盘上的切口，将在那里安装齿轮。

图 7.119 准备进行测试的赛车

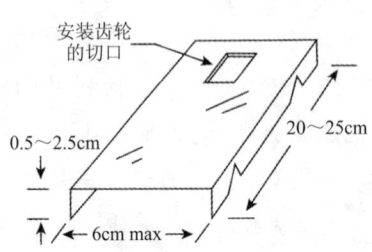

图 7.120 电动机通过齿轮与车轮连接

首先,准备底盘并且寻找两对带轮轴的轮子,如图 7.121 所示。在车轴上安装直径为 2~4cm 的塑料齿轮。齿轮必须小于车轮的直径,以防止与地面接触。

在电动机轴上插入一个小齿轮,这两个齿轮可以从玩具和电子器械中找到。重要的是要测试齿轮组合,这将使赛车获得最佳性能。赛车的性能将随着车轮的尺寸和赛车的重量变化而发生变化。

带轴的一对轮子被安装在底盘上,如图 7.122 所示。可以看出,底盘上的切口允许通过齿轮去调整电动机,而无需接触与之相连的任何部件。

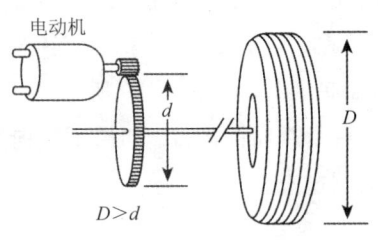

图 7.121 连接到车轮上的齿轮必须小于车轮

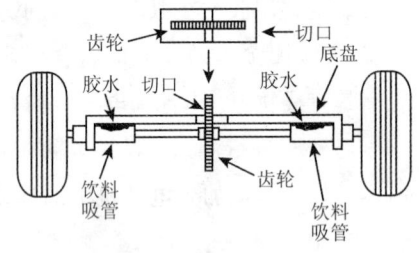

图 7.122 电动机必须牢固地与车轮的齿轮连接

要确保车轮被调整到使赛车能沿着直线运行,且有可能达到最高速度。下一步是固定电动机,这时可以利用橡皮筋固定,如图 7.123 所示。

7.12 赛车

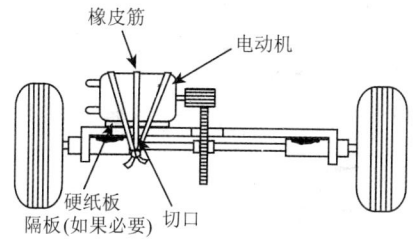

图 7.123 利用橡皮筋把电动机固定到操作位置

电动机与齿轮之间的接触配置也可以通过其他方法实现,但是采用橡皮筋的优点是可以起到减震器的作用,从而吸收在行程中由障碍物或不规则变化引起的冲击,或者是齿轮调整中造成的冲击。

测试传动系统,将电路接通电源,检验是否所有的功率都传送到车轮上。如果车轮反向运转,则应将连接电动机的导线进行颠倒。

现在我们可以安装电子线路和电池,如图 7.124 所示。

安装电路时,要防止传感器受到光的照射。这时可以利用小塑料筒或硬纸板筒放置传感器。钢笔帽也可以用来完成这项任务。接通电路的电源后,验证赛车沿着正确方向运动。如果运动方向相反,则应将连接电动机的导线颠倒过来。

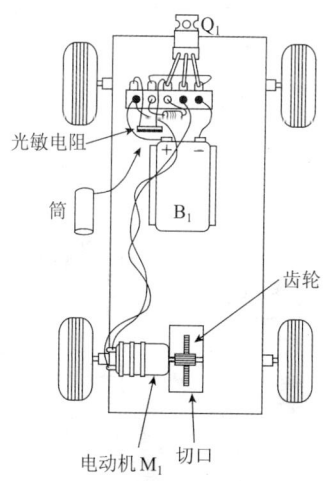

图 7.124 准备好进行测试的赛车

7.12.5 检测赛车

检测赛车的方法分为以下几步：

① 遮盖住 LDR 并且把电池插入电池架。注意，不要把任何一个电池的位置放反了。

② 使赛车与其他赛车排列成一行，并且移开 LDR 的遮盖。如果周围的光线足够强，电动机将启动并且把赛车向前推进。如果不是这样，那么就利用手电筒照射 LDR。

③ 如果电动机不转动，检查电池架上电池的接触情况。

④ 如果电动机反向转动，则颠倒连接导线。

7.12.6 其他创新

这个电路的基本理念是利用光线控制小型 DC 电动机。传感器是 LDR，而"远程控制"是手电筒。但是也可以借助下列有关新电路的理念，改进这个电路。

1. 直接启动赛车

可以建造一种很简单的赛车形式，它没有遥控电子线路。建造者直接把电池架连接到电动机上，如图 7.125 所示。

只要把电池插进电池架内，就可以使赛车开始运行。

2. 利用功率 MOSFET

达林顿晶体管可以用功率金属氧化物半导体场效应晶体管(MOSFET)取代，如图 7.126 所示。这时只要把电阻减小到 $100k\Omega$ 就可以了。

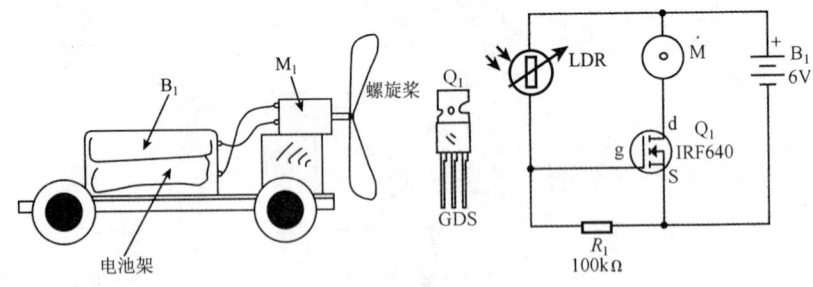

图 7.125　直接启动电路　　图 7.126　利用功率 MOSFET 的电路

7.12 赛 车

任何通用功率 MOSFET，只要额定电流为 2A 或者更大（IRF720、IRF640 等），就都适用于该项任务。

本电路的元器件清单如下：

① Q_1。IRF640、IRF720，或者等效功率 MOSFET。

② LDR。通用光敏电阻。

③ M。6V 或达到 500mA 的 DC 电动机。

④ R_1。100kΩ 1/8W 电阻（棕色、黑色、黄色）。

⑤ B_1。6V 电源（4 节 5 号电池和电池架）。

3．定时电路

在比赛中，另一项有趣的可供选择的方案是采用图 7.127 所示的电路。这个电路中有用作定时器的 555IC。当传感器（舌簧开关）被小磁铁触发后，电路接通，于是电动机在由 C_1 和调节器 P_1 确定的时间间隔内通电。

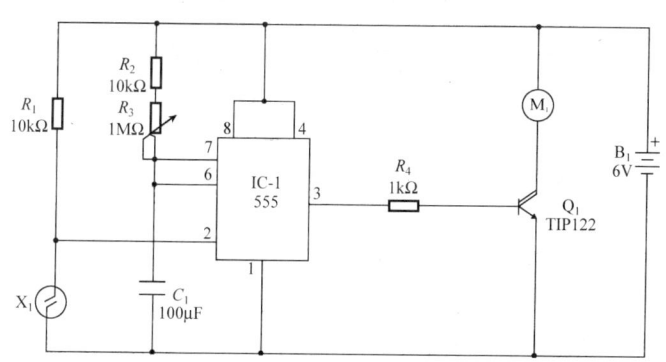

图 7.127　对电动机进行的定时控制电路

触发后，赛车将在一定的时间间隔内运行。可以通过调整 P_1 使这个时间间隔足够长。

定时电路的元器件清单如下：

① IC_1。555IC 定时器。

② Q_1。TIP122 或等效元器件，NPN 达林顿晶体管。

③ X_1。舌簧开关。

④ R_1、R_2。10kΩ，1/8W 电阻(棕色、黑色、橙色)。

⑤ R_3。1MΩ 可调电位器。

⑥ R_4。1kΩ，1/8W 电阻(棕色、黑色、红色)。

⑦ C_1。100μF，12V 或 16V 电解电容器。

⑧ B_1。6V 电源(4 节 5 号电池和电池架)。

在这种赛车中我们观察到一个问题，这就是运动方向取决于车轮的调整精度。在比赛中，赛车一般会沿着不同的方向行驶，有时会导致事故，或者形成环行轨迹。

为此人们最好采用带齿轮结构的赛车，并且使赛车沿着轨道行驶，如图 7.128 所示。自由轮沿着用绳索构成的轨道行驶。

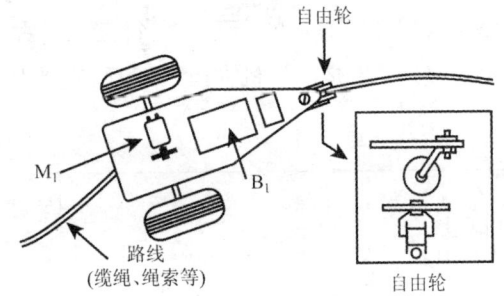

图 7.128 可以用来保持赛车在直线(或弯曲)上行驶的轨道

7.13 小型机器人

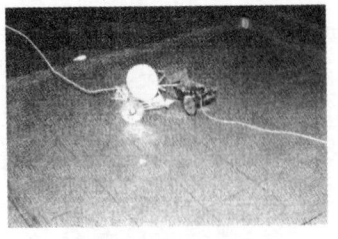

图 7.129 两个机器人在格斗中的情景

利用廉价的普通元器件，即使对那些尚未用微处理器创造过复杂电路的读者来说，也能够建造小型机器人。图 7.129 所示为两个机器人在格斗中的情景。

7.13.1 简　介

本节将介绍一种利用普通元器件建造的遥控机器人。在基本类型中，它在结构内部带有橡皮球，起到保护作用，并且还带有三根针作为武器。当然，读者还可以加入其他武器。

为了简化实验项目的制作过程，遥控采用电缆形式。用电缆取代其他遥控方法，如取代红外线(IR)或无线频率(RF)方法，存在着一些优点。除了方法简单(不需要特别的电路)以外，在格斗发生的地点不存在干扰和噪声问题。

机器人有两个小型 DC 电动机，直接驱动两个后部车轮，这两个车轮由标准的 CD 制成。单一的前轮可以自由地转向任何方向。这种前轮在老式的办公室椅子或其他家具中可以找到。图 7.130 示出了在机器人中采用的轮子。

控制单元安放在电缆的终端，它不过是一个小的盒子，具有两个特别的开关和一个操纵杆。开关可以同时控制两个电路(两极)。而每个开关具有三个位置。当操纵杆处于中间位置时，控制电路失去功能，没有电源施加到电动机上。一定的开关位置控制一定的电动机功能，具体说明见表 7.22。

把三个开关位置结合起来，机器人就可以向任何方向运动，具体说明见表 7.23。表中箭头指出了运动方向。

表 7.22

位置	电动机
前部	电动机向前运转
松开(中间)	电动机停止
后部	电动机向后运转

图 7.130　在机器人中采用的前轮

第7章 趣味电子制作

表 7.23 机器人运动

开关 A	开关 B	符　号	机器人运动
松开	松开		停止
压向前方	压向前方	↑	沿直线向前运动
压向后方	压向后方	↓	沿直线向后运动
压向前方	松开	⌐→	向右前方转动
压向后方	松开	L	向右后方转动
松开	压向前方	←┐	向左前方转动
松开	压向后方	⌐┘	向左后方转动

机器人由4节安放在控制单元的5号电池供电。这种配置减小了移动单元的重量,增大了机动性,这在格斗中是很重要的。

7.13.2 制　作

机器人是用三个轮子运行的。前面两个轮子用来把机器人转向希望的方向,第三个轮子则是自由轮。

两个小型DC电动机被直接连接到轮子上,轮子是用CD或某些材料做成的。

用遥控方式对电动机进行控制,是用3m电缆连接到机器人实现的。正如前面指出的,采用电缆可以使实验项目容易制造,而且不需要特殊材料,所以也很便宜。遥控器上还可以安置为电动机供电的电池。两个开关允许机器人向后运动和向前运动,并且能改变运动方向。

底盘可以用普通材料,例如,硬纸板、CD盒、塑料、木板等制作。

当制作机器人时,关键是要减轻机器人的重量,使其尽可能地快速移动并且尽可能地具有良好的平衡特性。

1. 电子线路

机器人的电子线路原理图如图7.131所示。

正如我们在该图中可以看到的,唯一的电源是由4节5号电池组成的。这个电源通过S_1和S_2向两个小型6V DC电动机供电。S_1和S_2是两个开关的一种特殊配置,每个开关有三种位置,在中间位置时,开关处于断开状态。

S_1和S_2确定电动机的运转方向。通过特殊的四路电缆,开关把电能传送到电动机上,4×26美国线规(AWG)电缆的推荐长度为3m。

开关放置在小盒(塑料或其他材料)内,构成操纵杆。电缆线的不同颜色是很重要的,它将帮助读者判明每条导线必须焊接的位置。图7.132显示了集中到一起的电子线路。

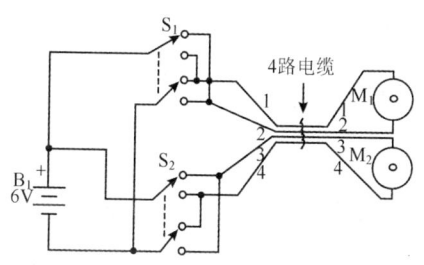

图7.131 机器人电子线路的原理图

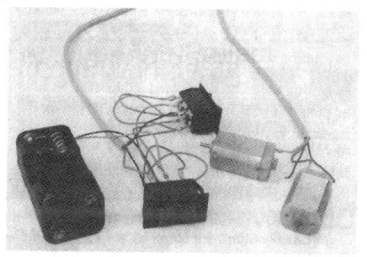

图7.132 准备安装到机器人内的电子线路

本电路元器件清单如下:

① S_1、S_2。2极3接通开关。

② B_1。6V电源(4节5号电池,带电池架)。

③ M_1、M_2。6V DC电动机。

④ 电缆。4线3m长的电缆(4 26AWG)。

⑤ 塑料盒。

⑥ 焊锡。

2. 机械部分

图7.133所示是机器人的基本侧视图。它详细地说明了电动机是如何与车轮连接的。图7.134表示了把电动机固定到CD盒上。

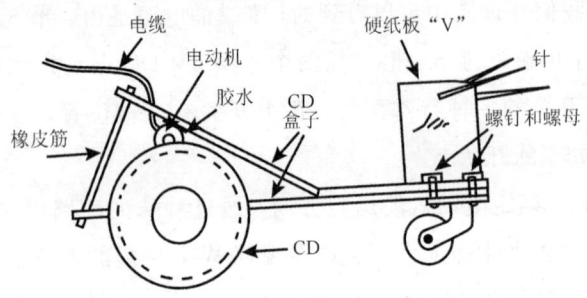

图 7.133　机器人的侧视图

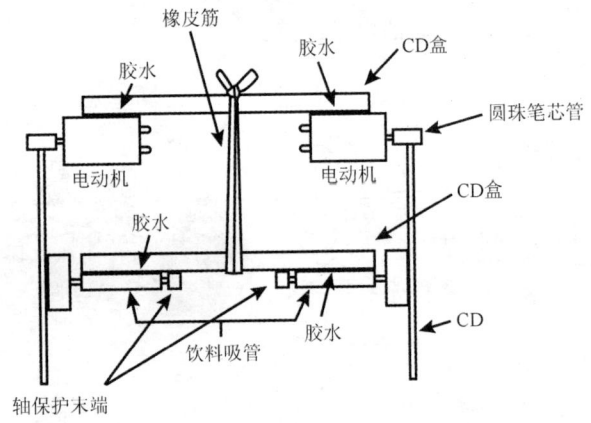

图 7.134　电动机固定到 CD 盒上

3. 把各部分组合在一起

下面的几张图表明了组装机器人的操作顺序。图 7.135 表示把自由轮固定到 CD 盒上,作为底盘,同时也表明如何把金属薄片插入到它们之间,以保持结构的刚性。

图 7.136 表明如何在 CD 上增加绝缘板,以增大附着性。把橡皮筋粘到 CD 上也可以达到这个目的。读者可以自主地采用最好的方法增大其附着性,从而使机器人运动得更快并且更敏捷。

从玩具中取出的塑料轮用胶粘到 CD 上。小型塑料玩具汽车和其他玩具是获取这种轮子的良好来源。我更喜欢那种带金属轴的轮子。

图 7.137 表示了如何用胶粘这种轮子。

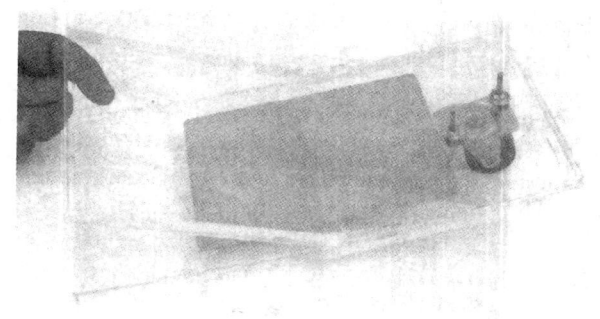

图 7.135 在把 CD 盒粘在一起之前,在它们之间插入金属薄片

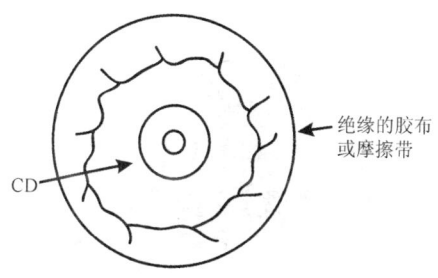

图 7.136 在 CD 上放置绝缘板以增大附着性

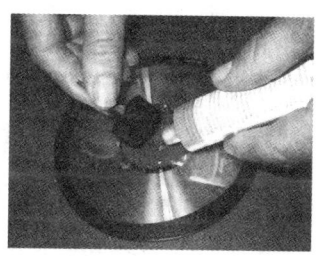

图 7.137 把轮子胶粘到 CD 上

硬纸板可以用来制作轮子的支撑。插入饮料吸管作为车轴。在轮轴末端,用一个小塑料帽将轮轴连接到硬纸板支撑上,如图 7.138 所示。这里的塑料帽可以是一小段圆珠笔管,甚至可以是一段电线套管。

电动机用胶粘在盒子上。注意,电动机轴与轮子(CD)之间要进行调准。图 7.139 表示了电动机与 CD 间的黏结与接触情况。用橡皮筋将它们束缚在一起,可以使电动机与 CD 保持接触。

为了增加电动机到 CD 间的传输功率,在轴上装上了小的套管。如前所述,可以用一段取自圆珠笔的塑料管,甚至可以用电线的塑料套管来制作套管。

用针来作为机器人的手臂,而针则安放在一块硬纸板上,如图7.140所示。图7.141表示准备进行格斗的机器人。

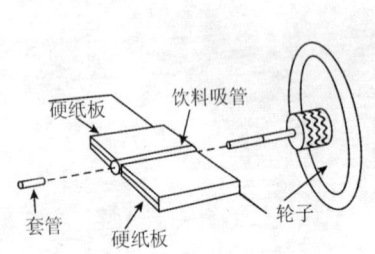

图7.138 轮子连接到硬纸板做的支撑上,而支撑则被粘在底盘上

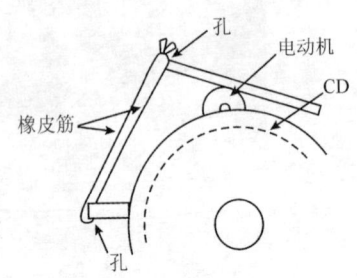

图7.139 电动机与CD间的连接安装

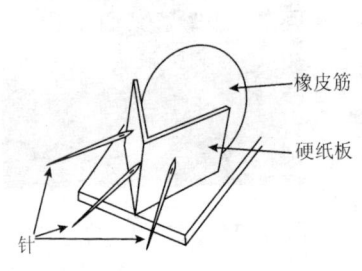

图7.140 机器人的手臂

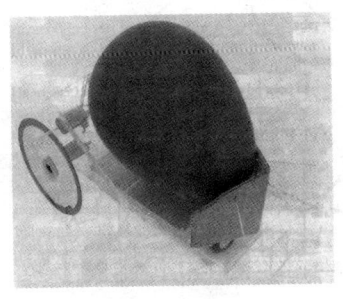

图7.141 准备进行格斗的机器人

最后,你可以把橡皮气球用橡皮筋连接到机器人上。

7.13.3 动作的确认与调整

把电池放进电池架内。按下控制单元中的开关,电动机启动。如果电动机没有启动,则需检查焊接和电缆。如果一个电动机或者两个电动机向相反方向转动(即当你向后推压开关时,电动机向前方转动),则需颠倒电动机的连接导线。

把机器人放到地上,当你按下控制开关时,检查机器人是否能够自如地向各个方向运动。如果电动机在移动机器人时发生困难,检查作用于CD推压开关的力是否足够。如果所有的运动都是令人满意的,那么你的机器人就处于格斗准备状态。

7.13.4 其他创新

在实验项目中采用的基本电路是很简单的,既没有采用电子器件,也没有采用复杂元器件。对于在电子学方面具有经验的读者可以创新电路,并且创建出一些有意义的实验项目。

1. 利用操纵杆

如图 7.142 所示,一个普通的操纵杆,诸如在电子游戏或 PC 中看到的,可以用来控制机器人中的两台电动机。

该电路采用 4 个继电器去控制两台电动机。操纵杆的 4 个开关用来接通和切断电动机的电源,或者用来翻转穿过电动机的电流。操纵杆的位置对电动机运转情况的影响见表 7.24。

本电路的元器件清单如下:

① $D_1 \sim D_8$。1N914 或相当的硅二极管。

② $K_1 \sim K_4$。6~12V 50mA 可逆继电器(根据电动机的型号选择电压)。

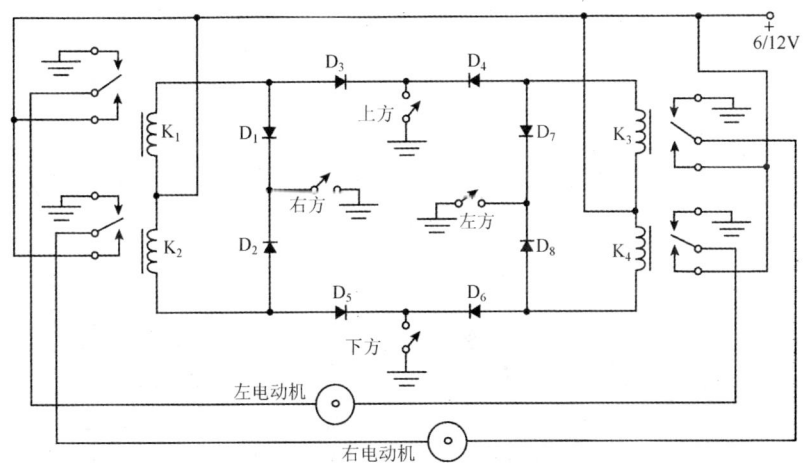

图 7.142 利用游戏操纵杆控制格斗机器人

表 7.24　操纵杆的位置对电动机运动情况的影响

操纵杆位置	左电动机	右电动机
中间	锁定	锁定
在上面	向前运动	向前运动
在下面	向后运动	向后运动
在右面	向前运动	向后运动
在左面	向后运动	向前运动
在右上方	向前运动	锁定
在左上方	锁定	向前运动
在右下方	锁定	向后运动
在左下方	向后运动	锁定

2. 加入脉宽调制(PWM)控制

对电动机进行 PWM 控制，可以改变机器人的速度。

图 7.143 示出了如何把 PWM 功能块加到机器人中。应当注意，只需要用一个 PWM 就能控制两台电动机的速度。如果读者愿意的话，也可以利用一个 PWM 去控制一台电动机。

3. 加入武器

图 7.144 表明了一台小型 DC 电动机可以用来使机器人上的针运动，从而使其成为更危险的对付敌人的武器。

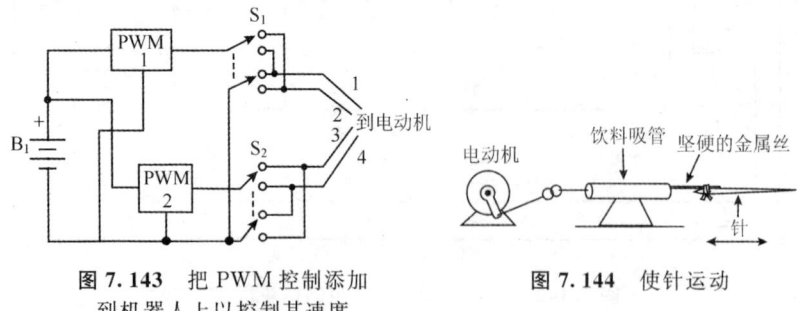

图 7.143　把 PWM 控制添加到机器人上以控制其速度　　图 7.144　使针运动

另外一种设想是把一个旋转的球与针连接在一起,如图 7.145 所示。在这种情况下,读者必须小心,不要让球撞破自己的气球。

4. 加入"死亡电路"

对于这个实验项目,一项有趣的改进是增加了"死亡电路"。这个电路是由两个簧片开关和一块磁铁构成的,其配置如图 7.146 所示。

正如我们看到的,电流流经电动机并且通过簧片开关,磁铁用橡皮筋束缚在气球内部。如果气球是充满气体的,那么磁铁会接触到簧片开关,于是电动机处于供电状态。如果气球爆破,磁铁落下,则簧片开关打开,不再向电动机供电,机器人停止运行。

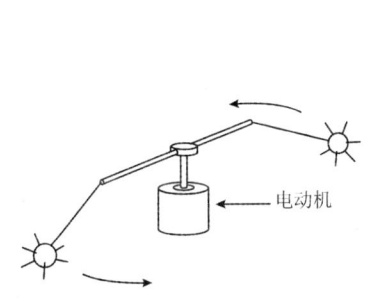

图 7.145 格斗机器人安装的旋转武器

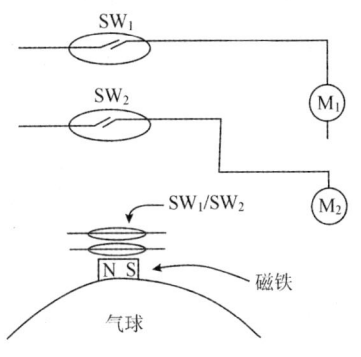

图 7.146 增加"死亡电路"

5. 加入声音

图 7.147 表示了一个简单的机器人声效电路。

如果采用一个 47nF 的电容器,那么当电动机启动时,电路会像警报器那样发出声音。如果采用一个 $10\mu F$ 的电容器,那么电路会发出有节拍的模仿机关枪的声音。

6. 利用 H 型桥式电路

机器人的数字控制可以采用 H 型桥式电路实现。这个想法基于下列事实,这就是 4 个晶体管可以用来控制通过电动机的电流,而且是以同样的双刀双掷(DPDT)开关方式对电流进行控制。图 7.148 中推荐的电路,是一种采用了 4 个达林顿晶体管的全桥式或称 H 型桥式电路。

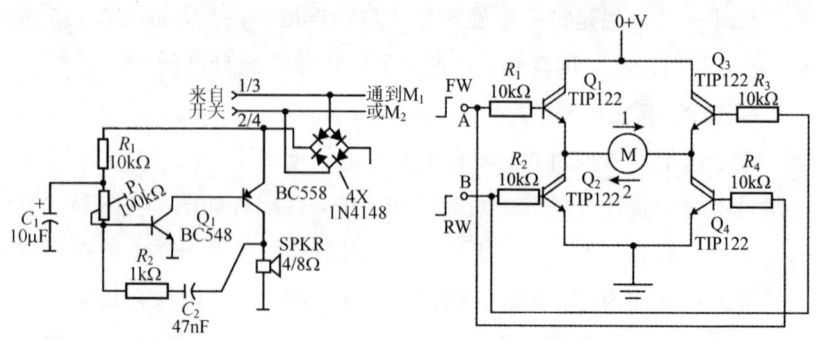

图 7.147 机器人的声效电路　　图 7.148 H 型桥式电路

利用 H 型桥式电路进行控制有两个优点。第一，通过电缆的电流减小；第二，可以把逻辑信号用到控制中去。在这种情况下，即使是计算机也可以应用于机器人的控制中。

该电路的工作原理如下，当前向的(FWR)输入是高电平时，Q_1 和 Q_4 导通，电流沿着箭头 1 所示的方向流过电动机；当反向的(REW)输入是高电平时，Q_2 和 Q_3 导通，电流沿着箭头 2 指示的方向流过电动机。

应当指出，Q_1 和 Q_3 不能同时导通，Q_2 和 Q_4 也不能同时导通，因为那样将意味着在+12V 和地之间发生了电流短路，这是一种禁止发生的状态，因为它可能使晶体管烧毁。电流可以以表 7.25 所列的方式进行控制。

图 7.149 示出了如何加进第 5 个晶体管和逻辑系统，以避免这种被禁止的状态出现。

本电路的元器件清单如下：

① IC1。4011-4NAND 门［CMOS 集成电路(IC)］。

② $Q_1 \sim Q_5$。TIP122 负-正-负(NPN)达林顿晶体管。

③ $R_1 \sim R_5$。10kΩ 1/8W 电阻(棕色、黑色、橙色)。

④ M。DC 电动机(达 500mA)。

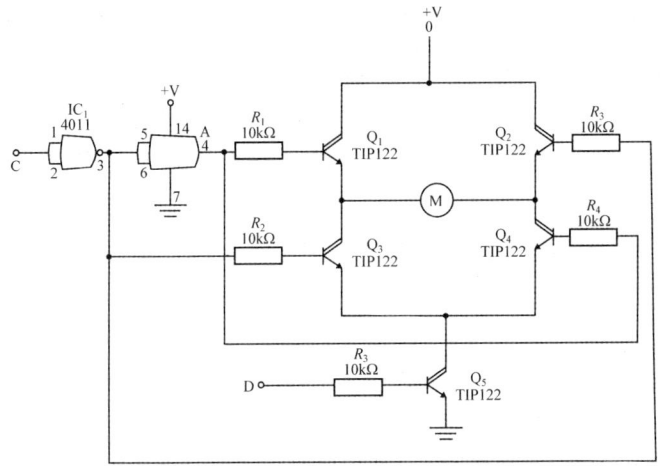

图 7.149 带逻辑的 H 型桥式电路

桥式电路以表 7.26 所示方式工作。

表 7.25

输入 A	输入 B	电动机
低	低	停止状态
高	低	向前运转
低	高	向后运转
高	高	禁止状态

表 7.26

输入 C	输入 D	电动机
高	高	向前运转
低	高	向后运转
×（不必考虑）	低	停止状态

这个桥式电路也可以利用普通双极性晶体管实现，这种晶体管通常为 BD135(500mA) 或者 TIP31(2A)，如图 7.150 所示。

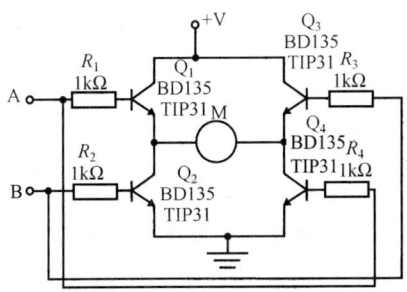

图 7.150 利用普通双极性晶体管实现的 H 型桥式电路

7. 利用齿轮箱

机器人的结构通过采用齿轮箱可以得到改进。如图 7.151 所示，机器人可以用小型齿轮箱驱动，从而提高效率，并且使机器人能建造得更加紧凑。齿轮箱还可以用来驱动 CD 轮子或者塑料轮子。

8. 遥 控

具备大量电子学知识的读者，还可以容易地在机器人中安装无线遥控装置，如小型发射机/接收机模块，图 7.152 中表示的那种模块是适合于本实验项目的理想模块。

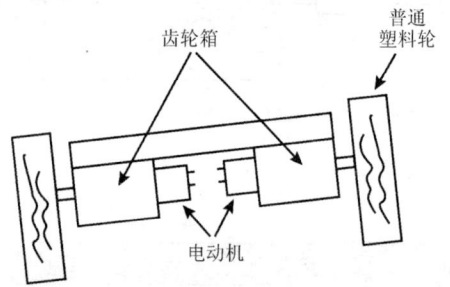

图 7.151　可以用齿轮箱驱动机器人

图 7.152　用作发射机和接收机的通用混合模块

7.14　电子炮

7.14.1　电子炮的工作原理

当电流流过导线时，便产生磁场。如果导线构成了线圈，则磁场会增强，如图 7.153 所示。

如果把任意一块磁性金属放到线圈附近，当电流流过线圈时，磁力将会吸引这块金属。这就是螺线管的工作原理，如图 7.154 所示。

螺线管常常用来开门或移动许多器械的机械零件。例如，CD 播放机和 DVD，还用来打开和关闭洗衣机和洗碗机的水路阀门。

如果螺线管有足够的力量把小金属块从铁心拉出来，那么它就可以把物体发射到相当远的地方，如图 7.155 所示。

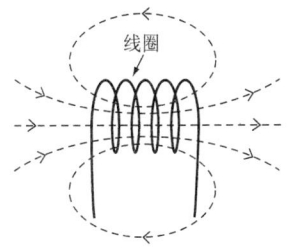

图 7.153　螺线管内部的磁场最强

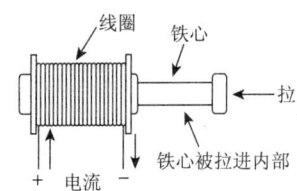

图 7.154　螺线管的工作原理

这就是磁性火炮的原理。一个小的螺线管接收到电流后，足以将金属心很快地拉出来，并且以足够的力量把火炮的炮弹发送出去。因为火炮的功率与作用在线圈上的电流大小有关，所以采用了特殊电路。这个电路的目的就是利用存储在电容器的能量，产生出强大的电流脉冲。

这个电路由小型变压器构成，该变压器产生一种低 AC 电压。这个 AC 电压利用二极管进行整流，并且用来对大型电容器进行充电。

电容器越大，可以存储的能量就越多。通过采用数值在 10 000～30 000μF 范围内的电容器，可以存储比由小型电池或其他电源可能产生的能量多得多的能量。

当把电容器连接到线圈上时，放电过程只能持续几 ms，但是会流过很大的电流，产生很强的磁场。这个磁场足以把金属心抽出，并且用这种抽力将炮弹发射出去，如图 7.156 所示。

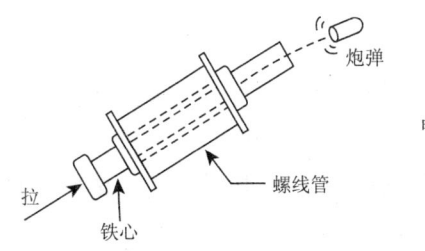

图 7.155　利用螺线管发射火炮的炮弹

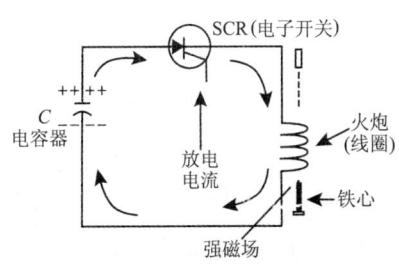

图 7.156　电容器通过火炮进行放电

7.14.2 计算功率

当把电容器连接到火炮时,很容易计算出电容器可以提供多大的功率。储存在电容器中的功率大小,可以用下列公式算出:

$$E = C \times V^2$$

式中,E(J)为存储的能量;C(F)为电容量;V(V)为跨在电容器两端间的电压。

对于一个 10 000μF(10 000×10⁻⁶F=0.01F)的电容器,用 15V 电压进行充电,则能量为

$$E = 0.01 \times 225 = 22.5 \quad (J)$$

如果能量是火炮在 0.1s 内提供的,那么炮的瞬时功率就是

$$P = 22.5 \div 0.1 = 225 \quad (W)$$

记住,功率是单位时间内释放出的能量,所以用瓦[特]表示的功率也可以表示成每秒的焦耳数(J/s)。

当然,放电的时间是很短暂的,但是因为线圈中采用的导线具有一定电阻值,所以放电会在有限的时间内进行。试想,这种小型火炮该有多么大的威力!

7.14.3 很大的电流

这时需要考虑的一个问题是,在电容器放电期间,采用普通元器件如何处理很大的电流。首先,电容器以如此快的速度放电,线圈必须具有很低的电阻值。

在我们的电路中,电容器的充电电压约为 36V(24V AC 的峰值),而火炮线圈只有 0.8Ω 的电阻值,如图 7.157 所示。

如果我们只考虑以欧[姆]表示的电阻值,不考虑电感,那么当把电容器与线圈连接起来时,电流的峰值可以达到 40A,甚至更高。普通的开关不可能在不发生过热(和触点烧损)的情况下处理这种高电平的电流,因而很少采用。

于是,适用于控制电容器放电的解决方案是采用可控硅整流器

(SCR)。普通的 SCR，如 TIC106，其工作方式如同电子开关，并且可以控制高达 4A 的连续电流，而且还能支持很短的峰值，就像在我们的电路中产生的那种高达 100A 的电流峰值。

因此，可以利用 SCR 作为开关去触发火炮，如图 7.158 所示。这就为采用小功率开关甚至传感器[例如，光敏电阻(LDR)]触发火炮创造了条件。也可以使用闪光灯作为远程控制去触发你的火炮。

图 7.157　线圈的电阻必须像图中表示的那样低

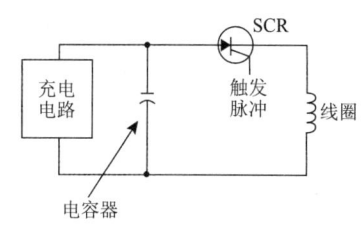

图 7.158　SCR 与放电电路串联作为开关

在这个实验项目中应该考虑的另一个问题是，一旦被触发，SCR 将保持在接通状态，即使是在触发脉冲消失以后。要关闭 SCR 也必须使穿过电路的电压瞬间下降到零。为此，你必须断开电源。即使是在电容器放电以后，由于存在着充电电路，所以电压不会自己下降到零。因此在每次应用火炮之前，必须断开这个电路。在电容器充电期间，把开关加到电路中以保持电路接通。

7.14.4　电子炮的制作方法

小功率型电子炮不需要电子元器件，所以作者愿意把这种电子炮推荐给那些对于基本型电子炮中采用的机电一体化技术不熟悉的读者。

这种电子炮可以以几种不同的方式进行安装。在我们的基本形式中，采用了 PVC 或者铝制导管(直径 1cm，长 12cm)，安装在硬纸板做成的底座上，其尺寸如图 7.159 所示。

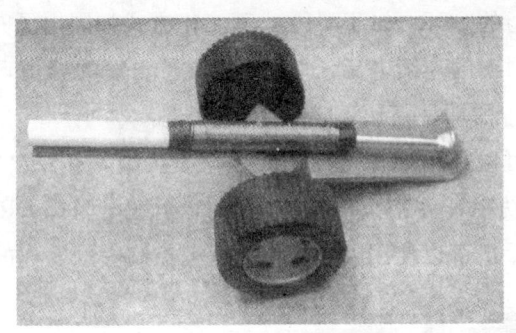

图 7.159　电子炮的基本形式(机械部分)

轮子是从玩具中卸下来的。根据具体应用,电子炮也可以是固定的(不必采用轮子)。记住,必须有大约 15°的倾斜,以便把螺线管中的铁心向后移动到发射位置。

对于这类电子炮,其炮弹可以是小塑料球或者木球,也可以是干豆粒,例如,扁豆或豌豆。用来驱动电子炮的电路如图 7.160 所示。

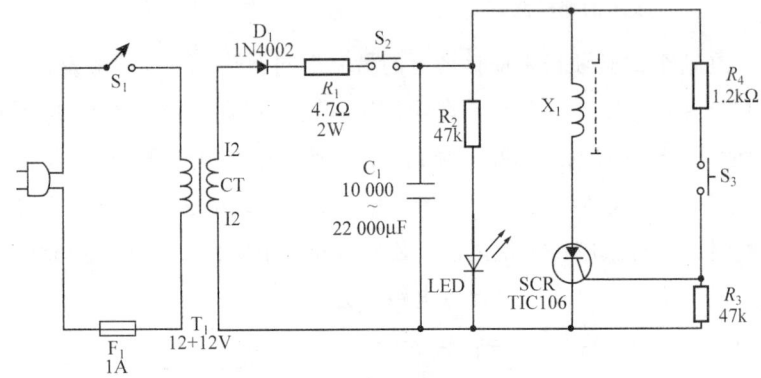

图 7.160　电子炮的电子线路

任何小型变压器,只要其次级线圈的额定电压是 9V 和 12V,带有中间抽头(CT),并且电流的范围为 300~800mA,就都适合于这种应用。初级线圈则必须根据电源线路确定。

当进行安装时,注意观察二极管和电容器的极性。电容器的值将决定电子炮的功率。我们推荐使用大型电容器,像在计算机电源中看到的那种电容器,它的电容量范围为 10 000～22 000μF。电容器应该把电压标定为 35～50V。

电路中的小型元器件,如电阻、二极管和 SCR,可以焊接到接线板上。电路的最终设计如图 7.161 所示。

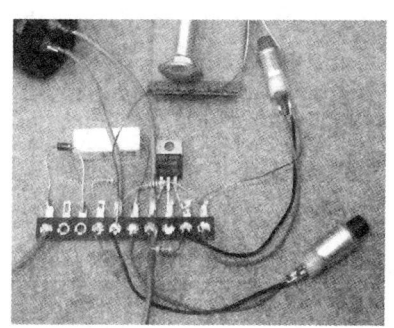

图 7.161　把小元器件焊接到接线板上

电容器的连线必须尽可能短,因为长线造成的电阻可能导致能量损失。元器件在接线板上的配置和与变压器及电子炮的连接,如图 7.162 所示。

对于电源线和变压器的初级电路,读者必须予以特别关注,因为它们是直接与 AC 电源线相连接的。

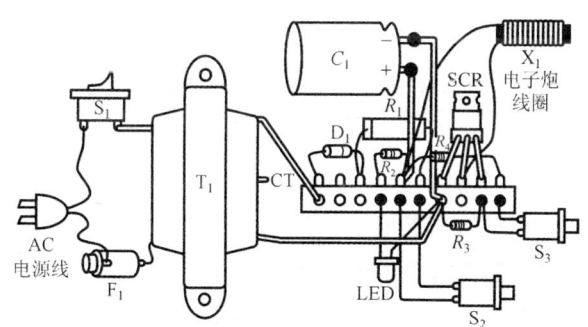

图 7.162　电子线路置放在塑料盒或木盒内

7.14.5　机械部分

对线圈的计算结果表明它的电阻为 0.7～2Ω。这将会把放电电流

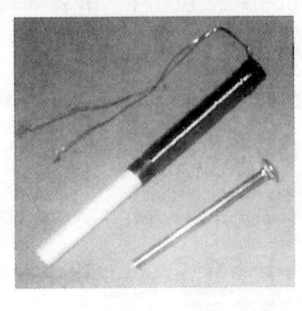

图 7.163 线 圈

的峰值保持在 SCR(TIC106 或 TIC116)可以接受的范围内。在样机中,我们在 PVC 管上用 28AWG 漆包线绕了 200 圈,如图 7.163 所示。这个线圈产生的电阻大约为 0.8Ω。

为了保持特定的电阻值,很容易计算出需要有多少圈(或多长)的导线绕制到管子上。当读者设计线圈时,请参考表 7.27 所示的 AWG 电阻表。

表 7.27 AWG 电阻表

AWG 导线	每千米的欧姆值/(Ω/km)	AWG 导线	每千米的欧姆值/(Ω/km)
14	8.17	22	51.5
15	10.3	23	56.4
16	12.9	24	85.0
17	16.34	25	106.2
18	20.73	26	130.7
19	26.15	27	170.0
20	32.69	28	212.5
21	41.46		

电子炮的尺寸、铁心的长度和直径以及线圈的圈数和采用的导线,取决于许多因素。正文中给出的尺寸仅供参考。

电子炮应当安装在硬纸板或者塑料板底盘上,该底盘的倾斜度为 30°,从而在每次射击之后,可以使铁心滑落到原来的位置。加上轮子后就成为真正的电子炮。

本电路的元器件清单如下:

① SCR。TIC106 或者 TIC116(B 或 D)SCR。

② D_1、D_2。1N4002 或等效的硅整流二极管。

③ LED。普通发光二极管(LED),任何颜色均可。

④ T_1。变压器,初级线圈根据 AC 电源线路确定,次级线圈电压

为 12V 中心抽头,并且电流为 300～500mA。

⑤ R_1。47Ω 2W 线绕电阻器。

⑥ R_2、R_3。47kΩ 1/8W 电阻器(黄色、紫色、橙色)。

⑦ R_4。1.2kΩ 1/8W 电阻器(棕色、红色、红色)。

⑧ C_1。10 000～22 000μF 35V 电解电容器。

⑨ X_1。电子炮(螺线管)。

⑩ S_1。SPST 开关(ON/OFF)。

⑪ S_2、S_3。按钮。

⑫ F_1。1A 保险丝和保险丝盒。

⑬ 接线板、电源线、漆包线、导线、焊锡等。

⑭ 电子炮的材料。硬纸板、PVC 管、塑料轮、金属心(螺杆)、漆包线等。

7.14.6 动作的确认与调整

接通电路的电源。把电子炮放到发射位置并且装入炮弹,将铁心保持在正确位置。接通开关 S_1,对电路供电。为了向电容器充电,按下 S_2,直到 LED 达到最大亮度。放开 S_2,并且按下按钮 S_3。铁心在电子炮内被拉向前方,发射出炮弹。

准备进行一次新的发射时,再次按下 S_2,直到达到 LED 的最大亮度,当准备发射时,按下 S_3。

7.14.7 实验项目

利用图 7.164 所示的电子炮充电电路,可以进行另外一种实验。这种实验的理念是,用预定的电压(通过万用表测量)为电容器充电,然后把电容器与已知的电阻连接,描绘出放电曲线。

在这个实验过程中获得的曲线,使读者可以证明对电容器中存储能量的计算,和对 RC 电路时间常数的计算。

为了获得曲线图上的点,通过按下 S_2 为电容器充电。然后接通 S_3,在恒定的时间段内(例如,每 20s)测量电压,并且把电压测量结果填到一张表中。当你把测量结果画出来时，就会得到电容器的放电曲线。

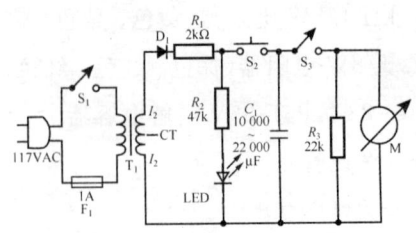

图 7.164　通过对电容器的充电和放电，确定电路的 RC 常数

电阻器可以用 24V、50mA 的电灯取代。如果你想采用 12V 的电灯，则必须串联一个电阻，以减小加在电灯上的电压。记住，在这个电路中，电容器是用大约 35V 的电压充电的。可以应用欧姆定律计算串联电阻。

另一种可能性是利用 LED 与 22kΩ、1/4W 的电阻器串联作为放电电路。记住，LED 在电压下降大约 2V 时，不是线性负载。

注意，在 S_2 串联接入之前，LED 就表明了电容器已完全充电。必须这样做，因为如果 LED 放到开关后面，那么在 S_2 释放后，就会像在电子炮中那样，电容器将会通过 LED 缓慢放电。

本电路的元器件清单如下：

① D_1。1N4004 或者等效硅整流二极管。

② LED。普通 LED(任何颜色均可)。

③ R_1。2.2kΩ、1W 电阻器(红色、红色、红色)。

④ R_2。47kΩ、1/8W 电阻器(黄色、紫色、橙色)。

⑤ R_3。22kΩ、1/2W 电阻器(红色、红色、橙色)。

⑥ S_1、S_3。SPST (ON/OFF)开关。

⑦ S_2。SPST 按钮。

⑧ F_1。1A 保险丝和保险丝盒。

⑨ T_1。变压器,初级线圈根据本地电源线路确定,次级线圈为 12V 中心抽头,300mA 或更大。

⑩ C_1。10 000～22 000μF、35V 电解电容器。

⑪ M。普通模拟或数字万用表(5000Ω/V 或更加灵敏)。

⑫ 其他。电源线、接线板、导线、焊锡等。

7.14.8 其他创新

1. 遥 控

图 7.165 示出了一种遥控电路,它用来触发电子炮。这个电路允许读者把闪光灯作为遥控发射器。

传感器是 LDR,放置在硬纸管的内部,以便在它工作时,避免受到来自周围光线的任何干扰。

P_1 是一个微调电位器,用来对灵敏度进行调节。硬纸管及其传感器必须安放在面向用来进行遥控的光线的方向上。

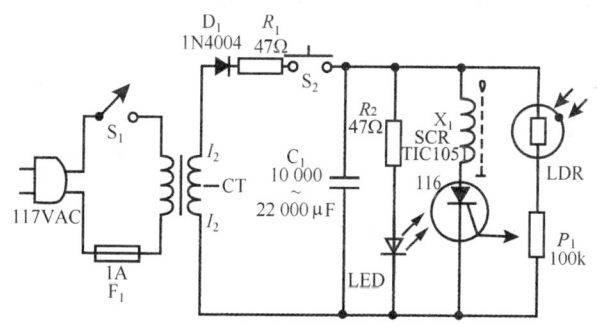

图 7.165 闪光灯利用这个遥控电路控制电子炮

遥控只用来对电路进行触发。正如在前文已经讲过的,在每一次发射以后,为了对电容器再次充电,必须再次按压 S_2。读者可以创建一个电路,利用光束去触发一个继电器,用继电器的接点代替 S_2。通过利用两个传感器,可以把闪光灯指向其中一个传感器去为电容器充电,指向另一个传感器去触发电子炮。

本电路的元器件清单如下:

① SCR。TIC106 或 TIC116(B 或 D)SCR。

② D_1、D_2。1N4004 硅整流二极管。

③ LED。普通 LED(任何颜色均可)。

④ T_1。变压器,初级线圈为 117V AC,次级线圈为 12V 中心抽头,300mA 或更大。

⑤ R_1。47Ω、2W 线绕电阻器。

⑥ R_2。47kΩ、1/8W 电阻器(黄色、紫色、橙色)。

⑦ P_1。100kΩ 微调电位器。

⑧ LDR。任何形式的 LDR,如硫化镉(CdS)电池。

⑨ C_1。10 000～22 000μF 35V 电解电容器。

⑩ S_1。SPST (ON/OFF)开关。

⑪ S_2。SPST 按钮。

⑫ F_1。1A 保险丝及保险丝盒。

⑬ X_1。电子炮。

⑭ 其他。接线板、导线、电源线、焊锡等。

2. 小功率型

图 7.166 示出了一种小功率型的电子炮,它不需要特别的驱动电路。这种电路可以直接由两个或四个 1 号电池驱动。根据制作者的技能,炮弹可以发射到数米的距离。减小摩擦并采用很轻的炮弹,将会保证有比较好的性能。

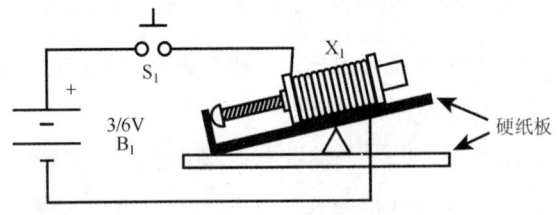

图 7.166 用 1 号电池作电源的小功率电子炮

在直径大约为 0.5cm，长度为 5cm 的硬纸板管或塑料管上，用 28AWG 到 32AWG 的导线绕 200～500 圈，就形成了线圈。铁心用 2×1/8in 的螺杆。

这个电子炮的样式与基本型相同。电子炮必须安装在斜面上，从而在每次发射以后，能够使铁心滑落回射击位置。

在电子炮被触发以后，不再保持对 S_1 的按下状态。这将有助于保持电池中的电荷，因为当 S_1 按下时，电流会很快耗尽。

本电路的元器件清单如下：

① X_1。电子炮。

② B_1。2～4 个 1 号电池并带电池盒。

③ S_1。SPST。

④ 其他。导线、漆包线、焊锡等。

3．制作弹射器

根据与电子炮相同的原理，可以制作另外一种古老的武器——弹射器。如图 7.167 所示，当把螺线管中的铁心迅速地拉回下方时，可以把石头发射出去。当然，石头的大小（在小型的实验项目中，你可以采用干燥的豆子作为石头）和发射的距离取决于螺旋管的功率。

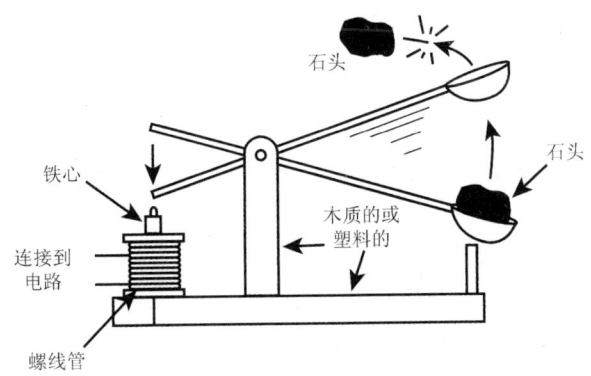

图 7.167 采用螺线管的弹射器

4. 开发超级电子炮

作为超级电子炮的一种普通设计方案，它是把若干磁环（电磁铁）横跨到 PVC 透明管上，如图 7.168 所示。

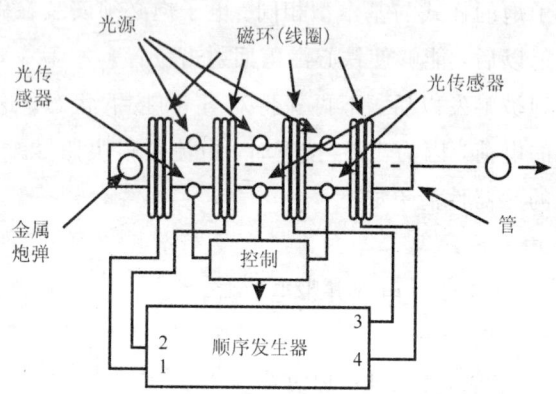

图 7.168　超级电子炮的基本理念

炮弹由磁性金属块构成，当磁环用电流供给能量时，磁环会使磁性金属块迅速地通过圆筒。触发后，第一个电容器组通过第一个磁环进行放电，牵引炮弹，并且对炮弹施加第一个冲击。当炮弹穿过第一个磁环时，炮弹跨越了光束，从而触发第二个脉冲电路。这个电路是另一个电容器组，它通过第二个磁环放电。于是产生新的牵引，增加了对炮弹的冲击，从而增加了炮弹的速度。

采用若干个磁环将会赋予炮弹很大的速度。于是炮弹最终将会以足够的功率发射出去，并且摧毁它攻击的目标。

参考文献

[1] 福田 务,栗原 丰,向坂荣夫著. 图解电气理论. 程君实译. 北京:科学出版社,2001.
[2] Brian S. Elliott 著. 机电一体化仪器与设备. 王巍,崔维娜译. 北京:科学出版社,2008.
[3] 竹内则春著. 电气设备现场试验及检测技术. 马杰译. 北京:科学出版社,2008.
[4] 晶体管技术编辑部编. 电子技术:原理、制作、实验. 杨洋,唐伯雁,李大寨,高玉苹译. 北京:科学出版社,2006.
[5] 饭高成男,椎名晴夫,田口英雄著. 图解晶体管电路. 蒋铃鸽译. 北京:科学出版社,2004.
[6] 中山 升著. 日常电子小制作. 唐伯雁,李大寨,高玉苹译. 北京:科学出版社,2006.
[7] 武藤一夫著. 机电一体化. 王益全等译. 北京:科学出版社,2007.
[8] R. S. Khandpur 著. 实用电子技术. 李大寨译. 北京:科学出版社,2008.
[9] Newton C. Brage 著. 仿生电子制作 DIY. 毕树生译. 北京:科学出版社,2007.
[10] Newton C. Brage 著. 机电一体化小装置制作 DIY. 卢伯英译. 北京:科学出版社,2007.
[11] 熊谷文宏著. 图解电气电子测量. 王益全译. 北京:科学出版社,2003.
[12] Brad Graham 著. 趣味电子制作. 王丹志,苏福根,聂斌译. 北京:科学出版社,2009.

电子应该这样学

电子基础

电子电路

电子应用

电工应该这样学

电工基础

电工技能

电工应用

电动机控制电路

科学出版社
科龙图书读者意见反馈表

书　　名：＿＿＿＿＿＿＿＿＿＿＿＿＿＿＿＿＿＿＿＿＿

个人资料

姓　　名：＿＿＿＿＿＿　年　　龄：＿＿＿＿＿　联系电话：＿＿＿＿＿＿＿

专　　业：＿＿＿＿＿＿　学　　历：＿＿＿＿＿　所从事行业：＿＿＿＿＿＿

通信地址：＿＿＿＿＿＿＿＿＿＿＿＿＿＿＿＿＿＿　邮　编：＿＿＿＿＿＿

E-mail：＿＿＿＿＿＿＿＿＿＿＿＿＿＿＿＿＿

宝贵意见

◆ 您能接受的此类图书的定价
　　20元以内□　30元以内□　50元以内□　100元以内□　均可接受□

◆ 您购本书的主要原因有(可多选)
　　学习参考□　教材□　业务需要□　其他＿＿＿＿＿＿＿＿

◆ 您认为本书需要改进的地方(或者您未来的需要)
＿＿＿＿＿＿＿＿＿＿＿＿＿＿＿＿＿＿＿＿＿＿＿＿＿＿＿＿＿＿＿＿＿＿＿

◆ 您读过的好书(或者对您有帮助的图书)
＿＿＿＿＿＿＿＿＿＿＿＿＿＿＿＿＿＿＿＿＿＿＿＿＿＿＿＿＿＿＿＿＿＿＿

◆ 您希望看到哪些方面的新图书
＿＿＿＿＿＿＿＿＿＿＿＿＿＿＿＿＿＿＿＿＿＿＿＿＿＿＿＿＿＿＿＿＿＿＿

◆ 您对我社的其他建议
＿＿＿＿＿＿＿＿＿＿＿＿＿＿＿＿＿＿＿＿＿＿＿＿＿＿＿＿＿＿＿＿＿＿＿

　　谢谢您关注本书！您的建议和意见将成为我们进一步提高工作的重要参考。我社承诺对读者信息予以保密，仅用于图书质量改进和向读者快递新书信息工作。对于已经购买我社图书并回执本"科龙图书读者意见反馈表"的读者，我们将为您建立服务档案，并定期给您发送我社的出版资讯或目录；同时将定期抽取幸运读者，赠送我社出版的新书。如果您发现本书的内容有个别错误或纰漏，烦请另附勘误表。

回执地址：北京市朝阳区华严北里11号楼3层
　　　　　　科学出版社东方科龙图文有限公司电工电子编辑部(收)
　　　　　　邮编：100029